高水平大学建设规划教材

电路电子实验

上册　电路和数字电子部分

主　编　游春豹
副主编　吴超英　汪　婧

中国科学技术大学出版社

内 容 简 介

本书是针对电类专业本科学生独立开设的电路电子实验课中电路和数字电子部分的实验指导书，主要围绕电路、数字电子技术两门理论课组织内容，同时相互也有交叉渗透。除预备知识外，内容大致可分为电路实验部分、传统数字电路实验部分和PLD实验部分，附录中给出了实验常用的数字集成电路和电子器件等。每部分除了介绍设备或软件外，还比较详细地叙述了实验方法，给出了若干实验项目，便于课内外选做。

本书既可作为高等院校电气、自动化、电子等电类专业和部分非电类本科专业独立开设的电路电子实验相关的课程教材，也可作为工程技术人员的参考书。

图书在版编目(CIP)数据

电路电子实验. 上册，电路和数字电子部分/游春豹主编. —合肥：中国科学技术大学出版社，2021.8(2024.7重印)

ISBN 978-7-312-05210-1

Ⅰ. 电… Ⅱ. 游… Ⅲ. ①电路—实验—高等学校—教材 ②电子技术—实验—高等学校—教材 Ⅳ. ①TM13-33 ②TN01-33

中国版本图书馆CIP数据核字(2021)第112793号

电路电子实验(上册：电路和数字电子部分)

DIANLU DIANZI SHIYAN(SHANGCE：DIANLU HE SHUZI DIANZI BUFEN)

出版 中国科学技术大学出版社
安徽省合肥市金寨路96号，230026
http://press.ustc.edu.cn
https://zgkxjsdxcbs.tmall.com

印刷 安徽国文彩印有限公司

发行 中国科学技术大学出版社

经销 全国新华书店

开本 787 mm×1092 mm 1/16

印张 11.5

字数 295千

版次 2021年8月第1版

印次 2024年7月第2次印刷

定价 32.00元

前　言

电路电子实验是高等院校电类专业重要的专业基础课，也是重要的实践环节。以实验技术为主线，将传统的电路实验、模拟电子实验、数字电路实验和计算机辅助分析等课程的内容综合起来，整合成一门独立开设的课程，以循序渐进地、系统地培养学生的职业道德素养、求真务实的科学实验精神、创新思维和敢于创造性实验的能力。

作者根据30多年在安徽工业大学和马鞍山学院的教学以及不断创新改革的经验，形成了比较成熟、规范和切合普通工科电类专业实际的教学体系和内容，并在校内自编教材多次修订的基础上，编写成上、下两册。

全套书既可作为高校电类本科电路电子实验教材，也可作为非电类工科电工学实验的参考书。全书围绕电路、数字电子技术和模拟电子技术三门理论课组织教学内容，同时相互也会有交叉渗透。本书作为上册，不但指导学生自行在面包板和可编程逻辑器件(PLD)上完成实验，而且还指导学生使用优秀的电子设计自动化(EDA)软件 Quartus。本书主要讲述电路实验、传统数字电路实验和 PLD 实验三个部分。每个部分一般含有相应的仪器设备或元器件的介绍、实验方法的讲解和具体实验内容，让学生首先了解实验条件和实验原理，然后提出具体的实验任务。第一部分是电路实验，包括第1章“常用电工仪表的介绍”、第2章“常用电工测量方法”以及第3章“电路实验”，其内容包含叠加定理、电路元件伏安特性测定、含源二端网络直流参数的测定、正弦电路交流参数的测定以及三相电路负载的连接及测量。第二部分是传统数字电路实验，包括第4章“数字电路实验基础知识”，其内容包含元器件的介绍、常用输入和输出电路以及电平转换电路，第5章“数字电路实验常用仪器的介绍”，以及第6章“传统数字电路技术实验”，其内容选用中小规模的数字集成电路，要求学生自行在面包板上练习搭建。第三部分是 PLD 实验，让学生能够简单开发现场可编程门阵列(FPGA)，为将来进一步学习相关技术打下基础。该部分的章节有：第7章“可编程逻辑器件简介”、第8章“Quartus Ⅱ开发软件的使用”以及第9章“PLD 实验”，其内容需要使用 Quartus 软件设计数字电路，然后下载到 FPGA 板上验证。最后，附录给出了实验中常用的数字集成电路和电子元件的引脚排列图与功能表，供设计和实验时查阅。

为了提高学生的实验能力，开始以验证性实验为主，此后逐步过渡到以设计性实验为主，书中的实验项目只给出实验任务，没有具体详细的实验步骤，可让学生在课前预习书中相关的仪器使用方法和实验方法，并设计实验方案。在实验内容的编排上，从实践训练的角度，先训练电路的安装和仪器的使用，再到基本参数的测量，最后过渡到电路的自行设计和实验验证，这是一个循序渐进的过程。在实验项目上，除基本实验任务外，还给出了若干扩展实验内容，供学有余力的学生进一步练习。

本书力求体现该课程的教学目标，在实验层次上，按基本实验方法、基本设计方法到基本问题解决方法的路径进行系统训练；在技能培养上，注重对仪表仪器的使用能力、基本电气参数的测量能力、电路的组装调试能力、故障的分析与排除能力、实验数据的处理能力、电路的计算机分析和设计能力的培养；在实验过程和考核上，鼓励创新思维，培养科学素养。在传授知识和技能的同时，教育学生把远大抱负和脚踏实地做好本职工作结合起来，在实践中提升运用知识的能力，努力让学生成为“理论知识宽厚、动手能力强、综合素养好”的优秀人才。因此通过该课程，培养学生将理论应用于实际的能力，使学生做到以下5个方面：① 熟悉常用电工仪表和电子仪器的正确使用；② 能够独立操作实验电路，掌握电工基本参数和电子电路基本参数的测量方法；③ 能够正确读取实验数据并加以检查和判断，培养处理实验数据的能力，树立诚信求实的科学精神；④ 能够掌握电子电路的初步设计方法，并具备电路的实现（搭接或焊接）和调试能力，培养认真细致的工作态度；⑤ 初步学会 EDA，针对简单的数字电路具备能够使用计算机进行设计、仿真和下载实现的能力。

参加本书编写工作的老师均来自电路电子课程教学第一线，他们是游春豹、吴超英（马鞍山学院）、汪婧、武卫华、严梅等。其中，游春豹负责组织和定稿并担任主编，吴超英、汪婧担任副主编。在编写和出版过程中，我们得到了程木田老师的帮助和指导。安徽工业大学电气与信息工程学院和马鞍山学院对本书的出版给予了大力支持。在此，对所有关心、支持、帮助和指导我们的单位和同志表示衷心的感谢！

由于编者的水平和经验有限，书中难免有疏漏和不妥之处，敬请读者批评指正。

编　者

2020年10月于安徽工业大学

目　录

预备知识：实验须知

一、实验注意事项

在用数字逻辑实验箱(学习机)或其他形式的数字实验装置进行数字电路基本实验(练习性、验证性实验)时，应注意以下几点：

(1) 明确实验目的、实验原理和实验所论证的电路及其逻辑功能。

(2) 明确所用元器件或集成块的电源电压范围以及外引脚排列。

(3) 根据预习要求写好实验预习报告。

(4) 将集成电路芯片及元器件插入实验板时，应细心插入插座且要用力均匀，以防管脚折断。

(5) 关断电源，按实验原理图接线，接线的长短应根据线路合理选择和布置。接线检查无误后，方可接通电源。电源电压的输出应和集成电路(IC)及数字电路要求的电源电压值一致。

(6) 实验结束后，应整理现场，仪器、工具、导线有问题或短缺要及时报告指导老师。

在进行综合设计性实验时，需着重注意的是逻辑功能的论证。在进行调试实验时，应注意以下几点：

(1) 器件的选择不仅应考虑功能性、可靠性，还应讲究经济性、性价比。

(2) 先将电路分成几部分(或称单元)进行局部调试，并保证各部分逻辑功能正确。

(3) 各部分正确后进行联调时，不要急于观察电路的最终输出是否合乎设计要求，而要先做一些简单的检查，如检查电源线是否连上；实验电路的复位或置数、输入信号(输入数据、时钟脉冲等)能否加到电路上；输出显示有没有反应；等等。

(4) 将实验电路设置在单步工作状态，即可给电路输入信号，观察电路的工作情况。待单步正确后，即可进行连续运行调试。

用计算机和实验箱进行 PLD 实验时，应注意以下几点：

(1) 实验前要认真预习 Altera 公司的 Cyclone Ⅱ系列 EP2C5Q208C8N 型可编程器件的结构和特性。

(2) 预习用 Altera 公司的 Quartus Ⅱ系统开发软件，以及用 MDCL-Ⅱ型现代数字系统实验箱进行 PLD 实验时的基本操作方法。

(3) 遵守实验室上机规则。

(4) 开机后进入 Quartus Ⅱ系统开发软件开始实验，未经许可不得进入其他软件界面。

(5) 实验时要侧重 PLD 实验的基本操作方法。

(6) 实验时要注意定时保存。

(7) 在编程下载前，首先要确认下载电缆已完成安装。

(8) 在编程下载前，要查看芯片适配结果，即输入、输出引脚的分配情况。根据分配情况连接硬件电路,并确认连线无误。

(9) 进行电路硬件功能验证并记录结果。

二、实验报告(预习报告)

撰写实验报告不仅是一种形式上的需要,还是一项重要的基本技能的训练。撰写实验报告有一定的要求。例如,实验报告必须书写在规定的报告纸上,所有的图形符号和表格都必须用直尺、曲线板按标准绘制。图形符号标准可以使用国标(GB),也可以使用美标(ANSI),但在同一份报告里应统一。

每个实验者在每次实验后都应该书写一份实验报告。实验报告一般要求含有以内容:

(1) 实验目的。

(2) 仪器设备。要注明名称、型号、规格。

(3) 实验电路与基本原理。在这部分中一般要求含有以下几点:

① 画出自己所设计的或指导书中给定的完整的原理电路图或逻辑图。类似于图 0.1。

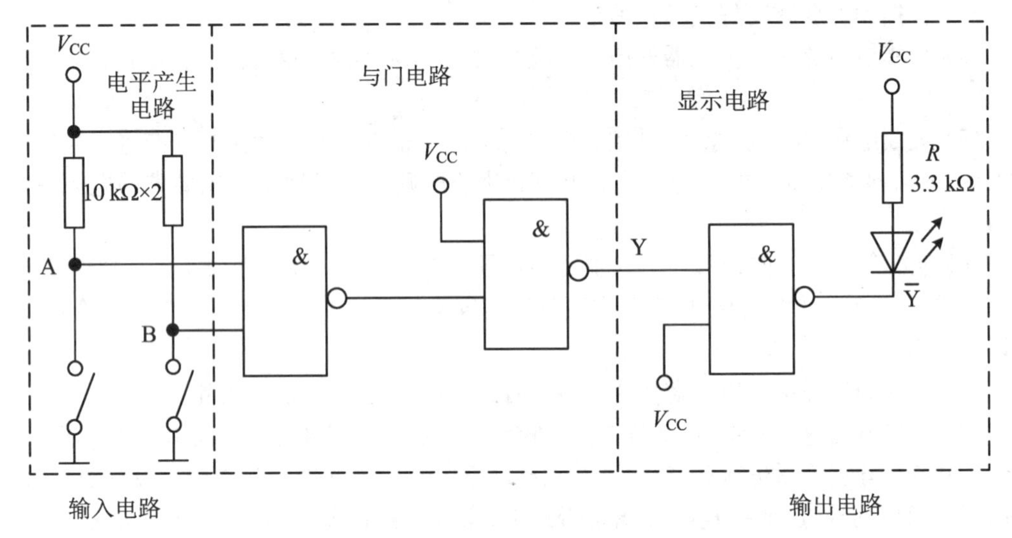

图 0.1 逻辑电路图(含电平产生电路和电平显示电路)

② 简单分析、说明电路的工作原理和各元件的作用。

③ 如果是自己设计的电路,要有一份详细的元件清单。

④ 对所需测量或调整的参数值进行理论计算(如电流、电压等)。数字电路实验需要列出被测电路的真值表或状态转换图。

(4) 实验步骤。在这部分中要注意以下几点:

① 制订详细的、合理的实验步骤。

② 各步骤最好画出实验接线图,即实物接线图。接线图要画完整。对于电路实验,接线图要标明实际使用的输入端、输出端的名称及供电电源,类似于图 0.2;对于数字电路实验,有的电路太复杂,接线图可以省略。

③ 各步骤测量后,需要把数据记录于表格,并在每项数据前加入理论计算值,便于在实验中与实际测量值进行比较。这里,对于数据的含义,在电路实验中一般是指类似于电压、电流等参数值,在数字电路实验中可能是逻辑值,也可能是实验现象。数字电路实验的记录表格注意与本部分(3)"要求④"中的真值表的区别。

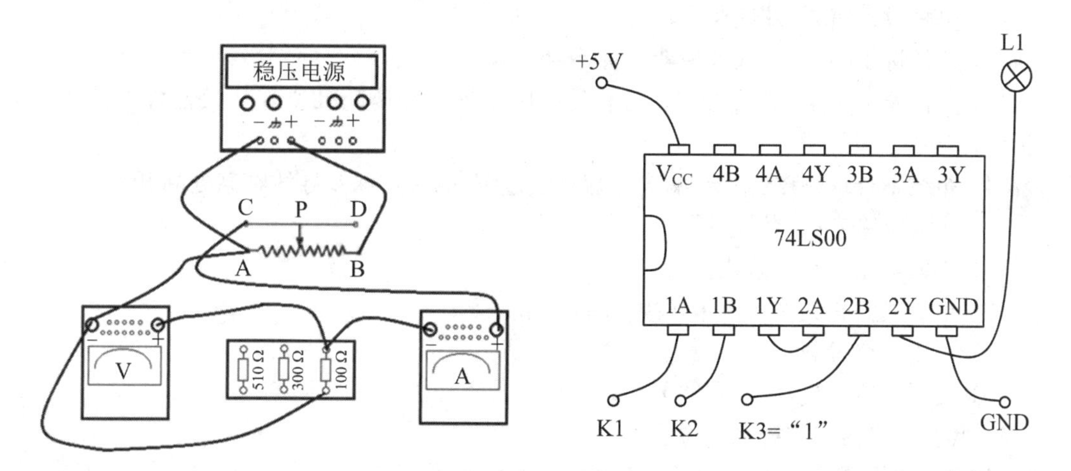

图 0.2 接线图

（5）设计说明。通过设计说明指出在电路的设计、步骤的安排与实验的方法上，对可行性、可靠性、安全性、经济性以及操作的方便性是如何考虑、如何体现的。实验报告的文字说明要求简洁、明确。通过文字说明可以进一步阐述电路的工作原理、逻辑功能和设计思想。除此之外，对实验有影响的注意事项等，也是文字说明的内容之一。如果没有特别需要说明的，此项可以省略。

（6）思考题。回答各实验预习要求中给定的思考题。

（7）数据处理。在这部分中一般对数据进行以下处理：

① 对实验数据进行分析计算。有时需要有必要的表格、图形等。

② 结果分析。比较理论值与实测值，分析产生误差的原因，对实验结果进行总结。对于验证性的实验，要通过数据支持与说明结论；对于设计性的实验，要分析结果有没有达到设计要求。这里的"数据""值"可能是电压、电流等参数值，也有可能是逻辑值或实验现象。

（8）实验体会及合理化建议。

实验报告一般分为两个阶段书写：第一阶段，在实验开始前完成，作为预习报告，需要完成报告中的第（1）～（6）部分。第二阶段，在实验结束后完成，需要完成报告中的第（7）部分。两个阶段完成后，可以得到一份完整的实验报告。在实验报告中，除每个实验的具体要求外，还要求：

① 写明实验名称、日期、同组人姓名（如果有的话）和组号。

② 用统一的实验报告纸抄写，要做到条理清楚、字迹整洁，图表要用铅笔、直尺等作图工具，波形图应画在坐标纸上。

三、数字电路实验常见故障的检查与排除

在实验中，当电路达不到预期的逻辑功能时，就称为故障。通常故障有 4 种类型：

（1）电路设计错误。

（2）布线错误。

（3）集成器件使用不当或功能不正常。

（4）实验箱、仪器、面包板或插座接触不良。

1. 数字电路产生故障的原因

下面着重讨论第一次加电的数字电路可能产生故障的原因：

(1) 电路设计错误,致使逻辑功能不对。

(2) 器件选用不当、失效及性能指标不合要求。

(3) 器件安装不牢、插反、露脚(指有的引脚未插入插座)、插座损坏及器件与插座或面包板内孔接触不良。

(4) 布线不合理、有线错误、漏线、短路、线过细、插线过深及导线在某处断开。

(5) 集成电路未加电源电压。

(6) 集成电路没有接地线。

(7) 集成电路有关输入端未按规定接高、低电平。

(8) 集成电路过载。

(9) 使用仪器不当,测试方法欠妥。

2. 实验故障检查与排除的方法

做实验时,要求完全不出错误是不现实的。然而,若实验前充分准备,实验时操作细心,将故障减少到最低限度则是可能的。另一方面,即使实验中出现故障,只要掌握并利用数字电路是一个二值系统(只有 0 或 1 两种状态)以及具有"逻辑判断"能力这两个最基本的特点,实验故障就不难排除。

下面仅介绍在正确设计的前提下,实验故障检查与排除的方法:

(1) 正确、细心地使用集成块。使用前应使其引脚间距适当;集成块正方向一致。均匀用力按下,用专用拔钳工具拔出。若没有专用工具,可以用镊子或小螺丝刀在两头轮流轻轻往上撬,切莫用力过猛,造成引脚折弯。

(2) 检查电源。用万用表测量电源输出电压是否符合要求。若没有万用表,可以用实验箱上的三态指示器粗略地观察。

(3) 检查各集成块是否加上电源和地。(用万用表或三态指示器测量芯片引脚。)

(4) 检查是否有不允许的悬空输入端存在。

(5) 对于较复杂的电路,可以分步接线,经测量验证无误后,再继续接线。

(6) 正确合理地布线。布线顺序通常是先接地线和电源线,再接输入线、输出线及控制线。

(7) 如果无论输入信号怎样变化,输出都一直保持高电平不变,则可能是集成块没有接地或接地不良;若输出信号保持与输入信号同样的规律变化,则可能是集成块没有接电源。

(8) 对于有多个"与"输入端的器件,如果实际使用时有输入端多余,在检查故障时,可调换另外的输入端试用。实验中使用器件替换法也可有效检查故障,以排除器件功能不正常而引起的电路故障。

(9) 逐级跟踪。按信号流程依次逐级向后检查,也可以从故障输出端向输入方向逐级向前检查,直至找到故障点为止。

(10) 对于含有反馈线的闭环电路,应设法断开反馈线进行检查,必要时对断开的电路进行状态预置后,再进行检查。

(11) 晶体管-晶体管逻辑电路(TTL 电路)工作时产生电源尖峰电流,可能会通过电源耦合破坏电路正常工作,应采取必要的去耦措施。

(12) 时序电路故障检测除上述方法外,往往需要借助示波器或逻辑分析仪,观察时序电路波形图。

3. 故障检测思路流程图

为了方便同学掌握实验故障检查与排除的方法,下面给出在正确设计前提下进行故障检测的简单思路流程图,如图 0.3 所示,其中所用检测工具为指示灯、万用表、示波器或逻辑分析仪。

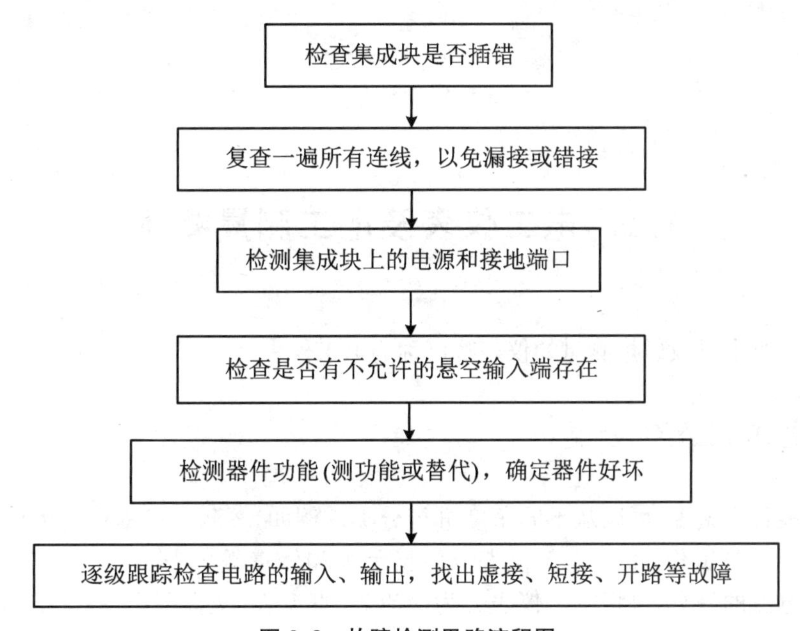

图 0.3　故障检测思路流程图

第1章　常用电工仪表的介绍

1.1　电工仪表及电工测量概述

凡是能进行电量或磁量测量的仪表都可称为电工仪表。

1.1.1　电工仪表的分类

电工仪表种类繁多，可以从不同角度进行分类。例如，按测量过程中有无度量器（标准电池、电阻等）参与工作，可将电工仪表分为指示类和较量类（交直流电桥、直流电位差计等）；按被测电流的种类，可将电工仪表分为交流表、直流表、交直两用表；按结构原理，可将电工仪表分为磁电系、电磁系、电动系、感应系等；按测量对象（内容），可将电工仪表分为电流表、电压表、功率表等；按显示方式，可将电工仪表分为指针式、数字式等。

实验中常用的既有指针式电工仪表，也有数字式电工仪表。

因为指针式电工仪表和数字式电工仪表在工作原理上差别太大，前者是电流响应（利用电磁感应驱动指针偏转），后者是电压响应（将被测量转换成电压，然后进行模数转换），所以它们不仅仅是读数方式上的不同，在结构、使用甚至评价标准上都有所不同。目前，我国指针式电工仪表适用的国家标准是 GB 776—76，数字式电工仪表适用的国家标准是 GB/T 13978—2008。在这两个标准里，对测量准确性的评估也不一样，前者是以真值为基础的误差，后者是以概率统计为基础的不确定性。

1.1.2　测量误差和不确定性

对测量准确性的评估有两个体系，一个是基于真值的误差概念，另一个是摒弃真值的不确定性概念。后者认为，在测量过程中，因为有各种因素影响，真值是不知道的，所以只能通过概率统计来进行数学评估。

1. 测量误差与仪表精度等级

1）绝对误差

测量值与被测量的真值之间的差值称为测量的绝对误差，用Δ表示。

$$\Delta = | A_x - A_0 | \tag{1.1}$$

其中，A_0 表示被测量的真值，即实际值；A_x 表示测量结果，即表头读数。绝对误差的单位与被测量的单位相同。

2）相对误差

相对误差是绝对误差Δ与被测量的真值A_0的比值，用γ表示。

$$\gamma = \frac{\Delta}{A_0} \times 100\% \approx \frac{\Delta}{A_x} \times 100\% \tag{1.2}$$

相对误差给出了测量误差的清晰概念，便于对不同测量结果的测量误差进行比较，是测量计算中最常用的一种经典表示方法。

例如，用两个伏特表测量两个大小不同的电压，一个在测量200 V电压时绝对误差为2 V，另一个在测量10 V电压时绝对误差为0.5 V。从绝对误差来看，前者误差大些，但从绝对误差对测量结果的影响来看，前者的绝对误差只占测量结果的1%（即相对误差），而后者的绝对误差却占测量结果的5%（即相对误差）。可见，前者测量结果的相对误差小些，测量准确度要高些。

3）引用误差

引用误差可用来说明指示仪表本身的性能即测量准确度，用绝对误差Δ与仪表测量上限A_m的比值γ_m表示。

$$\gamma_m = \frac{\Delta}{A_m} \times 100\% \tag{1.3}$$

根据误差的性质及其产生的原因，可将误差分为系统误差、随机误差和过失误差。

1）系统误差

在一定条件下的测量过程中，如果测量数据的误差具有恒定的或按某一特定规律变化的性质，则称为系统误差。

产生这类误差的原因有：

（1）测量仪表、仪器结构上的不完善，为仪表本身所固有。

（2）测量方法不当，如受电表内阻的影响，或采用近似计算公式等。

（3）测量环境变化或测量条件与正常条件不符，如温度、电、磁场等外界因素的干扰影响等。系统误差具有一定的规律性，可通过改变测量方法、改进测量环境及选用准确度更高的仪表来减少这类误差，还可找出校正曲线来加以修正，以保证测量结果的准确度。

2）随机误差

随机误差又称偶然误差，其特点是在进行重复测量时，其误差的大小和正负完全是随机的。当测量次数足够多时，该误差服从统计规律，其概率密度分布规律符合正态分布曲线。

随机误差产生的原因完全是偶然的和难以控制的。如供电电压的波动、室外车辆引起的震动等。由于存在随机误差，故即使在同一条件下对同一被测量进行多次重复测量，其结果也往往互不相同。但当测量次数足够多时，绝对误差的算术平均值将趋于0，所以可采用相同条件下重复测量多次取平均值的方法来减小随机误差对测量结果的影响。

3）过失误差

过失误差是由实验操作人员的疏忽造成的。其特点是测量结果显著偏离实际值，误差很大且完全没有规律。它主要是由操作者在操作、读数、记录中发生差错或测量仪器未经校准等引起的。这种误差相应的测量数据已无实际意义，应当抛弃不计。

减小测量误差的方法有以下几种：

（1）测量误差虽然是难免的，但在可能的情况下，应根据误差的来源和性质采取适当的措施使误差减小到最小。

(2) 通常随机误差较小,在工程测量和实验中一般可忽略不计,若确需考虑,可根据其服从正态分布统计规律的性质,采用重复测量多次取平均值的方法来减小这种误差对测量结果的影响。

(3) 至于过失误差,只要操作人员在测量中认真对待、严谨仔细,就可以避免。对确认是过失误差的数据,应舍去不计。

系统误差虽有一定的规律性,但误差来源多样,应仔细分析、研究产生误差的原因,并对测量对象的性能做详细了解,采取适当的方式,尽量减少误差来源,同时也可采用下述方法来削弱、抵消其对测量结果的影响。

1) 替代法

替代法实际属于比较法的一种。测量时,先对被测量进行测量,并记录测量数据,然后用一个已知标准量(较量器)替代被测量,并改变已知标准量的数值,使测量恢复至原来的状态,则这时已知标准量的数值就是被测量的大小。采用这种方法测量时,由于两者的测量条件和仪器工作状态相同,因此可消除包括仪器内部结构、仪表不准确和装置不妥善等原因而引起的系统误差。例如,在直流电桥上用替代法测电阻即可获得较高的测量准确度。

2) 补偿法

补偿法又称正负误差抵消法,即对一个量在相反条件下进行两次测量,使两次发生的误差等值而异号,取两次结果的平均值,抵消测量误差。例如,在强外磁场的环境中测量电流时,考虑外磁场的影响,将安培表转动 180°后再测量一次,取两次结果的平均值,就可消除由外磁场干扰引起的系统误差。

3) 更正法

如果系统误差已经知道,则可以在测量结果中引入相应的更正值来消除这种系统误差。例如,在电阻测量中,如果温度影响已预先测出,则可以引入一个相应的更正值,将温度变化所产生的系统误差消除。

被测量的测量值与其真值之间的符合程度叫作测量准确度,显然测量误差愈小,测量准确度愈高。测量准确度与所用仪表的准确度等级有关,而一块仪表的准确度等级基本上取决于仪表本身所固有的系统基本误差。

仪表的准确度等级表示使用该表测量时,可能的最大引用误差去掉正负号和百分号的数值。例如,一块准确度等级标注为 1.0 的电流表,用 10 A 量程测量出 8 A 的电流,则引用误差最大不超过 1.0%,即绝对误差不超过 0.1 A,或者说真值在 7.9～8.1。

我国指针式电工仪表常用的准确度等级有 7 个,即 0.1、0.2、0.5、1.0、1.5、2.5 和 5.0。准确度等级数值越小,表示仪表精度越高。

2. 测量不确定度

从前述误差理论来看,要得到随机误差的大小,需要对被测量进行无限多次测量,而要得到系统误差,也需要知道真值。而这两项基本上都无法通过测量得到,因此新的测量理论摒弃了误差,提出了不确定度的概念,同时测量仪表的精度也用仪表的不确定度来表示。测量不确定度是指对测量结果的可信性、有效性不能确定的程度。因此,测量不确定度是误差分析中的最新理解和阐述,以前用测量误差来表述,但两者具有完全不同的含义。测量不确定度表示由于测量误差的存在而对被测量值不能确定的程度,它是对测量结果基于概率统计的数学评估。

传统定义是将一个测量结果作为一个单一的值,并且按指示值再附加一个误差修正值

进行校准。而现代定义是把测量结果当成一个值的集合，作为一个区间来看待，它的中间元素被认作“值”，而“不确定度”是它的半宽度。确定集合大小的是不确定度，中间元素正好是一个属于该集合的标志，但是并不比其他元素能更好地代表被测量，代表被测量的是整个集合。例如，以(149±1)mA 方式给出流过一个给定电阻的电流，该被测量用 148～150 mA 的整个集合来表示，mA 是测量单位，149 mA 是集合的中间元素，它是测量值；±1 mA 是集合的半宽度，它是测量不确定度。

关于仪表的不确定度，即通过已校准仪表的直接测量的不确定度，在概念上可以通过校准图来表达。校准图也就是由横坐标 R 轴(代表仪表的读数)和纵坐标 M 轴(代表被测量)定义的坐标平面，如图 1.1 所示。校准图不一定需要以图形表示，在大多数情况下，用表格或代数关系更方便。

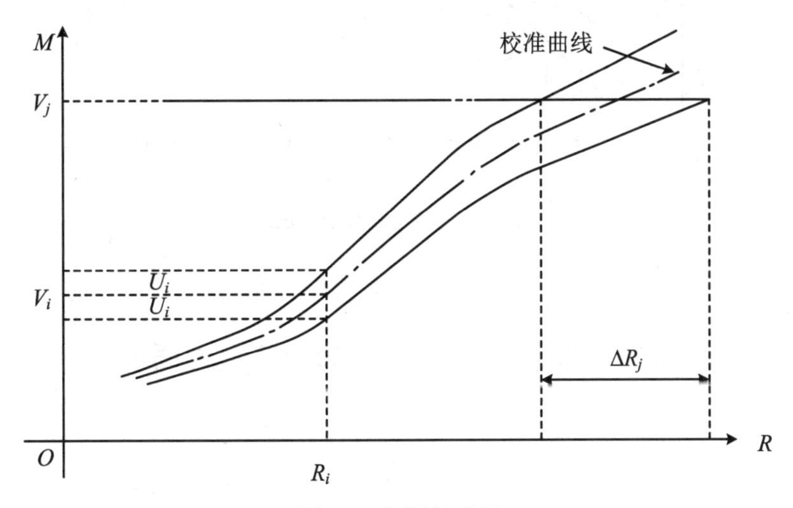

图 1.1　测量校准图

图 1.1 中，M 是测量值的轴，以测量的单位制为单位；V_j 是已知被测量 j 的值；R_i 是已知被测量 i 的指示；U_i 是已知被测量的不确定度；R 是指示值轴，以输出值为单位；ΔR_j 是已知被测量 j 的指示范围；V_i 是赋予被测量 i 的测量值。

实验中使用的绝大部分数字式电工仪表是这样安排输出显示的，即选择合适的输出单位，使代表指示值的数字和代表测量值的相一致。在这个方法中，校准曲线是一个带有单位斜度的直线，并且为了方便使用者，标尺被直接按测量单位标度，如图 1.2 所示。这个形式的简化校准图仍然适合测定不确定度。

根据 GB/T 13978—2008 的规定，数字式电工仪表非基本量程的绝对不确定度限值可以按下式确定：

$$u = \pm (a\% \cdot R + b\% \cdot R_A) \tag{1.4}$$

式中，R 是被测量的读数值；R_A是所测量程满度值；a 是与读数值有关的系数；b 是与量程有关的系数。

当 $a \geqslant 4b$ 时，也可以写为

$$u = \pm (a\% \cdot R + n) \tag{1.5}$$

式中，$n = b\% \cdot R_A$，为最后一位数字的几个值。n 是由于数字化处理引起的误差反映在末位数字上的变化量，若把 n 个字的误差折合成满量程的百分数，则上述两种表达式是等价的。

数字式电工仪表的最后一位变化 1 个字代表的被测量大小称为分辨力或分辨率，它反

映了仪表的灵敏度。值得注意的是,分辨力小不代表不确定度限值就小,精度就高,不要混淆。

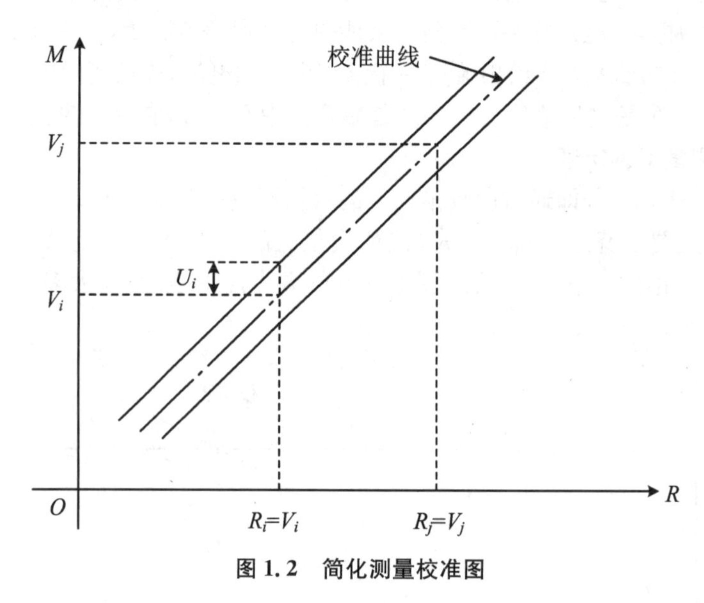

图 1.2 简化测量校准图

1.2 指针式电工仪表的基本原理

如前所述,电工仪表种类繁多。实验中常用的是指针式电工仪表。

指针式电工仪表的种类也很多,但是它们的主要作用都是将被测电量变换成仪表活动部分的偏转角位移。任何指针式电工仪表都是由测量机构和测量线路两大部分组成的。

1. 测量机构

测量机构是指针式电工仪表的核心,具有接收电量后产生转动的功能,用于实现仪表活动部件(指针)的偏转角位移。它由下列三部分组成。

1) 驱动装置

驱动装置产生转动力矩,驱动活动部件(指针)偏转。转动力矩的大小与输入到测量机构的电量成函数关系。

转动力矩一般通过磁场与电流间的相互作用产生,而磁场可以利用永久磁铁或通有电流的线圈来建立。

不同结构类型的指针式电工仪表主要体现在产生转动力矩的不同方式上。

2) 平衡装置

平衡装置产生反作用力矩。与转动力矩相平衡,使活动部分偏转到某一确定的位置。反作用力矩的大小是偏转角位移 α 的函数,方向与转动力矩相反。

通常,产生反作用力矩的方式有两种:一是利用游丝、张丝等变形后产生的欲恢复原状的机械弹性力来产生反作用力矩;二是与利用电磁力产生转动力矩类似,也可利用电磁力(或磁场中导体的涡流作用)来产生反作用力矩。

实验中常用的磁电系、电磁系仪表多是利用游丝来产生反作用力矩的。

3）阻尼装置

阻尼装置产生阻尼力矩。在可动部件运动过程中，消耗其动能，缩短其摆动时间，使之快速稳定在确定位置上。

指针式电工仪表中常用的阻尼方式有空气阻尼和磁感应阻尼两种。

2. 测量线路

测量线路的作用是将被测电量 x（电流、电压、功率等）变换成测量机构可以直接测量的电磁量。一定的测量机构借以产生偏转的电量是一定的，一般不是电流便是电压，或是两个电量的乘积，若被测电量是其他参数，如功率、频率等，或者被测电流、电压过大或过小，都不能直接作用到测量机构上，而必须将各种被测电量转换成测量机构所能接收的电量，实现这类转换的电路被称为测量线路。不同功能的仪表的测量线路也是各不相同的。

1.2.1　磁电系仪表

1. 磁电系仪表的结构原理

磁电系仪表测量机构中的转动力矩，是利用固定永久磁铁的磁场与通有直流电流的可动线圈间的相互作用产生的。其结构原理图如图 1.3 所示。

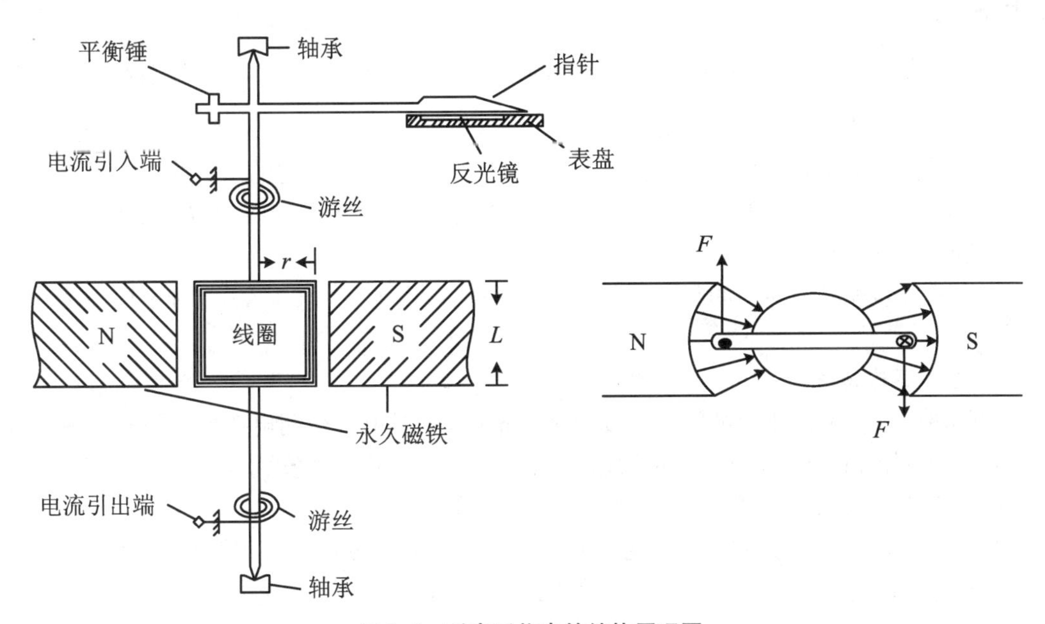

图 1.3　磁电系仪表的结构原理图

处于永久磁铁的磁场中的可动线圈（即动圈）中通有电流时，线圈电流和磁场相互作用而产生转动力矩，使动圈发生偏转。根据左手定则可判断，在动圈的每侧边上将产生如图 1.3 所示的作用力 F，其大小为

$$F = BLnI \tag{1.6}$$

式中，B 为空气隙的磁感应强度；L 为动圈每个受力边的有效长度；n 为动圈匝数；I 为通过动圈的电流大小。

在图 1.3 所示的电流和磁场的方向下，动圈将按顺时针方向旋转，其转动力矩为

$$M = 2Fr = 2rBLnI \tag{1.7}$$

式中，r 为转轴中心到动圈有效边的距离。考虑到动圈所包围的有效面积 $S=2rL$，则

$$M = BSnI \tag{1.8}$$

因为对一块出厂后的仪表来说，所有结构都已经固定，所以 B、S、n 都是常数，则转动力矩 M 和通过动圈的电流 I 成正比。因此，只要动圈通有电流，在转矩 M 的作用下，仪表的可动部分将产生运动，表针开始偏转。这时如果没有一个反作用力矩与其平衡，则不论线圈中的电流有多大，可动部分都要偏转到极限位置，直到指针被挡为止。这样的仪表只能反映被测量的有无，而看不出被测量的大小。为了使仪表指示出被测量的大小，就必须加入一个与转动力矩 M 相反的反作用力矩，并且它随可动线圈偏转角的增大而增加。当两个力矩相等时，让可动部分停下来，指示出被测量的数值。

在图 1.3 中，用来产生反作用力矩的元件通常是游丝或张丝。根据游丝的弹力或张丝的扭力与可动部分的转角成正比的特性，仪表的反作用力矩 M' 可表示为

$$M' = D \cdot \alpha \tag{1.9}$$

式中，D 为游丝或张丝的反作用力矩系数；α 为指针偏转角。

当 α 处于平衡状态时，有 $M=M'$，因此可得

$$\alpha = \frac{BSn}{D} \cdot I = S_I \cdot I \tag{1.10}$$

式中，S_I 为电流灵敏度。

从 $S_I=\frac{BSn}{D}$ 可见，电流灵敏度仅与仪表的结构和材料性质有关，对每一块仪表来说，它是一个常数。从式(1.10)可以看出，仪表指针的偏转角 α 与通过可动线圈的电流 I 成正比，所以磁电系仪表可用来测量直流电流，而且标度尺上的刻度是均匀的。从式(1.10)还可以看出，α 与 I 成正比关系，只要转动轴承的摩擦力足够小，小电流也能驱动指针转动一个小角度，灵敏度可以调到很高。

磁电系仪表配以不同的测量线路即可构成磁电系电流表、电压表等，对不同电量进行测量。

2. 磁电系电流表

虽然磁电系仪表的测量机构可直接用来测量电流，但由于被测电流要通过游丝和可动线圈，而可动线圈的导线很细，因此只能测量很小的电流（几十微安到几十毫安），若要测量更大的电流，就需要加接测量线路（分流器）来扩大量程。

分流器是扩大电流量程的装置，通常由电阻担当。它与测量机构相并联，被测电流的大部分通过它。图 1.4 所示就是一个电流表线路示意图，其中 R_0 为测量机构的内阻，R 为分流电阻。

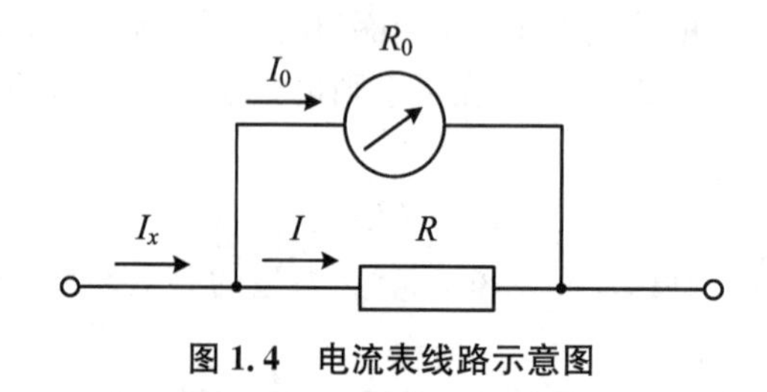

图 1.4　电流表线路示意图

加入分流电阻后，流过测量机构的电流为

$$I_0 = \frac{R}{R_0 + R} I_x$$

因此被测电流 I_x 可表示为

$$I_x = \frac{R_0 + R}{R} I_0 = K_L \cdot I_0 \tag{1.11}$$

式中，K_L 为分流系数，它表示被测电流比可动线圈电流大了 K_L 倍。而对某一个指定的仪表而言，调好后的分流电阻 R 是固定不变的，即它的分流系数 K_L 是一个定值，所以该仪表就可以直接用被测电流 I_x 进行刻度，这就是我们常见的直流安培表。

加上分流器后，则有 $I_x = K_L \cdot I_0$，所以

$$R = \frac{R_0}{K_L - 1} \tag{1.12}$$

可见，当磁电式测量机构的量限扩大成 K_L 倍的电流表时，分流电阻 R 为测量机构内阻 R_0 的 $\frac{1}{K_L - 1}$。对于同一测量机构，如果配以多个不同的分流器，则可制成具有多量程的电流表。

3. 磁电系电压表

磁电系仪表的测量机构不能直接用来测量电压，但配以一定的测量线路即可构成磁电系的电压表。

如果测量机构的电阻一定，则所通过的电流与加在测量机构两端的电压降成正比。磁电系测量机构的偏转角 α 既然可以反映电流的大小，则在电阻一定的条件下，当然也就可以用来反映电压的大小。但是，通常不能把这种测量机构直接作为电压表使用，这是因为磁电系测量机构允许通过的电流很小，因此它所能直接测量的电压很低（几十毫伏），若要测量更大的电压，就需要加接测量线路（分压器）来扩大量程。

为了用同一个机构来达到测量电压的目的，需要采用附加电阻（分压器）与测量机构相串联的方法，所以磁电系电压表实际上是由磁电系测量机构和附加大阻值电阻串联构成的，如图 1.5 所示。

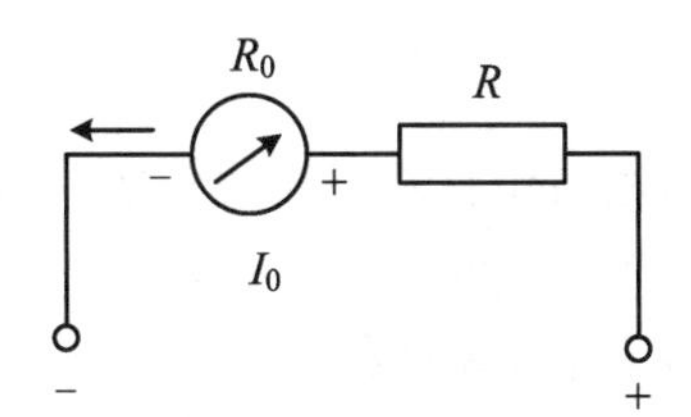

图 1.5　单量程直流电压表电路图

在图 1.5 中，被测电压 U_x 的大部分分配在附加电阻 R 上，分配到测量机构上的电压 U_0 只是很小的部分，从而使通过测量机构的电流限制在允许的范围内，并扩大了电压的量程。串联附加电阻后，测量机构中通过的电流为

$$I_0 = \frac{U_x}{R_0 + R} = \frac{U_x}{R_V} \tag{1.13}$$

由于磁电系测量机构的偏转角度与流过线圈的电流成正比，因此有

$$\alpha = S_I \cdot I_0 = S_I \frac{U_x}{R_0 + R} = S_U \cdot U_x \tag{1.14}$$

式中，$S_U=\frac{S_I}{R_0+R}$为仪表对电压的灵敏度。

磁电系仪表的测量机构也不能直接用来测量交流电压，但配以一定的测量线路（整流电路）即可构成磁电整流系的交流电压表。

图 1.6 所示为单量程交流电压表电路图。半波整流电路使得当 A、B 两测试端接入的电压 $U_{AB}>0$ 时，表头才有电流流过，表头的偏转角与半波整流电压的平均值成正比。但是，在实际工程和日常生活中，常常需要测量正弦电压，并用其有效值表示。因此，万用表的交流电压的标尺是按正弦电压的有效值标度的，即标尺的刻度值为整流电压的平均值乘以一个转换系数（有效值/平均值）。根据平均值的定义，可计算出正弦波形半波整流的转换系数为

$$K=\frac{U}{U_{av}}=\frac{\pi}{\sqrt{2}}\approx 2.22 \tag{1.15}$$

式中，U_{av}为半波整流电压的平均值。

当被测量为非正弦波时，其转换的系数不再是 2.22。若仍用该表测量，必然产生测量误差，该偏差会随被测量波形与正弦波波形的差异的增大而增加。所以，磁电整流系的交流电表是属于“有效值刻度，平均值响应”。

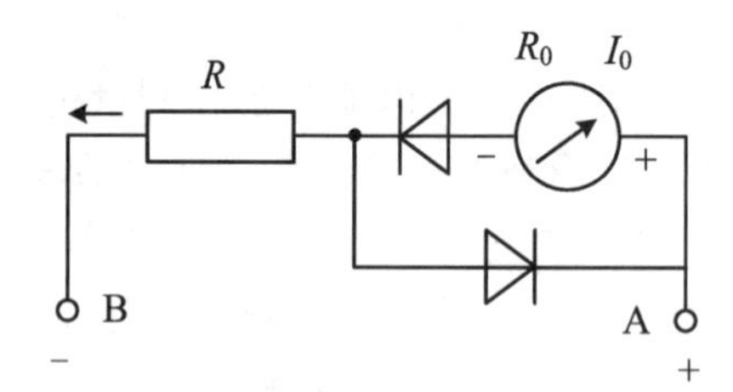

图 1.6　单量程交流电压表电路

1.2.2　电磁系仪表

1. 电磁系仪表的结构原理

电磁系仪表测量机构中的转动力矩是利用通有交流或直流的固定线圈电流，即定圈磁场与铁磁物质（如铁片等）相互作用产生的。

电磁系仪表的结构有吸引型与排斥型两种。

1）吸引型电磁系仪表

吸引型电磁系仪表的原理结构如图 1.7 所示。当电流通过固定线圈时，在线圈附近就有磁场产生，使铁磁体（即动铁片）磁化，动铁片被磁场吸引，产生转动力矩，带动指针偏转。当线圈中电流方向改变时，线圈所产生的磁场和被磁化的铁片极性同时改变，因此磁场仍然吸引铁片，指针偏转方向不会改变。可见这种仪表可以交流、直流两用。实验室中常用的 T-21 型电流表和电压表就是吸引型电磁系仪表。

2）排斥型电磁系仪表

排斥型电磁系仪表类似吸引型，但比吸引型多一个固定铁片。当定圈通入电流时，电流产生的磁场使固定铁片和可动铁片同时磁化，同性磁极间相互排斥，使可动部分转动，当通入定圈的电流方向改变时，它所建立的磁场方向也随之改变，因此两铁片仍然互相排斥，转

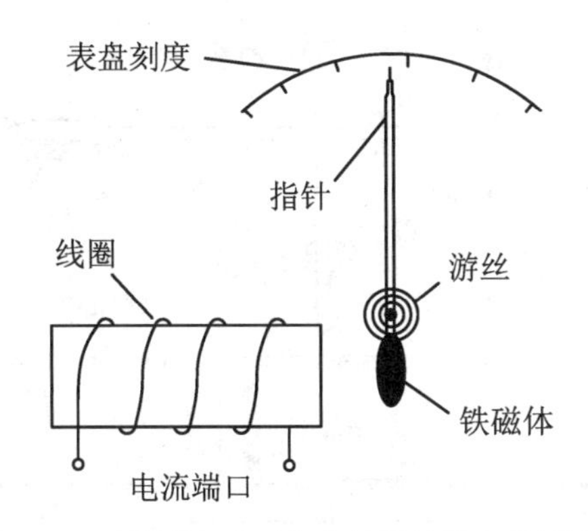

图 1.7　吸引型电磁系仪表的结构及工作原理图

动力矩方向保持不变。吸引型电磁式仪表同样可以交流、直流两用。

虽然定圈的磁场与被测电流成正比，但转动机构得到的吸引力或排斥力与磁场大小不成线性关系，所以电磁系仪表的转动力矩与被测电流不成线性关系，进而在平衡位置其角度与电流也不成比例关系，因此反映在表盘标度尺上，就是刻度不均匀。而且每次测量后转动机构中的铁磁物质有大小不等的剩磁，使得下次测量时必须克服剩磁后才能正确偏转角度，造成了小电流测量不准确，灵敏度不高。

2. 电磁系电流表与电压表

与磁电系仪表一样，电磁系的测量机构配以不同的测量线路即可构成电磁系的电流表、电压表等，从而可以对不同电量进行测量。电磁系电流表、电压表的测量线路（量程转换电路）与磁电系仪表类似，如图 1.4 和图 1.5 所示。

实验室常用的电磁系仪表有 T21-A、T21-V 等。

1.2.3　电动系仪表

1. 电动系仪表的结构原理

电动系仪表测量机构中的转动力矩是利用通有电流（交流或直流）的固定线圈（定圈）磁场与通有电流（交流或直流）的可动线圈（动圈）相互作用产生的。

电动系仪表的结构如图 1.8 所示。从原理上说，它的转动部分采用了磁电系仪表的动圈结构，而固定部分摒弃了永久磁铁，利用了电磁系仪表的电磁铁，形成了定圈。

电动系仪表测量机构的固定部分是两个定圈。定圈分成两个的目的是可以获得较均匀的磁场，同时又便于改换电流量程。活动部分包括可动线圈、指针、阻尼扇（使用空气阻尼）等，它们均固定在转轴上。反作用力矩由游丝产生，游丝同时又是引导电流的元件。仪表的阻尼由空气阻尼装置产生。若在动圈的铁芯上加绕一个封闭的线圈，就构成了电磁阻尼式电动系仪表。

图 1.8 中，当定圈（线圈 2）通入电流 I_2 时，便在定圈中产生磁场，其磁感应强度为 B_2。若动圈（线圈 1）同时流入电流 I_1，则动圈在磁场中将受电磁力 F 的作用而产生偏转。

因为磁场 B_2 的大小跟电流 I_2 成正比，又根据式(1.10)可以看出，平衡位置的角度 α 与 I_1 和磁场大小 B_2 的乘积成正比，所以 α 与 I_1、I_2 的乘积成正比。如果将动圈和定圈串联构成电流表，$I_1=I_2=I$，则 α 与 I^2 成正比。虽然该电流表的表盘刻度不均匀，但是偏转方向与

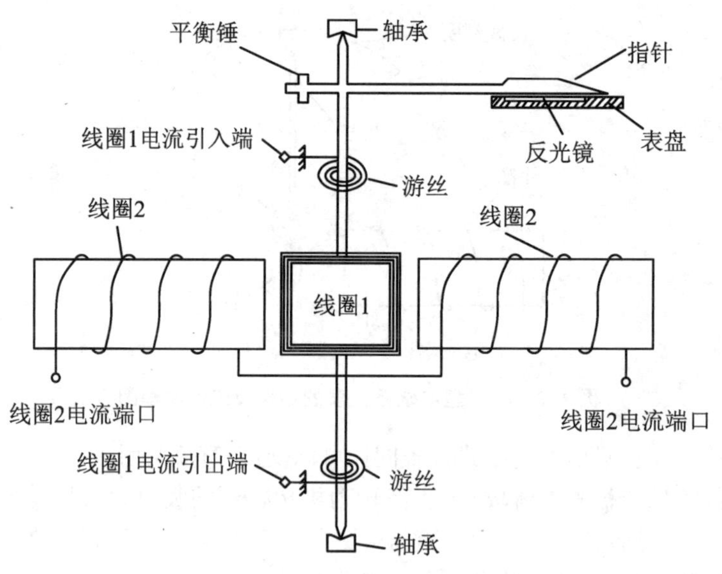

图 1.8　电动系仪表的结构图

电流方向无关,可以测量交流。如果将动圈和定圈分别作为电压线圈和电流线圈构成功率表,则 α 与功率值成正比,表盘刻度是均匀的。电动系仪表没有电磁系仪表中的磁化现象,其灵敏度很高。

2. 电动系电流表与电压表

与磁电系仪表一样,电动系的测量机构配以不同的测量线路即可构成电动系的电流表、电压表、功率表等,从而可以对不同电量进行测量。

电动系电流表、电压表的测量线路(量程转换电路)与磁电系仪表类似,如图 1.4 和图 1.5 所示。

实验室常用的电动系仪表有 D26 系列等。

3. 电动系功率表

电动系功率表的设计思路是在两个定圈输入负载电路的电流 I,这里定圈也称为电流线圈。将串有附加电阻 R 的动圈并接于负载两端,使动圈电流 I_V 与负载电压 U 成正比,动圈与电阻 R 串联可看作电压线圈,此时指针偏转角度 α 就与 I、U 的乘积成正比,也就是与负载功率成正比。如图 1.9 所示,虚线方框部分为电动系功率表的测量电路。

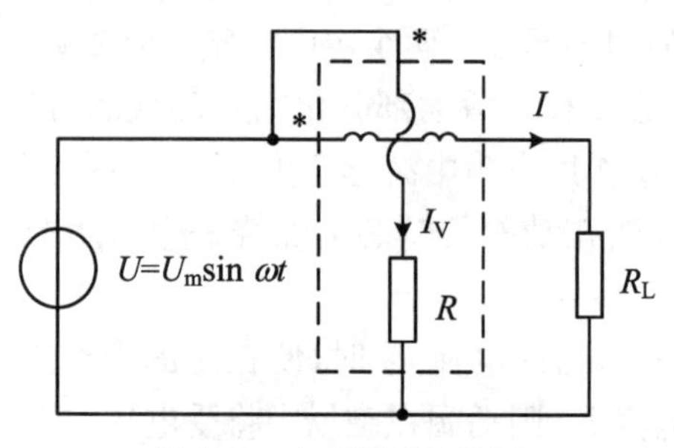

图 1.9　功率测量电路图

1.2.4　指针式电工仪表的符号标志

不同类型的电工仪表，具有不同的技术性能。为了便于选择和使用仪表，通常把这些不同的技术特性采用不同的符号标志，标明在仪表的标度盘或面板上。根据 GB 776—76 的规定，每只仪表都应有测量对象单位、准确度等级、电流种类和相数、工作原理系别、使用条件组别、工作位置、绝缘强度实验电压、仪表型号以及各种额定值的标志。

国家标准规定的各种符号标志列于表 1.1 至表 1.9。

表 1.1　测量单位的符号

名称	符号	名称	符号	名称	符号
千安	kA	瓦特	W	毫欧	mΩ
安培	A	兆乏	MVar	微欧	μΩ
毫安	mA	千乏	kVar	相位角	φ
微安	μA	乏尔	Var	功率因数	$\cos\varphi$
千伏	kV	兆赫	MHz	无功功率因数	$\sin\varphi$
伏特	V	千赫	kHz	微法	μF
毫伏	mV	赫兹	Hz	微微法	pF
微伏	μV	兆欧	MΩ	亨	H
兆瓦	MW	千欧	kΩ	毫亨	mH
千瓦	kW	欧姆	Ω	微亨	μH

表 1.2　仪表工作原理的符号

名称	符号	名称	符号	名称	符号
磁电系仪表		电动系仪表		感应系仪表	
磁电系比率表		电动系比率表		静电系仪表	
电磁系仪表		铁磁电动系仪表		整流系仪表（带半导体整流器和磁电系测量机构）	
电磁系比率表		铁磁电动系比率表		热电系仪表（带接触式热变换器和磁电系测量机构）	

表 1.3　电流种类的图形符号

名称	符号	名称	符号	名称	符号
直流	或	交流(单相)		具有单元件的三相平衡负载交流	

表 1.4　准确度等级的图形符号

名称	符号	名称	符号	名称	符号
以标度尺量限百分数表示的准确度等级 例如:1.5 级	1.5	以标度尺长度百分数表示的准确度等级 例如:1.5 级	1.5	以指示值百分数表示的准确度等级 例如:1.5 级	1.5

表 1.5　工作位置的图形符号

名称	符号	名称	符号	名称	符号
标度尺位置为垂直的		标度尺位置为水平的		标尺位置与水平面倾斜成一定角度 例如:60°	60°

表 1.6　绝缘强度的图形符号

名称	符号	名称	符号
不进行绝缘强度实验	0	绝缘强度实验电压为 2 kV	2

表 1.7　端钮、调零器的图形符号

名称	符号	名称	符号	名称	符号	名称	符号
正端钮		公共端钮		与外壳相连的端钮		调零器	
负端钮		接地端钮		与屏蔽相连的端钮			

表 1.8　仪表的准确度等级标记

仪表的准确度等级	0.1	0.2	0.5	1.0	1.5	2.5	5.0
基准误差(%)	0.1	0.2	0.5	1.0	1.5	2.5	5.0

表1.9 按外界使用条件分组的图形符号

名称	符号	名称	符号	名称	符号
Ⅰ级防外磁场 例如:磁电系		Ⅲ级防外磁场 及电场	Ⅲ Ⅲ	B组 仪表	B
Ⅰ级防外电场 例如:静电系		Ⅳ级防外磁场 及电场	Ⅳ Ⅳ	C组 仪表	C
Ⅱ级防外磁场 及电场	Ⅱ Ⅱ	A组仪表	A		

1.3 实验中常用指针式电工仪表的介绍

1.3.1 C31型直流电表

C31型直流电表是利用固定永久磁铁的磁场与可动载流线圈相互作用的原理制成的磁电系电流表和磁电系电压表,如C31-A型直流电流表和C31-V型直流电压表。测量时,电流表应串联接入被测电流支路中,并使电流从"+"端流入;而电压表应并联接在被测电压支路的两端,并保证被测电压的高电位与"+"端相接。

磁电系结构的C31系列仪表具有高准确度、高灵敏度、刻度均匀、读数方便等优点,但过载能力较低,通常需配以多个分流(或分压)电阻来扩大量程,用来构成多量程的电流表(或电压表),如图1.10和图1.11所示。

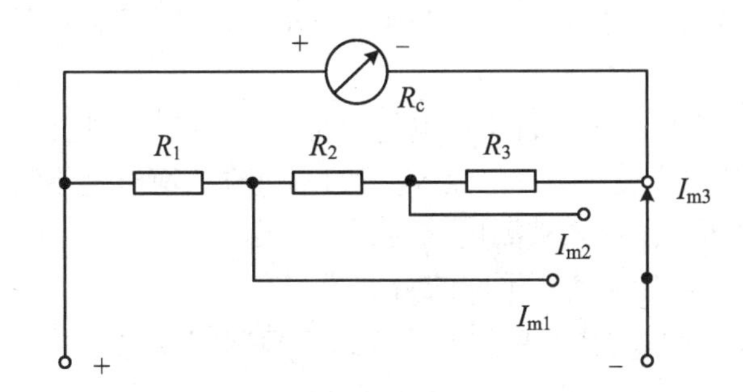

图1.10 多量限直流电流表电路原理图

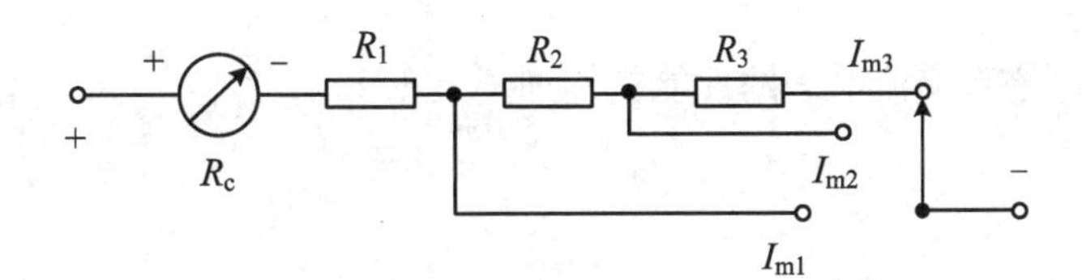

图1.11 多量限直流电压表电路原理图

C31-A/V 型 0.5 级直流电表是磁电系张丝支承结构的携带式电表，用于直流电路中的电流和电压测量。仪表应在周围环境温度为(23±10)℃及相对湿度为 25%～80%的条件下工作。

C31-A/V 型直流电表的性能指标列于表 1.10。

表 1.10 C31-A/V 型直流电表的性能指标

型号	量程	电阻或仪表压降	精度
C31-A	7.5 mA、15 mA、30 mA、75 mA、150 mA、300 mA、750 mA、1.5 A、3 A、7.5 A、15 A、30 A	U≈27～45 mV	0.5
C31-V	45 mV、75 mV	15 Ω、30 Ω	
	3 V、7.5 V、15 V、30 V、75 V、150 V、300 V、600 V	500 Ω/V	

从表 1.10 可以看出，C31-A/V 型直流电表的量程范围宽、挡位多，因此在测量前应认真仔细地选择仪表量程，一般以被测电量值为所选量程的 2/3 左右为宜。此外在使用 C31-A/V 型直流电表测量过程中，还应注意以下事项：

(1) 仪表使用时应水平位置摆放，并尽可能远离电流导线或强磁场，以免产生附加误差。

(2) 测量前如仪表指针不在零位上，则可利用仪表壳上的调节器将其调整到零位。

(3) 仪表在测量电流时，应串入电路；测量电压时，应并入电路。

(4) 仪表接入电路前，必须对电路中的电流或电压大小有所估算，以便正确选择量程，避免因过载而损坏仪表。若对待测电量之值心中无数，则应采用试探法，先选取较大量程，再逐渐过渡到合适的量程上，切不可先从小量程开始试探。

1.3.2 T21 型交流电表

电磁系结构的仪表是根据通电线圈产生的磁场与铁磁物质间相互作用的原理制成的。与磁电系直流仪表不同的是它的表盘刻度是非均匀的，而且起始有一段区域不适合读数。

实验室中常用电磁系仪表来进行交流电量的测量，如 T21-A 型电流表和 T21-V 型电压表就是电磁系结构的交流仪表。交流电流、电压的测量方法均与直流测量仪表类似，有所不同的是交流电流表、电压表在接入被测电路时无需考虑“+”“−”极性。电流表通过短路片选择量程，电压表则是不同量程使用不同的引出端。

T21-A/V 型电磁系交流电表是电磁系张丝支承结构的携带式指示仪表，可在额定频率为 50～60 Hz 的交流电路中进行电流和电压的测量。

T21-A/V 型电磁系交流电表适合在周围环境温度为(23±10)℃及相对湿度为 25%～80%的条件下工作。

T21-A/V 型电磁系交流电表的性能指标列于表 1.11。

表 1.11　T21-A/V 型电磁系交流电表的性能指标

型号	量程	电阻(Ω)	电感(mH)	精度
T21-A	0.5 A、1 A	1.08、0.27	1.2～0.3	1.0
	2.5 A、5 A	0.08、0.02	0.04～0.01	
T21-V	150 V、300 V	5000、20000		
	300 V、600 V	12000、53000		

在使用 T21-A/V 型交流电表测量过程中，应注意以下事项：

(1) 仪表使用时应水平摆放，并尽可能远离电流导线或强磁场，以免产生附加误差。

(2) 测量前如仪表指针不在零位上，则可利用仪表壳上的调节器将其调整到零位。

(3) 负载连接的导线必须与仪表紧固连接，并应根据负载大小选择足够绝缘能力和截面的导线。

(4) 虽然电磁系仪表可以交流与直流两用，但是磁化过程中的剩磁影响会导致产生较大的测量误差，一般情况下不建议用于直流电量的测量；若测量直流电量，则可以将接线端钮互换，取两次读数的平均值，以消除剩磁误差，提高测量精度。

需要指出的是，虽然交流测量仪表的面板指示通常是按正弦交流有效值刻度的，但是并不是所有仪表都是有效值反应。比如指针式万用表的交流挡，就是平均值反应，即指针转动角度是与被测电量的平均值有关的，只是按照正弦交流的平均值与有效值的关系系数如式(1.15)中的 2.22 修正刻度，所以对于非有效值响应的交流电表进行非正弦周期性电量测量时，必然存在附加的测量误差，需根据波形系数进行校正。T21 系列的电磁系仪表为有效值相应仪表，所以其指示值是真有效值。

交流电压除可使用 T21-V 型交流电压表测量外，通常也可用指针式万用表的交流电压挡进行测量，但要注意的是，万用表的交流电压挡不是有效值反应。

1.3.3　D26 型功率表

交流电路中的负载功率可由单相功率表直接测出。功率表又称瓦特表，实验室常用的指针式功率表是 D26-W 型电动系结构的单相功率表。

D26-W 型携带式 0.5 级电动系功率表可在直流电路或交流额定频率为 50～60 Hz 的电路中进行功率测量，该仪表适合在周围环境温度为(23±10)℃及相对湿度为 25%～80%的条件下工作。

D26-W 型电动系功率表的性能指标列于表 1.12。

表 1.12　D26-W 型电动系功率表的性能指标

型号	额定电压(V)	额定电流(A)	精度
D26-W	125～250～500	0.5～1	0.5 级
	150～300～600	0.5～1	

D26-W 型电动系功率表面板上有 2 个电流量程(0.5 A，1 A)和 3 个电压量程(150 V，300 V，600 V；或 125 V，250 V，500 V)，可分别根据被测负载电流、电压的最大值来进行选择

(电流量程的转换需通过改接短路片的方式来实现),而该功率表的满偏读数即功率量程等于电流量程与电压量程的乘积,在电流、电压的量程选定后也就随之确定了。

需要说明的是,功率表是否过载,不能仅仅根据表盘指针是否超过满偏刻度值来判定。因为当流过功率表的电流线圈的电流很小时,即使电压线圈已经过载将要烧毁,功率表的读数也不会超出量程;反之亦然。所以在使用功率表时,特别是在测量低功率电路时,必须保证其电流、电压线圈都不过载。

D26-W 型电动系功率表最常见的接入电路如图 1.12 所示,盘面上标记“ * ”的端钮分别称作电流线圈和电压线圈的“同名端”(或称为“发电机端”)。电流线圈与负载串联,电压线圈与负载并联,且保证两个线圈的电流都是从同名端流入、非同名端流出,或从同名端流出、非同名端流入,使功率表指针正偏。如果发现指针反偏,可以改变表上极性开关的位置,使其正偏,但记录数据时应该将功率值记为负。

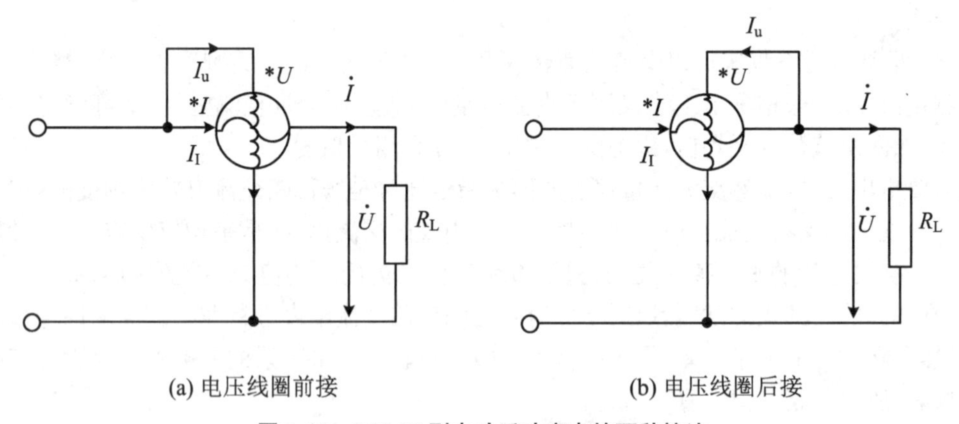

图 1.12　D26-W 型电动系功率表的两种接法

值得一提的是,D26-W 型电动系功率表在测量功率时有如图 1.12(a)和图 1.12(b)所示的两种接法,即电压线圈前接与电压线圈后接。其中图 1.12(a)是电压线圈前接,图 1.12(b)是电压线圈后接,它们分别类似于伏安法测电阻中的电流表内接和外接。两种接法都能保证指针正向偏转,实验中常用的是电压线圈前接。

为了减少测量误差,当负载为低阻抗负载时,采用图 1.12(a)所示的接法;当负载为高阻抗负载时,采用图 1.12(b)所示的接法。

在使用 D26-W 型电动系功率表测量过程中,应注意以下事项:

(1) 仪表使用时应水平放置,并尽可能远离电流导线或强磁场,以免产生附加误差。

(2) 未接入电路时,如仪表指针不在零位上,则可利用仪表壳上的调节器将其调整到零位。

(3) 仪表接入电路前,必须对电路中的电流或电压强度有所估计,以便正确选用电压量程和电流量程,避免因过载而损坏仪表。

(4) 电压线圈与电流线圈不能接错,若将电流线圈与负载并联,仪表将被烧坏。

(5) 功率表数据的读取方法。

由于功率表是多量程的仪表,故其表面的标度尺上只标有分格数。选用不同的电流量程和电压量程时,标度尺的满刻度有不同的瓦数。使用时,要注意被测电量的实际值与指针读数之间的换算关系。可按下式计算被测功率的数值:

$$P = \frac{U_N \cdot I_N}{W_N} \alpha_N = K \cdot \alpha_N \tag{1.16}$$

$$K = \frac{U_N \cdot I_N}{W_N} \tag{1.17}$$

式中，U_N 为所使用的电压线圈的量程；I_N 为所使用的电流线圈的量程；W_N 为功率表标度尺的满刻度的格数；α_N 为指针的读数(指针指示的格数)；K 为功率表分格常数，表示指针偏转一格指示的瓦数，单位为 W/ 格。

例如，一个功率表的电压线圈选用"＊"和"250 V"两接线端，电流线圈选用"＊I"和"I"两端，电流线圈量程选择 0.5 A，仪表的满刻度格数为 125，若该功率表指针的指示读数为 40，则可通过下面公式计算出被测功率的数值：

$$K = \frac{U_N \cdot I_N}{W_N} = \frac{250 \times 0.5}{125} = 1(\text{W/ 格})$$

$$P = K \cdot \alpha_N = 1 \times 40 = 40(\text{W})$$

1.4　实验中常用数字式电工仪表的介绍

数字式电工仪表与指针式电工仪表上的不同不仅体现在显示方式上，它们的结构和工作原理也有巨大的差别。和指针式电工仪表不同，数字式电工仪表内部没有机械部件，一般情况下也不存在电磁转化，没有机械磨损，抗磁场干扰能力也比较强。

图 1.13 给出了基本数字电压表的结构框图。它是把被测电压经过输入调理后，通过模数转换，再直接译码显示，影响精度的主要因素是基准电压源和 AD 转换器的位数，所以精度可以调到很高。因为是对被测电压进行转换，所以与指针式电工仪表不同，数字式电工仪表的基本表是电压表。与指针式电工仪表相比，数字式电工仪表内部有比较复杂的电子电路，往往需要电池供电。

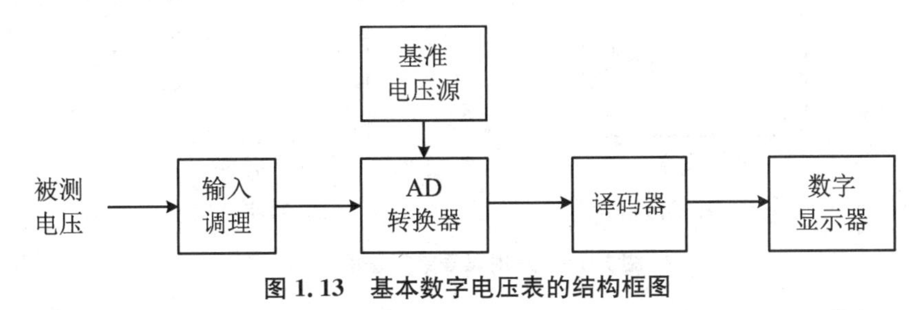

图 1.13　基本数字电压表的结构框图

1.4.1　VC890D 型数字万用表

图 1.14 所示 VC890D 型是一种性能稳定、用电池驱动的高可靠性数字万用表，仪表采用的是 40 mm 字高的 LCD 显示器，读数清晰，更加方便使用。此表可测量直流电压和交流电压、直流电流和交流电流、电阻、电容、二极管、三极管以及通断测试。

数字万用表使用口诀如下：

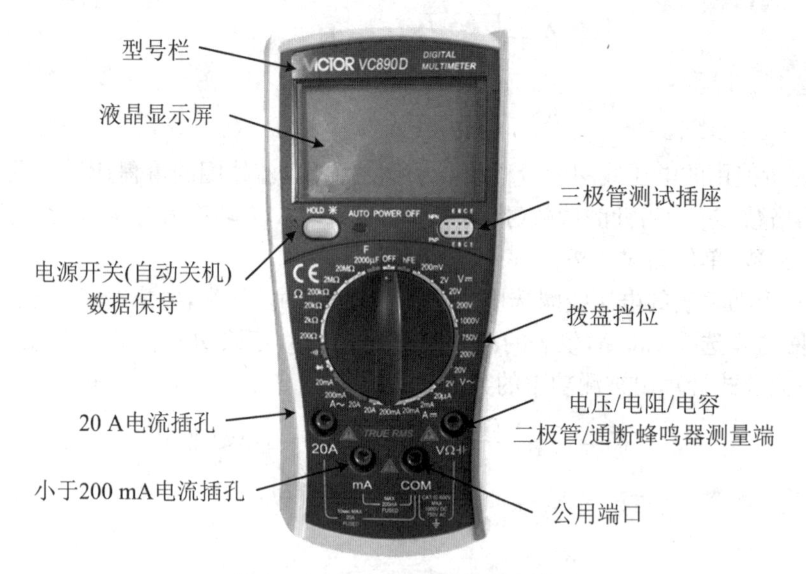

图 1.14　VC890D 型数字万用表

测量先看挡,不看不测量;测量不拨挡,测完拨空挡;量程要合适,读数要对正;测 R 不带电,测 C 先放电;数字万用表,表内红接正;测 I 应串联,测 U 要并联。

值得注意的是,数字万用表和指针式万用表表笔的接法有区别。如图 1.15 所示,指针式万用表的黑表笔接表内电池的电源正极,红表笔接表内电池的电源负极;而现在广泛使用的数字万用表则刚好相反,即黑表笔接表内电池的电源负极,红表笔接表内电池的电源正极。

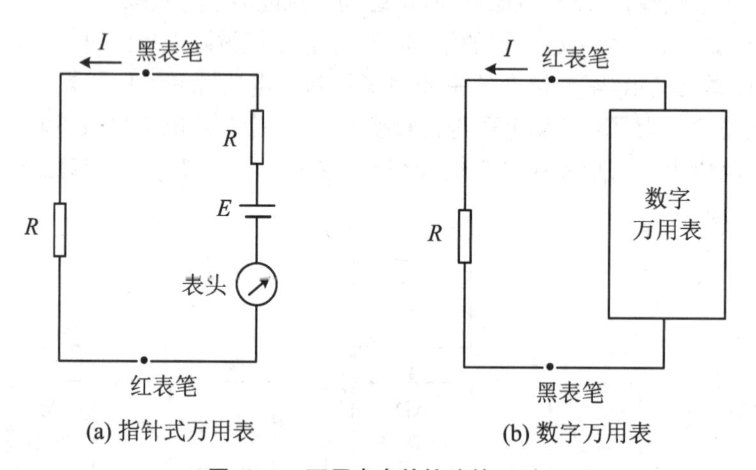

图 1.15　万用表表笔接法的区别

1. 注意事项

(1) 各量程测量时,禁止输入超过量程的极限值。

(2) 36 V 以下的电压为安全电压,在测高于 36 V 直流、25 V 交流电压时,要检查表笔是否可靠接触、是否正确连接、是否绝缘良好等,以避免触电。

(3) 更换功能和量程时,表笔应离开测试点。

(4) 选择正确的功能和量程,谨防错误操作。

(5) 测量电阻时,请勿输入电压值。

(6) 在更换电池或保险丝前,应将测试表笔从测试点移开,并关闭电源开关。

(7) 安全符号说明：

符号	说明	符号	说明
⚠	存在危险电压	⏚	接地
▣	双绝缘		
⚠	操作者必须参阅说明书	🔋	低电压符号，需要更换 9 V 碱性电池

2. 使用方法

VC890D 型数字万用表的功能挡位介绍如图 1.16 所示。

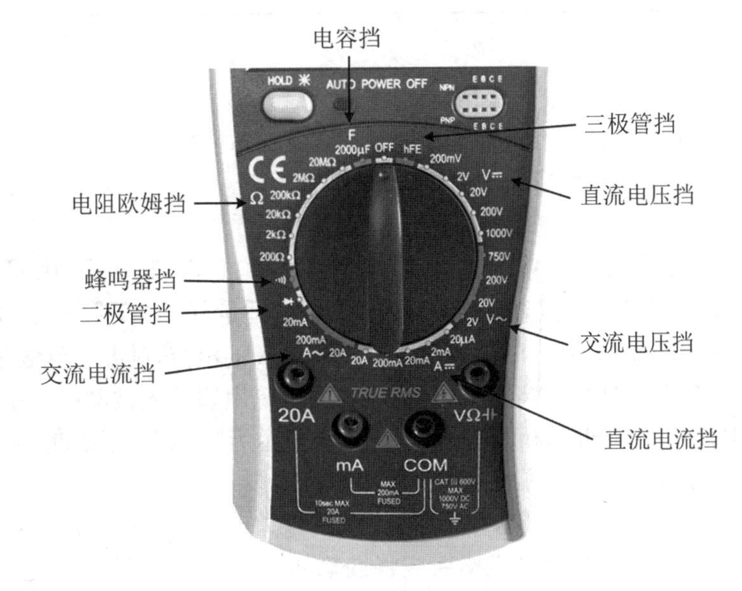

图 1.16　VC890D 型数字万用表的功能挡位

1) 电压测量

首先，将黑表笔插入“COM”插座，红表笔插入“VΩ ⊣⊢ ”插座；接着，将挡位开关旋到比估计值大的量程（注意：表盘上的数值均为最大量程，“V ⎓”表示直流电压 DCV 挡，“V～”表示交流电压 ACV 挡）；最后，把表笔跨接在被测电路上，保持接触稳定。红表笔所接的该点电压与极性显示在屏幕上，若显示为“OL.”（有些万用表显示“1.”），则表明量程太小，那么就要加大量程后再次进行测量。

直流电压和交流电压的技术参数见表 1.13 和表 1.14。

表 1.13　直流电压(DCV)的技术参数

量程	不确定度	分辨力
200 mV	±(0.5*R*%+3)	100 μV
2 V		1 mV
20 V		10 mV
200 V		100 mV
1000 V	±(0.8%*R*+10)	1 V

输入阻抗：除 mV 挡为 5 MΩ 外，所有量程均为 10 MΩ。

过载保护：200 mV 量程为直流或交流峰值；其余为 1000 V 直流或交流峰值。

表 1.14　交流电压(ACV)的技术参数

量程	不确定度	分辨力
2 V	±(0.8%R+5)	1 mV
20 V		10 mV
200 V		100 mV
750 V	±(1.2%R+10)	1 V

输入阻抗：10 MΩ。

过载保护：1000 V 直流或交流峰值。

频率响应：40 Hz～1 kHz。(适用于标准正弦波及三角波)

显示：真有效值。(其他波形大于 200 Hz 只供参考)

2) 电流测量

首先，将黑表笔插入“COM”孔。若测量小于 200 mA 的电流，则将红表笔插入“200 mA”插孔，将挡位开关打到直流 200 mA 以内的合适量程(“A ⎓”表示直流电流 DCA 挡，“A～”表示交流电流 ACA 挡)。若测量大于 200 mA 的电流，则要将红表笔插入“10 A”插孔，并将旋钮打到直流“10 A”挡。然后，将仪表的表笔串联接入被测电路中，被测电流值及红表笔点的电流极性将同时显示在屏幕上。如果显示为“OL.”，就要加大量程；如果在数值左边出现“－”，就表明电流从黑表笔流进万用表。

注意，在测量 20 A 时，该挡位未设保险，连续测量大电流将会使电路发热，影响测量精度甚至损坏仪表。另外，电流测量完毕后应将红笔插回“VΩ ⊣⊢”孔。若忘记这一步而直接测量电压，你的表或电源会在“一缕青烟中上云霄”——报废！

直流电流和交流电流的技术参数分别见表 1.15 和表 1.16。

表 1.15　直流电流(DCA)的技术参数

量程	不确定度	分辨力
20 μA	±(0.8%R+10)	0.01 μA
2 mA		1 μA
20 mA		10 μA
200 mA	±(1.2%R+8)	100 μA
20 A	±(2.0%R+5)	10 mA

最大输入压降：200 mV。

最大输入电流：20 A。(测试时间不超过 10 s)

过载保护：0.2 A/250 V，20 A/250 V 速熔保险丝。

表 1.16　交流电流(ACA)的技术参数

量程	不确定度	分辨力
2 mA	±(1.0%R+15)	10 μA
200 mA	±(2.0%R+5)	100 μA
20 A	±(3.0%R+10)	10 mA

最大测量压降：200 mV。

最大输入电流：20 A。（测量时间不超过 10 s）

过载保护：0.2 A/250 V，20 A/250 V 速熔保险丝。

频率响应：40 Hz～1 kHz。（适用于标准正弦波及三角波）

显示：真有效值。（其他波形大于 200 Hz 只供参考）

3）电阻测量

首先，将黑表笔插入“COM”插座，红表笔插入“VΩ ⊣⊢ ”插座。然后，把挡位开关旋到“Ω”中所需的量程。最后，用表笔接在电阻两端的金属部位。测量中可以用手接触电阻，但不要同时接触电阻两端，这样会影响测量的精确度——人体是电阻很大但是有限大的导体。读数时，要保持表笔和电阻有良好的接触。如果电阻值超过所选的量程值，则会显示“OL.”，这时应将挡位开关旋转至较高挡位上；当测量电阻值超过 1 MΩ 以上时，读数需几秒时间才能稳定，这在测量高电阻时是正常的。

注意，当输入端开路时，则显示过载情形；当测量在线电阻时，要确认被测电路所有电源已关断及所有电容都已完全放电后，才可进行。

电位器标称阻值的检测：置万用表欧姆挡于适当量程，先测量电位器两个定片之间的阻值是否与标称值相符，再测量动片与任一定片间的电阻。慢慢转动转轴从一个极端向另一个极端，若万用表的指示从 0 Ω（或标称值）至标称值（或 0 Ω）连续变化，且电位器内部无“沙沙”声，则质量完好。若转动中表针有跳动，则说明该电位器存在接触不良的故障。

带开关电位器的检测：除进行标称值检测外，还应检测开关。旋转电位器轴柄，接通或断开开关时应能听到清脆的“喀哒”声。置万用表于 200 Ω 挡位，两表笔分别接触开关的外接焊片，接通时电阻值应为 0 Ω，断开时应为无穷大，否则开关损坏。

电阻的技术参数见表 1.17。

表 1.17　电阻(Ω)的技术参数

量程	不确定度	分辨力
200 Ω	±(0.8%R+5)	0.1 Ω
2 kΩ	±(0.8%R+3)	1 Ω
20 kΩ		10 Ω
200 kΩ		100 Ω
2 MΩ		1k Ω
20 MΩ	±(1.0%R+25)	10 kΩ

开路电压：小于 0.7 V。

过载保护：250 V 直流或交流峰值。

注意事项：在使用 200 Ω 量程时，应先将表笔短路，测得引线电阻，然后在实测中减去。

警告：为了安全，在电阻量程上禁止输入电压值！

4）电容测量

首先，将电容两端短接，对电容进行放电，确保数字万用表的安全。然后，将红表笔插入“COM”插座，黑表笔插入“mA”插座。最后，将挡位开关转至电容挡位上，测量电容，此时不需要区分正负极，将红、黑插头分别连接电容两端，正常的电容会显示电容数值。若显示的数值和电容所标数值接近，则说明电容是好的；若显示的数值与所标数值相差非常大，则说明电容已损坏。

电容的技术参数见表 1.18。

表 1.18　电容(C)的技术参数

量程	不确定度	分辨力
2 nF	±(5.0%R+40)	1 pF
20 nF/200 nF 200 μF	±(2.5%R+20)	10 pF/100 pF 100 nF
2000 μF	±(5.0%R+10)	1 μF

过载保护：36 V 直流或交流峰值。

5）二极管及通断测量

将黑表笔插入“COM”插座，红表笔插入“V/Ω”插座(注意红表笔极性为“＋”极)。

二极管的测量：将挡位开关转至“ ”，并将表笔连接到待测试的二极管，如果有读数，则二极管正向导通，读数为二极管正向压降的近似值，此时红表笔所测端为二极管的正极。同时如果是发光二极管，还会发光。肖特基二极管的导通压降是 0.2 V 左右，普通硅整流管(1N4000、1N5400 系列等)约为 0.7 V，发光二极管为 1.8～2.3 V。调换表笔，显示屏显示“OL.”，则为正常，因为二极管的反向电阻很大，否则此管已被击穿。如果两次测量都没有示数，表示此发光二极管已经损坏。

线路的通断测量：将表笔连接到待测线路的两点，如果两点之间的电阻值低于(70±20)Ω，则内置蜂鸣器发声。

二极管的通断测试表见表 1.19。

表 1.19　二极管的通断测试表

量程	显示值	测试条件
	二极管正向压降	正向直流电流约 1 mA，反向电压约 3 V
	蜂鸣器发声长响，测试两点阻值小于 30 Ω	开路电压约 3 V

过载保护：250 V 直流或交流峰值。

6）三极管 hFE

将挡位开关转至“ ”。

第一步：定基极 B。

用表笔分别测三极管的任意两个脚，每两个脚正反都测一次。如果有且只有两个脚间的电阻无论正反所测量的值都是无穷大(开路，数字万用表显示“OL.”)，那么这两个脚一定是集电极 C 和发射极 E，剩下的那个脚就是基极 B。如果有数值“0.6 V”左右，则说明是硅管；若是“0.3 V”左右，则说明是锗管。

第二步：判断三极管是 NPN 还是 PNP。

当基极B接红表笔，黑表笔接其他端，有电压值，数字万用表电流从红表笔流出，接到基极，流入另一极导通有电压值，说明三极管是NPN型；反之，基极接黑表笔，有电压值，说明三极管是PNP型。

第三步：判断三极管的好坏。

集电极B、C与B、E间有数据，则说明三极管是好的。

第四步：定集电极C和发射极E。

把万用表打到hFE挡上，如果是NPN型三极管，插入万用表右上角三极管测试插座对应的NPN小孔上，B极对应上面的B字母，读数。再把它的另外两个脚反转，再读数。读数较大的那次极性就对应表上所标的字母，这时对着字母识别三极管的C、E极即可。PNP型三极管的方法类似。

晶体三极管hFE参数见表1.20。

表1.20　晶体三极管hFE参数

量程	显示值	测试条件
hFE NPN或PNP	0～1000	基极电流约10 μA，U_{CE}约3 V

7）自动断电

当仪表停止使用(20±10)min后，仪表便自动断电进入休眠状态；若要重新启动电源，需先将量程开关转至“OFF”挡，然后再转至用户需要使用的挡位上。

3. 故障排除

一般故障的排除方法见表1.21。

表1.21　故障排除方法表

故障线性	检查部位及方法
没显示	电源未接通；换电池
符号出现	换电池
显示误差大	换电池

1.4.2　KLH2208型电能表校验表

KLH2208型电能表校验表如图1.17所示，又名MiNi钳形功率表，采用单钳设计，机身小巧玲珑，外形美观精致，结构科学合理。使用高性能32位嵌入式微处理器与实时操作系统，CPU最高主频达到120 MHz，ADC实现的最高采样速率达到1 MSPS，有效保证了数据的精度和信息完整性，仪表能测试380/220 V电力系统中的相位、真有效值电压、真有效值电流、漏电流、频率、有功功率、无功功率、视在功率、有功电能、无功电能、视在电能、功率因数、1～50次谐波、谐波比等，并实时显示电流、电压波形，能判断感性容性电路，非常适合于排线密集的场所及二次计量单位。仪表还具有数据保持、定时数据存储、数据查阅等功能，广泛适用于电力、石油化工、冶金、铁路、气象、工矿企业、计量部门、科研院校等领域，尤其适用于对电压、电流、功率、电能、谐波、相位等电量参数做分析和诊断。

下面介绍实验中常用的一些功能。

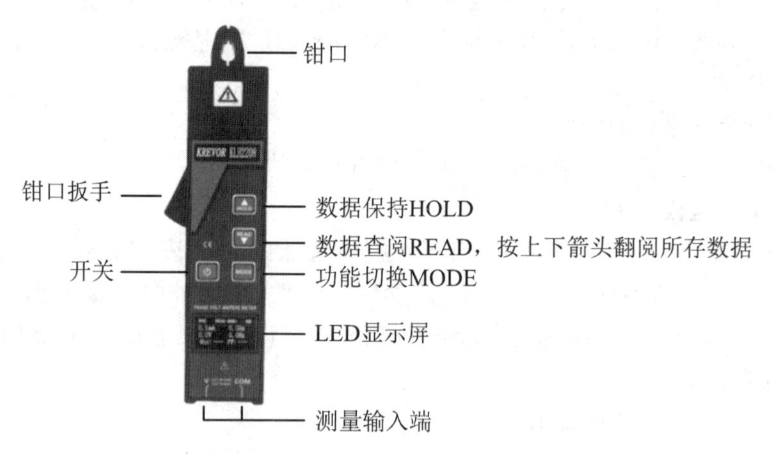

图 1.17　KLH2208 型电能表校验表

1. 数字钳形表——测电流

(1) 按下扳机使表的钳头钳入待测电流导线，并使其保持在钳头的中间位置。

(2) 当所测电流很小，其读数还不明显时，可将被测导线绕几匝，匝数要以钳口中央的匝数为准，则读数=测量值/匝数。

(3) 测量时，应使被测导线处在钳口的中央，并使钳口闭合精密，以减小误差。

注意：

(1) 被测电路的电压要低于钳表的额定电压。

(2) 交流电流测量范围：(AC)0.0 mA～30.0 A(电流频率范围：40～70 Hz)。

2. 数字钳形表——测电压

(1) 黑表笔插入“COM”孔，红表笔插入“V”孔。

(2) 将红、黑表笔放置于待测电压处，钳表会自动选择合适量程。

注意：

交流电压测量范围：(AC)0.1～600 V(电压频率范围：40～70 Hz)。

KLH2208 型电能表校验表的显示屏界面如图 1.18 所示，可以显示波形、相位、真有效值电压、真有效值电流、频率、有功功率、无功功率、视在功率、功率因数、1～50 次谐波等。

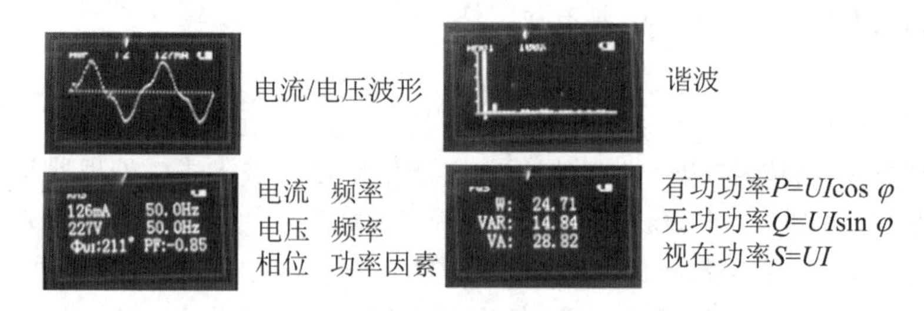

图 1.18　KLH2208 型电能表校验表的显示屏界面

KLH2208 型电能表校验表的技术参数见表 1.22。

表 1.22　KLH2208 型电能表校验表的技术参数

(a) 影响量

影响量	基准条件	工作条件	备注
环境温度	(23±1)℃	−10～40 ℃	/
环境湿度	40%～60%	<80%	/
信号波形	正弦波	正弦波	β=0.01
信号频率	(50±1)Hz	40～70 Hz	/
谐波	<0.1%	0.0%～100%	频率=50 Hz
仪表工作电压	(9±0.5)V	(9±1)V	/
测相位频率相序时电流幅值	(1±0.1)A	3 mA～30 A	/
测相位频率相序时电压幅值	(100±10)V	2～600 V	/
测功率功率因数时电流幅值	(1±0.1)A	10 mA～30 A	/
测功率功率因数时电压幅值	(100±10)V	10～600 V	/
外电场、磁场	应避免		
被测导线位置	被测导线处于钳口的近似几何中心位置		

(b) 功能参数

功能	同时测试 380/220 V 电力系统中的相位、真有效值电压、真有效值电流、有功功率、无功功率、视在功率、有功电能、无功电能、视在电能、功率因数、1～50 次谐波、谐波比、电流电压波形实时显示、漏电流、频率、相序、1～999 s 定时存储数据等
电源	6LR61,9 V DC,连续使用约 7 h
测试方式	钳形 CT;真有效值方式
钳口尺寸	Φ7.5 mm×13 mm
测量范围	相位:0°～360°
	电压:(AC)0.1～600 V(电压频率范围:40～70 Hz)
	电流:(AC)0.0 mA～30.0 A(电流频率范围:40～70 Hz)
	有功功率:0.00 W～18.0 kW
	无功功率:0.00 Var～18.0 kVar
	可视功率:0.00 VA～18.0 kVA
	有功电能:0.0 W・h～9999 kW・h
	无功电能:0.0 Var・h～9999 kVar・h
	可视电能:0.0 VA・h～9999 kVA・h
	50 Hz 谐波次数:1～50
	谐波比:0%～100%
	频率:40.0～70.0 Hz
	功率因数:−1～+1

续表

分辨率	相位:1°
	电压:0.1 V
	电流:0.1 mA
	可视功率:0.01 VA
	有功功率:0.01 W
	无功功率:0.01 Var
	可视电能:0.1 VA·h
	有功电能:0.1 W·h
	无功电能:0.1 Var·h
	谐波比:1%
	频率:0.1 Hz
	功率因数:0.01
测量不确定度((23±5)℃,80%RH以下)	相位:±2°(工作条件下的相位误差:10 mA~30 A为±3°;10 mA以下为±5°;为确保测量的准确性,电压需不低于5 V,电流需不低于5 mA)
	电压:±(1.5%R±5dgt)
	电流:±(1.5%R±5dgt)
	有功功率:±(2%R±5dgt)
	无功功率:±(2%R±5dgt)
	视在功率:±(2%R±5dgt)
	有功电能:±(2%R±5dgt)
	无功电能:±(2%R±5dgt)
	视在电能:±(2%R±5dgt)
	谐波比(I>30 mA,U>30 V):±(2%R+6dgt)
	频率:±1 Hz
	功率因数:±0.04
波形	能显示1~4个完整周期波形(50 Hz)
谐波	1~50次
定时存储	Close:关闭定时存储功能(开机默认关闭) 1~999:每1~999秒自动存储数据
数据存储	4000组
定时关机	10 min:10分钟仪表自动关机(开机默认10分钟自动关机) Close:关闭自动关机功能
显示模式	OLED液晶显示
LCD尺寸	35 mm×21.5 mm;显示域32 mm×15 mm
换挡	自动换挡

续表

速率	ADC 采样速率：1MSPS；显示速率：10 次/秒
仪表尺寸	长宽厚 220 mm×45 mm×30 mm
线路电压	600 V 以下线路测试
功能切换	按 MODE 键切换显示各功能页面
数据保持	按 HOLD 键保持数据，再按 HOLD 键取消保持
数据查阅	按 READ 键进入数据查阅，按上下箭头键翻阅所存数据
溢出显示	超量程溢出功能："OL"符号显示
无效显示	"————"或"———"
电池电压	电池图标显示实时电量，当电池电压低于 6.8 V 时，显示空心电池图标，提醒更换电池
仪表质量	仪表 220 g（含电池）；总质量 0.57 kg（含外包装）
工作电流	Max 17 mA
工作温湿度	−10～40 ℃；80%Rh 以下
存放温湿度	−10～60 ℃；70%Rh 以下
绝缘强度	2000 V/rms（仪表外壳前后两端之前）
适合安规	IEC1010-1、IEC1010-2-032、污染等级 2、CAT Ⅲ（600 V）

1.4.3　YB5140DM 型多功能数显交流表

如图 1.19 所示的 YB5140DM 型多功能数显交流表是一款小巧的六合一交流多功能嵌入安装式表头，可用来测量交流电压、交流电流、功率、功率因素、频率和电能。该表的技术参数见表 1.23。

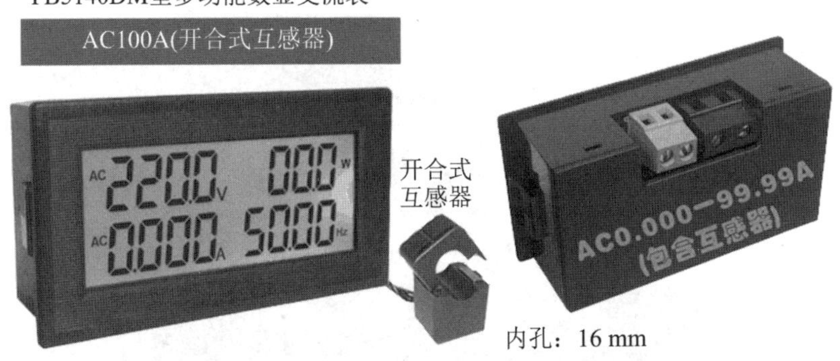

图 1.19　YB5140DM 型多功能数显交流表（AC100A 开合式互感器）

YB5140DM 型多功能数显交流表的 LED 显示屏如图 1.20 所示，其中电压/电流/功率固定显示，右下角数据可循环显示频率、电能和功率因素。

在实验室中，YB5140DM 型多功能数显交流表的接线如图 1.21 所示，黑色接线柱接待测电压的两点，绿色接线柱是电流输入端，连接互感器，将互感器打开，放入待测电流线，然后闭合互感器，接线完成。需要注意的是该表由电压输入端供电，所以电压输入端必须连接好。

表 1.23 YB5140DM 多功能数显交流表(AC100A)的技术参数

	量程	分辨率
电压	(AC)60.00～500.0 V	<100 V:0.01 V >100 V:0.1 V
电流	(AC)0.020～99.99 A	<10 A:0.001 A >10 A:0.01 A
有功功率	0.00～9999 kW	00.0～999.9 W:0.1 W 1000～9999 W:1 W 010.0 kW～999.9 kW:0.1 kW >1000 kW 的分辨率为 1 kW
频率	45.00～65.00 Hz	0.01 Hz
功率因素	0.000～1.000	0.001
测量不确定度	0.5%R±2dgt	

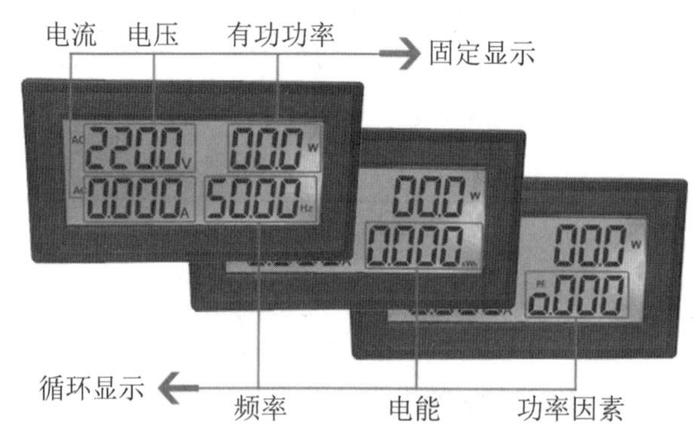

图 1.20 YB5140DM 型多功能数显交流表的 LED 显示屏

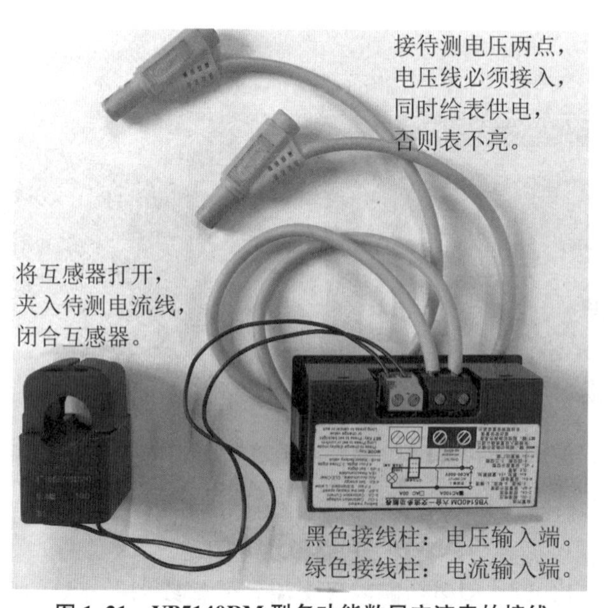

图 1.21 YB5140DM 型多功能数显交流表的接线

第2章　常用电工测量方法

2.1　二端元件伏安关系的测量

电工测量与其他各种测量一样，包含测量对象、测量工具和测量方法三个方面。电路中常见的测量对象有电流、电压、电阻、电功率等；根据测量过程中有无度量器参与，测量工具亦有指示类仪表和较量式仪器（如交、直流电桥）之分；而测量方法通常又可分为直接测量和间接测量两种。直接测量是指借助测量工具直接读出被测对象值的测量方法，例如，用电压表测量电压值以及用直流电桥测量电阻值等都属于直接测量法，而必须先测得几个与被测量有关的物理量，再根据它们之间的相互关系，通过一定的函数关系式计算出被测对象值的测量方法称作间接测量法。例如，先测出某未知电阻两端的电压及流过该电阻的电流，再根据欧姆定律关系式 $U=I\cdot R$ 计算出未知电阻值 R 的方法就是间接测量法。

2.1.1　电路元件的伏安特性

任意一个二端元件，其两端的电压 U 与流经该元件的电流 I 之间存在一定的函数关系 $U=f(I)$，通常称此关系为元件的伏安关系或伏安特性。将这个函数关系绘成 U-I 平面上的一条曲线，就得到该元件的伏安关系特性曲线。一个二端元件由 U-I 平面上的一条曲线唯一确定，而不同的电路元件则具有不同的伏安特性曲线。

1. 电阻元件的伏安特性

线性电阻服从欧姆定律，其伏安关系为 $U=R\cdot I$，在 U-I 平面上，其伏安特性曲线是一条通过原点和第一、第三象限的直线，直线的斜率即反映该线性电阻值的大小。该阻值与元件电压、电流的大小和方向无关，因此线性电阻是一个双向性的即时元件，如图 2.1 所示。

图 2.2 是晶体二极管的伏安关系特性曲线，其阻值随电压的大小而变化，属非线性电阻，并且由于其阻值还与所加电压的极性有关，正向导通时电阻较小，反向截止时电阻很大，所以晶体二极管是一种单向导通性元件。

非线性电阻不服从欧姆定律，其伏安特性是 U-I 平面上的一条曲线，通常其阻值是随着电流、电压的大小和方向的变化而变化的，按其伏安关系的特征可将其分成流控型、压控型和电流电压双控型，如图 2.3 所示。

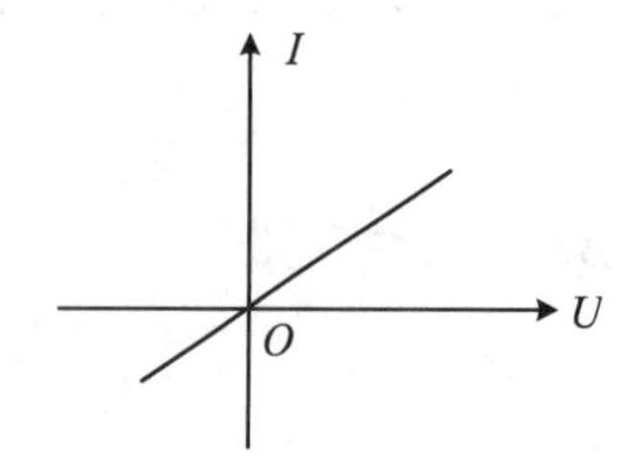

图 2.1　线性电阻伏安特性曲线

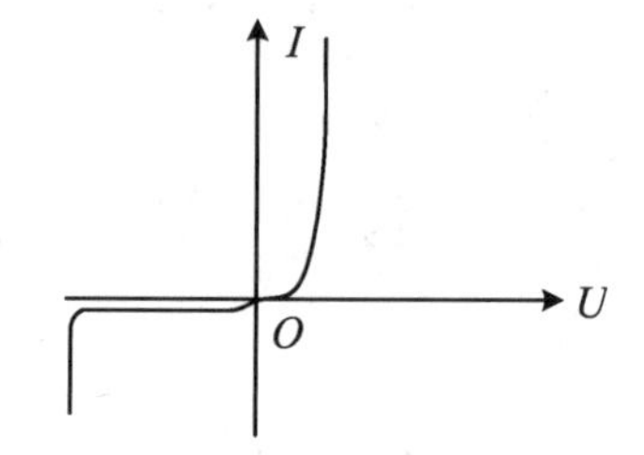

图 2.2　晶体二极管伏安特性曲线

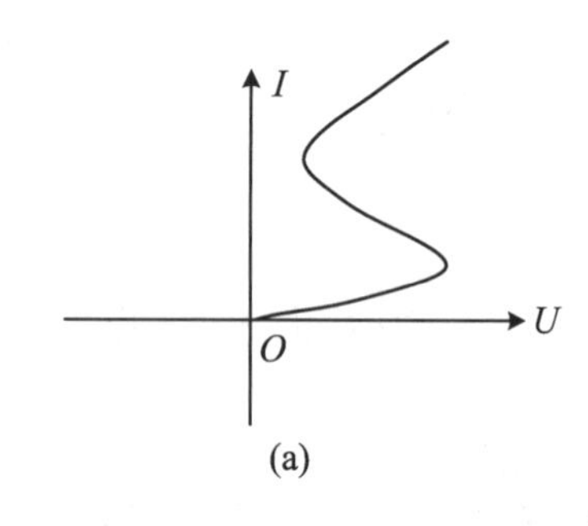

(a)

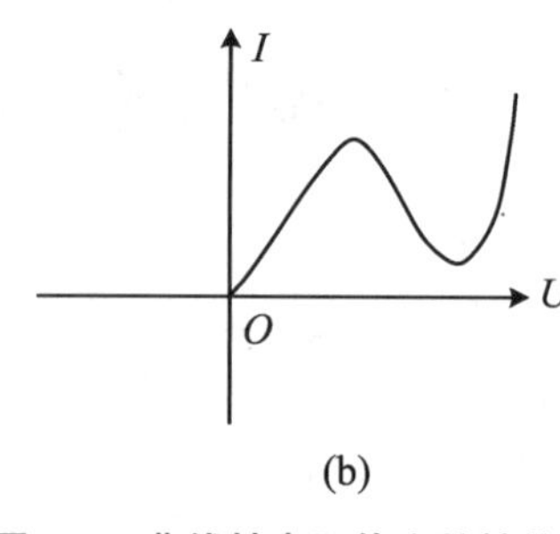

(b)

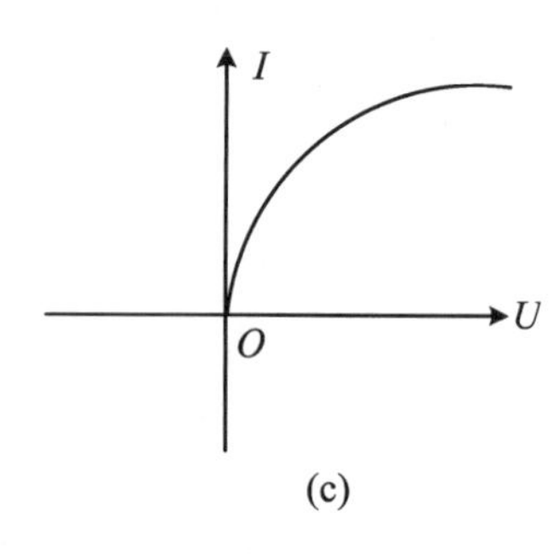

(c)

图 2.3　非线性电阻伏安特性曲线

2. 实际电压源的伏安特性

实际电压源可用一理想电压源 U_S 与内阻 R_0 的串联电路模型来模拟，如图 2.4 所示。实际电压源的外特性可用其端口的伏安关系来描述，即 $U=U_S-R_0 \cdot I$。由于存在电源内阻 R_0，实际电压源的端电压将随输出电流的增加而降低，因此在 U-I 平面上，其伏安特性曲线是一条从 U_S 开始随着 I 增加而略有下倾的直线，如图 2.5 所示。

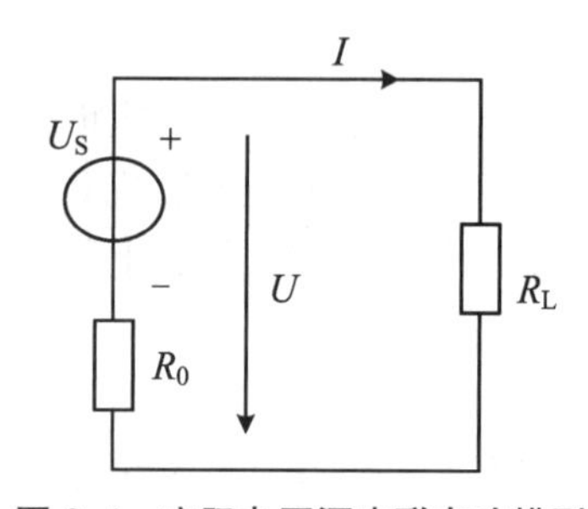

图 2.4　实际电压源串联电路模型

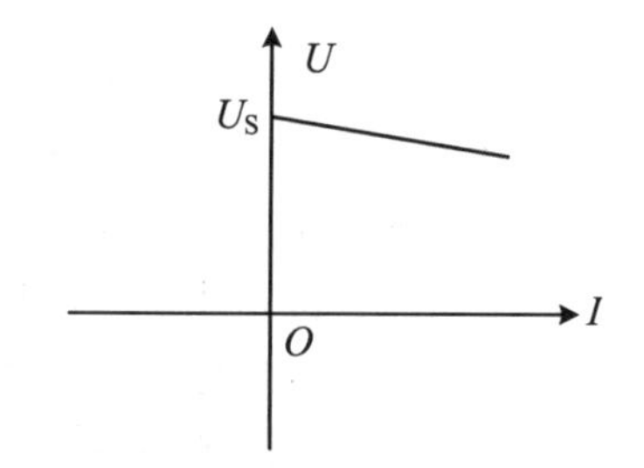

图 2.5　实际电压源伏安特性曲线

2.1.2　电路元件伏安关系特性曲线的测量方法

根据电路元件伏安特性的定义说明可知，任意一个二端元器件的伏安特性均可通过其 U-I 平面上的伏安特性曲线来描述。因此，我们可以利用实验的手段和测量方法，对某一元件加上不同的激励，任意测取若干组电流和电压值，并在 U-I 上逐点描绘出来，则可得到该电路元件的伏安关系特性曲线。这种方法称为伏安法，使用这种方法测出的电阻的阻值称为伏安法测电阻。

使用伏安法测量伏安关系时，要注意电流表和电压表的内阻对测量的影响。当被测元件的等效电阻值比电流表内阻大得多时，应将电流表内接，即电流表接负载侧，电压表接电

源侧，如图 2.6(a)所示。当被测元件的等效电阻值比电压表内阻小得多时，应将电流表外接，即电压表接负载侧，电流表接电源侧，如图 2.6(b)所示。

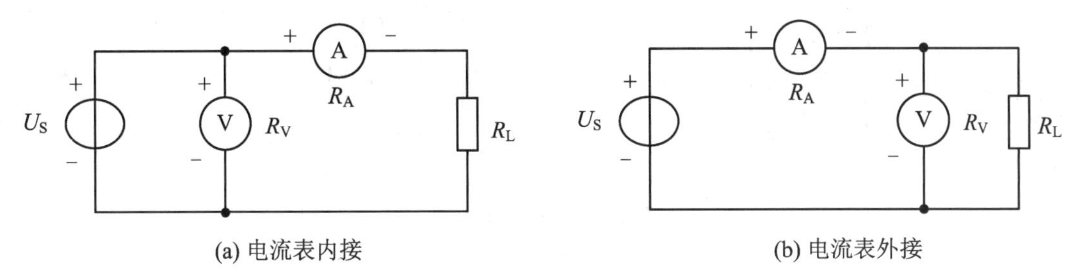

图 2.6　伏安法测电阻

根据上面的原则，对于线性电阻，当 R_L 较小时，应该使用电流表外接；当 R_L 较大时，应该使用电流表内接。当 R_L 不是特别大，也不是特别小时，就要看它们的比例关系了。如果 $\frac{R_L}{R_A}>\frac{R_V}{R_L}$，即 $R_L>\sqrt{R_A R_V}$，R_L 与 R_A 差距更大，应该用电流表内接；反之，应该用电流表外接。

对非线性电阻来说，由于在不同的区域，直流等效电阻不同，电流表的内接与外接也应该不同。如图 2.2 所示的晶体二极管伏安特性，正向导通性能好，应该使用电流表外接；而反向导通性能差，应该使用电流表内接。

使用伏安法测量伏安关系时，理论上是能任意取点测量。但是在测量过程中被测元件往往要消耗功率，如果功率过大则会发热甚至烧坏。有的元件电压过大会造成击穿。因此，测量实际电压源过程中的电压值或电流值都需要有所限制。

在实验前，对测量点的选取不但要考虑最大电压或最大电流的限制，对于某些非线性元件，还要考虑是先定好几个电压值测电流，还是先定好几个电流值测电压。在非线性特性的不同区域可能还有所不同。对于恒压特性或近似恒压特性的区域(如二极管的正向导通区和反向击穿区)，应该定电流测电压。而对于恒流特性或近似恒流特性的区域(如二极管的反向截止区和正向死区)，应该定电压测电流。

有的元件可能具有滞回特性，即电压增加方向测量的各点与电压减小方向测量的各点不重合。测量时需要注意。

2.2　线性含源二端网络等效参数的测量

2.2.1　戴维南定理

对于任一线性含源二端网络 Ns，例如图 2.7(a)，就其端口 a、b 而言，可以用一条理想电压源与电阻的串联支路来等效替代。该电压源的电压等于有源一端口网络的开路电压 U_{oc}，而串联电阻等于有源一端口网络中所有独立源置零后的等效输入电阻 R_{eq}。戴氏定理的内容可由图 2.7 来形象地说明。

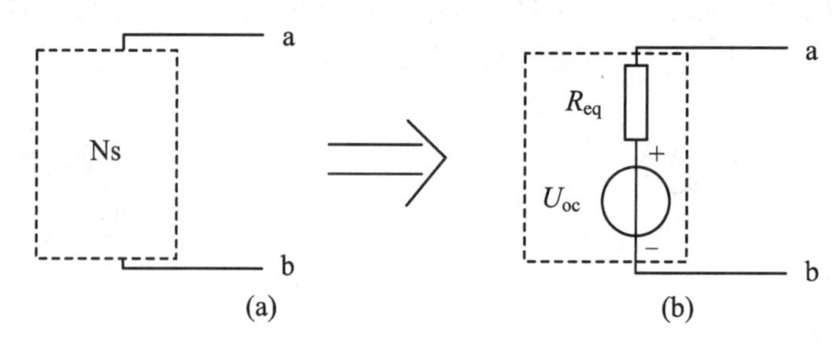

图 2.7 戴维南等效图

2.2.2 开路电压 U_{oc} 的测量方法

1. 直接测量法

用电压表直接测量含源二端网络的开路电压，电压表读数即为 U_{oc}。此种测量方法操作简便，结果直观，但测量误差较大。测量误差与被测二端网络内阻 R_{eq} 以及电压表内阻 R_V 有关。被测二端网络内阻 R_{eq} 越大，产生的测量误差越大。测量产生的绝对误差为

$$|\Delta V| = |U_{oc} - U_{ab}| = |I \cdot R_{eq}| \tag{2.1}$$

式中，I 为测量回路流经电压表的电流。测量电路如图 2.8 所示。

2. 零示法

在测量过程中使被测量与标准量对仪表的作用完全抵消直到仪表指示为 0，这种测量方法叫零示法，测量电路如图 2.9 所示。

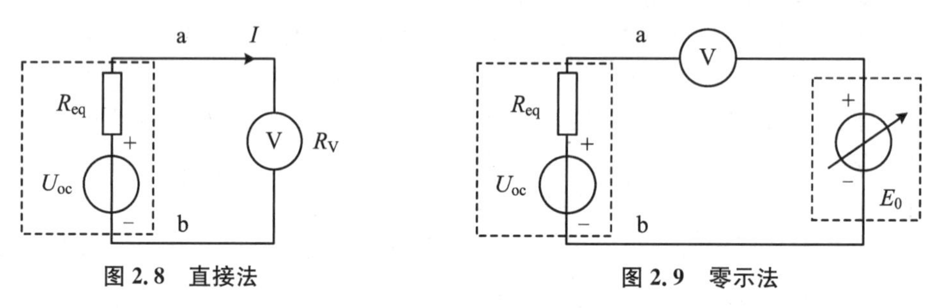

图 2.8 直接法

图 2.9 零示法

测量时，调节标准电源 E_0，使电压表指示为 0，这时标准电源的大小就等于被测含源二端网络的开路电压 U_{oc}。由于测量回路电流为 0，不会产生电压降，因此仪表内阻及被测二端网络的等效内阻均不影响测量结果。这种测量方法比直接法准确，其测量准确度主要取决于电压表的灵敏度以及标准电压源的精确度。

3. 补偿法

这也是一种准确测量电路电压的方法，测量电路如图 2.10 所示。

测量时，首先将毫安表接在检流计位置上，使 a′、b′与 a、b 对应相接，调节变阻器 R_w，使毫安表读数为 0。然后再将毫安表换成检流计 G，并仔细调节变阻器 R_w，使 G 的指示也为 0，则这时电压表的读数即为被测电压 U_{ab}。由于检流计 G 的灵敏度很高，因此这种测量方法较之零示法更为精确。

4. 伏安法

由戴维南定理可知，任一线性含源二端网络简化为戴维南等效电路后，其端口的伏安关

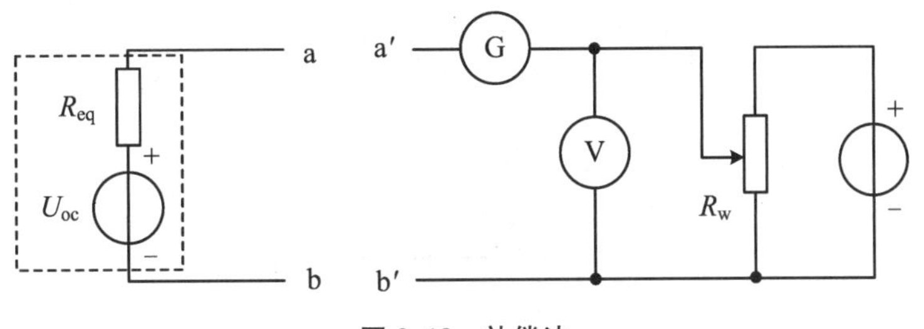

图 2.10　补偿法

系表达式为

$$U_{ab} = U_{oc} - R_{eq} \cdot I \tag{2.2}$$

其伏安特性曲线(图 2.11(b))是 U-I 平面上的一条直线,直线上 $I=0$ 时的 U 值(即直线与 U 轴的交点)就是被测含源二端网络的开路电压 U_{oc}。

伏安法的测量电路如图 2.11(a)所示。

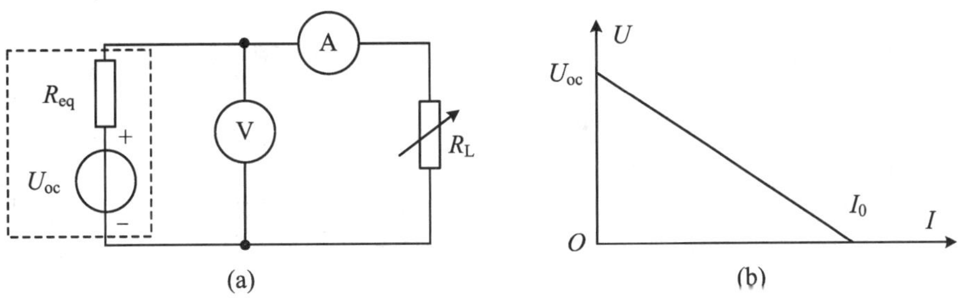

图 2.11　伏安法

2.2.3　等效电阻 R_{eq} 的测量方法

1. 直接测量法

将含源二端网络内所有独立源置零处理,即化为一个无源二端网络,用万用表的欧姆挡直接测量,这种方法简便直观,但存在测量误差,所用欧姆挡的内阻影响测量结果的准确度。

2. 输入电阻法

含源二端网络化为无源网络后,在其端口外加一电源电压 U_s,量取入端电流 I,则等效入端电阻 R_i 即为戴维南等效电阻 R_{eq},其表达式为

$$R_{eq} = R_i = \frac{U_s}{I} \tag{2.3}$$

3. 开路电压短路电流法

分别测出含源二端网络端口的开路电压 U_{oc} 和短路电流 I_{sc},则其等效电阻 R_{eq} 为

$$R_{eq} = \frac{U_{oc}}{I_{sc}} \tag{2.4}$$

应用此法时,需要特别注意的是,短路电流 I_{sc} 不得超过网络内各元器件的额定电流值以及测量用仪表的量程,否则会因短路电流过大而损坏仪表和元器件。应慎用此法。

4. 带载测量法

按图 2.12 接线,任意测取负载两端电压 U_R,则

$$U_R = U_{oc} \cdot \frac{R_L}{R_{eq} + R_L} \tag{2.5}$$

整理后，得

$$R_{eq} = \left(\frac{U_{oc}}{U_R} - 1\right) \cdot R_L \tag{2.6}$$

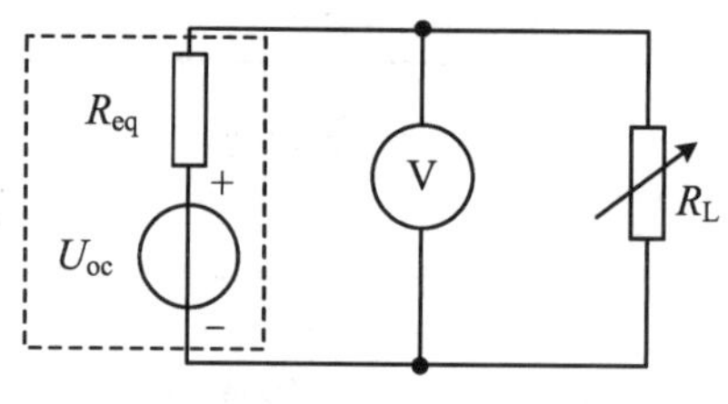

图 2.12　带载测量法

5. 半电压法

测得开路电压 U_{oc}后，仍按图 2.12 接线，调节 R_L，当负载电压等于开路电压的一半，即电压表指示为$\frac{1}{2}U_{oc}$时，负载电阻 R_L 即为被测二端网络的戴维南等效电阻 R_{eq}。

半电压法是带载测量法的一个特例。

6. 伏安法

测量电路仍如图 2.11 所示。用电压表、电流表测取若干组数据，在 U-I 平面上做出该含源网络的端口伏安特性曲线，则该条直线的斜率即为待求等效电阻 R_{eq}，这条直线或延长线与 U 轴的交点就是开路电压 U_{oc}，与 I 轴的交点就是短路电路 I_{sc}。

$$R_{eq} = \tan\varphi = \frac{\Delta U}{\Delta I} = \frac{U_{oc}}{I_{sc}} \tag{2.7}$$

2.3　无源交流等效参数的测量

正弦交流电路的等效参数包括阻抗模、阻抗角及电路元件 R、L、C 的值等，测量这些参数的方法有很多，下面介绍几种常用的测量方法。

2.3.1　交流电桥法

交流电桥又称万用电桥，它是一种测量准确度较高的比较式仪表，能直接测读电路元件 R、L、C 的参数值。它与物理实验中用过的惠斯顿直流电桥很相似，不同的是它的四个桥臂是阻抗。另外，直流电桥的工作电源是直流，而交流电桥施加的是正弦交流信号源。

欲使交流电桥达到平衡，必须同时满足模与幅角两个方面的条件，故在使用过程中需相互关联地反复调节才能让其达到平衡。

通常，将交流电桥的两个桥臂设计为电阻，另两个为阻抗。若相邻两桥臂为电阻，则另外两桥臂必须为同性阻抗；若相对两桥臂为电阻，则另外两桥臂必须为异性阻抗，这样可获得比较简单的平衡条件。

2.3.2　伏安法

与直流电阻的伏安法类似，用伏安法测定交流电路负载阻抗的模很方便，图 2.13 所示为其测量电路。设负载 Z 为感性阻抗，其模 $|Z|$ 可由测量值 U/I 确定。由于 $Z=R+\mathrm{j}X$，在低频范围内，阻抗的实部 R 可近似地用直流电阻代替，利用欧姆表或万用表 Ω 挡直接测得，而虚部电抗 $X=\sqrt{|Z|^2-R^2}$，阻抗角 $\varphi=\arctan X/R$，虚部 X 测算出来后，便可接着利用公式 $X=\omega L$ 来计算 L 值。

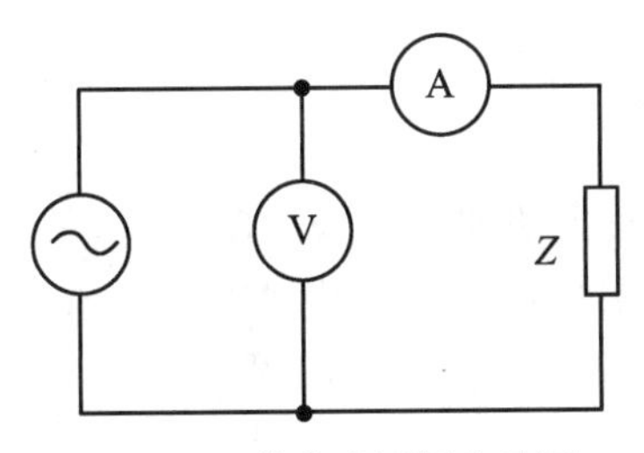

图 2.13　伏安法测量电路图

2.3.3　三表法

三表法是交流电路参数最基本的一种间接测量方法，它是用交流电压表、交流电流表和功率表分别测出被测负载阻抗两端的电压 U、流过的电流 I 及其消耗的有功功率 P，然后通过相关公式计算出待求参数的一种方法。三表法的测量电路如图 2.14 所示。

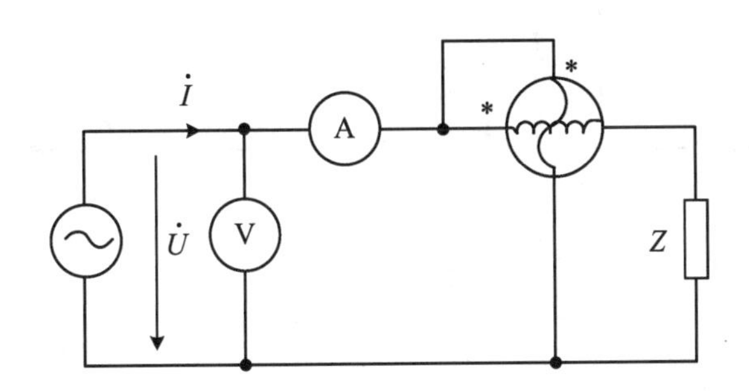

图 2.14　三表法

若被测元件是感性负载，则由关系式 $|Z|=\dfrac{U}{I}$ 和 $\cos\varphi=\dfrac{P}{U\cdot I}$ 可计算出其等效参数为

$$R=|Z|\cos\varphi \tag{2.8}$$

$$L=\frac{X_L}{\omega}=\frac{|Z|\sin\varphi}{\omega} \tag{2.9}$$

若被测元件是容性负载，同样可计算出其等效参数为

$$R=|Z|\cos\varphi \tag{2.10}$$

$$C=\frac{1}{\omega X_C}=\frac{1}{\omega|Z|\sin|\varphi|} \tag{2.11}$$

若被测对象是无源二端网络，虽然也可由上述方法计算出网络等效参数：

$$R = |Z|\cos\varphi, \quad |X| = |Z|\sin|\varphi| \tag{2.12}$$

但如何才能确定该无源网络是容性的还是感性的呢？

一个简单的测试方法是在该无源二端网络的端口处并接一只容量适当的实验电容，若端口电流增加，则网络为容性的，反之为感性的。

实验电容的容量可由下列不等式选定：

$$C' < \frac{2\sin|\varphi|}{\omega|Z|} \tag{2.13}$$

2.3.4　三压法

测定元件交流参数的另一种方法即三压法。在图 2.15(a)所示的测量电路中，R 为无感的采样电阻，设待测阻抗 Z 是感性的，则电压相量图如图 2.15(b)所示。显然，有

$$|Z| = R \cdot \frac{U_Z}{U_R} \tag{2.14}$$

由余弦定理可得

$$\varphi = \arccos\left(\frac{U^2 + U_R^2 - U_Z^2}{2U \cdot U_R}\right) \tag{2.15}$$

所以用电压表分别测量出三个电压 U、U_Z 和 U_R 后，即可计算出被测阻抗的模及阻抗角。

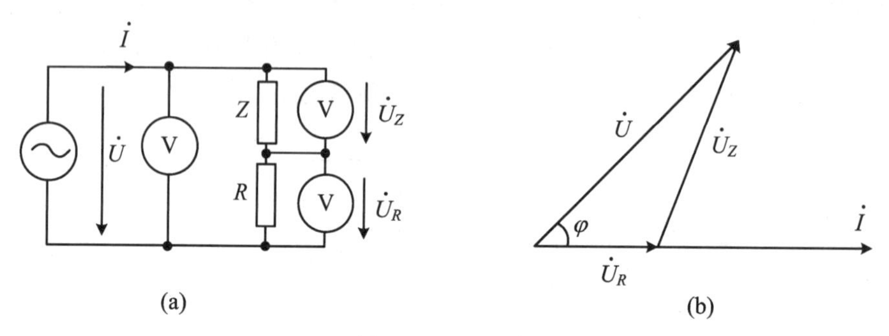

图 2.15　三压法

2.4　三相电路的测量

2.4.1　三相电源相序的测定

利用三相负载不对称时产生的中性点位移及负载侧相电压的不对称分布，可以帮助我们判定三相电源的相序。

图 2.16 为阻容相序测试器电路，设电容负载接在 A 相，两只相同灯泡(模拟阻性负载)

接入其余二相，则从电容两端 AN′看过去的戴维南等效电路如图 2.17 所示，其中 $\dot{U}_{oc}=\dot{U}_{AB}+\frac{\dot{U}_{BC}}{2}$，而从图 2.18 所示的相量图中可以看出 $\dot{U}_{oc}$ 即为 $\dot{U}_{AD}$。

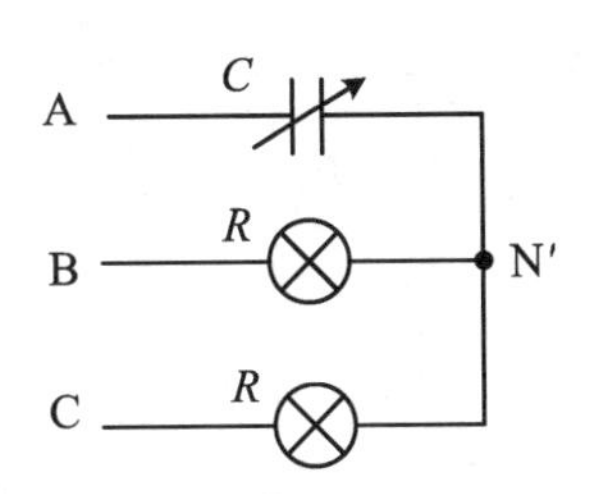

图 2.16　阻容相序测试器电路

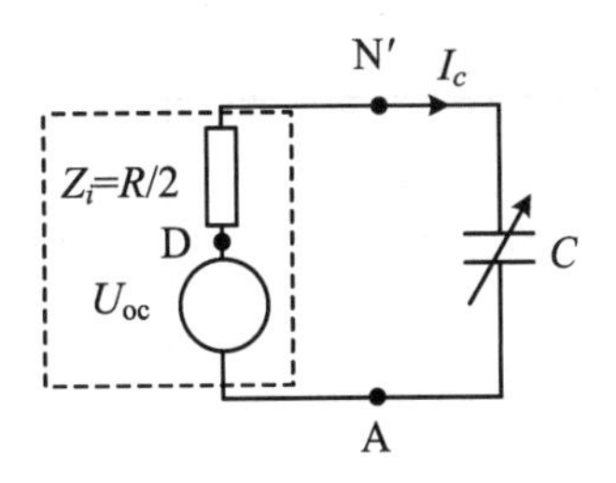

图 2.17　戴维南等效电路

从图 2.18 中还可以看出，负载中性点 N′将随电容 C 取值的不同在直径为 AD 的半圆周上移动。若 N′点不与 D 点、A 点重合，则在半圆周上任意处均有 $U_{BN'}>U_{CN'}$ 的关系，即 B 相负载电压高于 C 相，因此 B 相灯泡应比 C 相灯泡亮。由此可判断三相电源的相序。通常取 $R=\frac{1}{\omega C}$，当电容值 $C=\frac{2}{\omega R\tan 65.45^\circ}$时，电容为最佳取值，这时 C 相电压最小，两灯泡亮度差异最大。

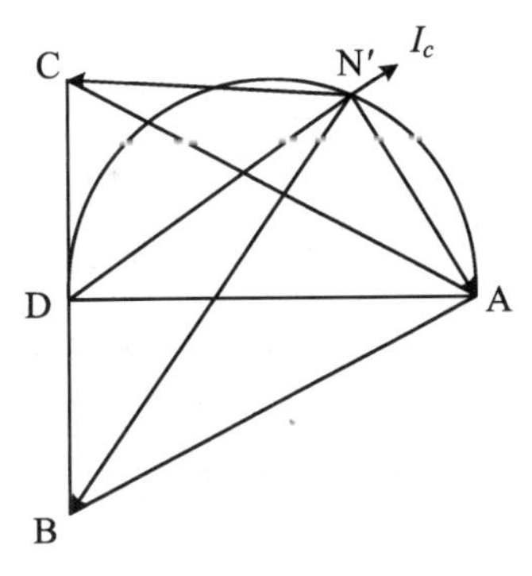

图 2.18　相量图

2.4.2　三相电路有功功率的测量

三相电路的有功功率可用单相功率表来测量，根据单相功率表的基本工作原理，其有功功率读数为

$$P=U\cdot I\cdot\cos\varphi \tag{2.16}$$

式中，U 为功率表电压线圈所跨接的电压；I 为功率表电流线圈所流过的电流；φ 为 U 与 I 之间的相位差。

根据三相负载的不同连接方式，三相功率的测量也有“二瓦表法”和“三瓦表法”之分。

1. 三瓦表法

对于图 2.19 所示的三相四线制电路，无论负载是否对称，均可用三只单相功率表分别测量各相负载的有功功率，然后三表读数相加得到三相总的有功功率，即

$$P_{总}=P_A+P_B+P_C \tag{2.17}$$

这就是“三瓦表法”，实际操作是用一只瓦特计逐次测量各相功率再相加。

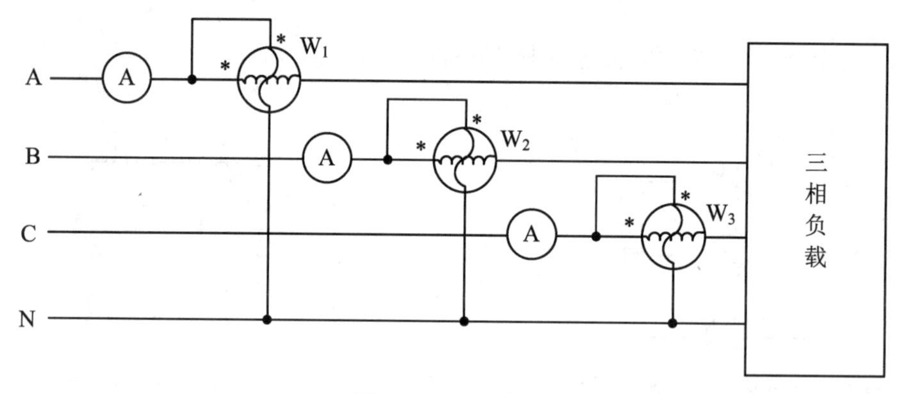

图 2.19　三瓦表法

特别地，当三相负载对称时，只需测量出其中一相的有功功率，然后乘以 3 即可。

$$P_{总} = 3P_A = 3P_B = 3P_C \tag{2.18}$$

2. 二瓦表法

对于图 2.20 所示的三相三线制电路，无论负载是否对称，均可用两只单相功率表测量三相总的有功功率，即所谓的“二瓦表法”。

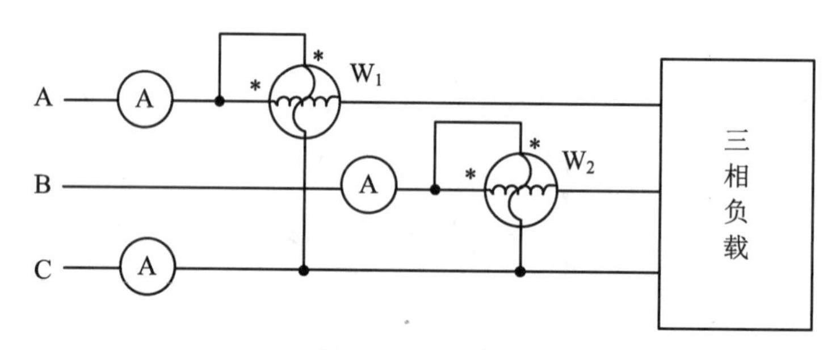

图 2.20　二瓦表法

由前述单相功率表测量值的含义可知，W_1 的读数为

$$P_1 = U_{AC} \cdot I_A \cdot \cos(\dot{U}_{AC}\dot{I}_A)$$

W_2 的读数为

$$P_2 = U_{BC} \cdot I_B \cdot \cos(\dot{U}_{BC}\dot{I}_B)$$

为方便起见，假设三相负载作 Y 连接，且负载对称（阻抗角为 φ），如图 2.21(a)所示，相应的各电压电流相量图如图 2.21(b)所示，则可以清楚看出 $\dot{U}_{AC}$ 与 $\dot{I}_A$ 之间的相位差为 $30°-\varphi$，而 $\dot{U}_{BC}$ 与 $\dot{I}_B$ 之间的相位差为 $30°+\varphi$，代入上述两式并求和，得

$$\begin{aligned} P_1 + P_2 &= U_{AC} \cdot I_A \cdot \cos(30°-\varphi) + U_{BC} \cdot I_B \cdot \cos(30°+\varphi) \\ &= U_1 \cdot I_1[\cos(30°-\varphi) + \cos(30°+\varphi)] \\ &= U_1 \cdot I_1 \cdot 2\cos 30°\cos\varphi \\ &= \sqrt{3}U_1 \cdot I_1 \cdot \cos\varphi = P_{总} \end{aligned} \tag{2.19}$$

即两只瓦特表的读数之和等于三相负载总的有功功率。

由上面的分析还可看出，对于感性或容性负载，即使是三相对称的，两只瓦特表的读数

也不会相等。只有当它们是纯阻性的对称负载时，两只表的读数才可能相等，因为这时 $\varphi=0$。

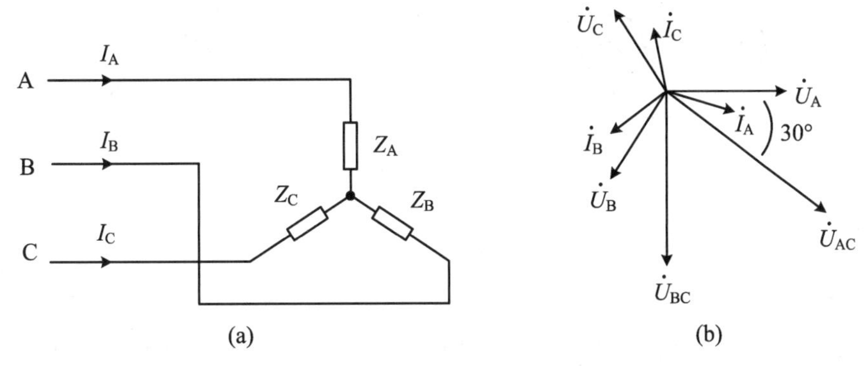

图 2.21　三相负载 Y 连接和各电压电流相量图

负载阻抗角过大还可能引起功率表反偏，这是由于作用于功率表电压线圈两端的电压与通过功率表电流线圈中的电流之间的相位差大于 90°时，其余弦值为负。因此不难看出：

当 $|\varphi|<60°$（即 $\cos\varphi>0.5$）时，两只功率表读数均为正，但不相等。

当 $|\varphi|=60°$（即 $\cos\varphi=0.5$）时，其中一只功率表读数为 0。

若 $\varphi=-60°$（容性），则 $P_1=0$。

若 $\varphi=60°$（感性），则 $P_2=0$。

当 $|\varphi|>60°$（即 $\cos\varphi<0.5$）时，其中一只功率表的指针将反偏，这时应立即旋动功率表上的“极性”开关，使表针正偏，但该功率表的读数应记为负值。

2.4.3　对称三相电路无功功率的测量

利用单相功率表，采用适当的接线方式，可测量三相电路的无功功率。

1. 一瓦表法

一瓦表法即利用一只功率表测量对称三相负载的无功功率。

在图 2.22 所示的电路中，将功率表电流线圈串接于任一端线中，电压线圈并接在另外两端线之间，则对称三相负载总的无功功率为功率表读数的 $\sqrt{3}$，即

$$Q=\sqrt{3}\,|P|$$

证明如下：借助图 2.22(b)所示的相量图，可看出功率表的读数为

$$P=U_{AC}\cdot I_B\cdot\cos(90°+\varphi)=-U_{AC}\cdot I_B\cdot\sin\varphi$$
$$=-\sqrt{3}U_P\cdot I_P\cdot\sin\varphi$$

而对称三相电路总的无功功率为

$$Q=3U_P\cdot I_P\cdot\sin\varphi \tag{2.20}$$

两者比较，可得

$$Q=-\sqrt{3}P=\sqrt{3}\,|P|=\pm 3U_P\cdot I_P\cdot\sin\varphi \tag{2.21}$$

式中，正号表示负载为感性的，吸收无功功率；若负载为容性的，则式子前为负号。

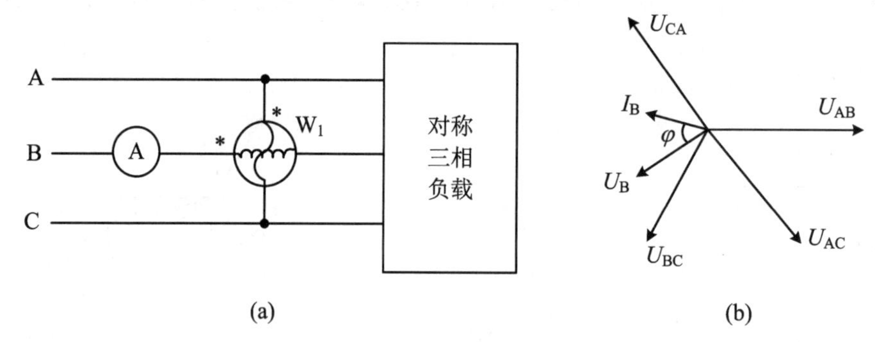

图 2.22　一瓦表法测量对称三相负载的无功功率

2. 二瓦表法

接线方式与图 2.20 相同，此时三相负载总的无功功率与二瓦特表读数之间的关系为

$$Q = 3(P_1 - P_2) \tag{2.22}$$

请同学们自行推导证明。

第3章　电路实验

3.1　叠加定理的验证

【实验目的】

(1) 了解常用指针式电工仪表的结构与测量原理。

(2) 学会使用常用指针式电工仪表，训练实际电路的连接。

(3) 用实验手段验证叠加定理，加深对有关理论的理解。

【实验设备与器材】

DF-1731 型直流稳压电源　　1 台

C31-A 型直流电流表　　1 块

C31-V 型直流电压表　　1 块

二极管、电阻实验板　　1 块

电阻网络实验板　　1 块

T21-A 型交流电流表　　1 块

T21-V 型交流电压表　　1 块

D26-W 型单相功率表　　1 块

MF47D 型万用表　　1 块

其中，二极管、电阻实验板如图 3.1 所示，电阻网络实验板如图 3.2 所示。

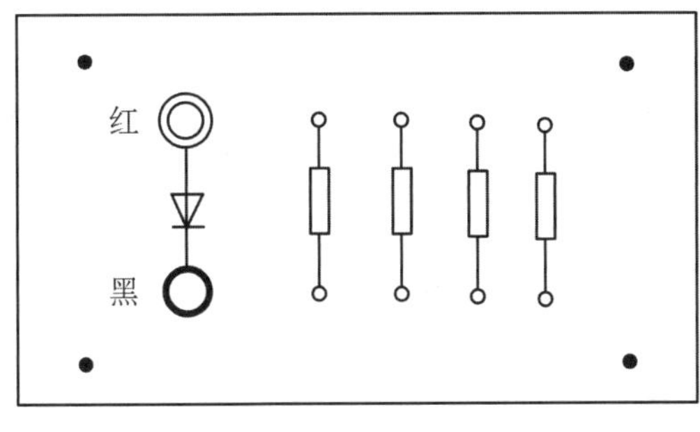

(a) 电路图

(b) 实物图

图 3.1　二极管、电阻实验板

【实验电路图】

实验电路图如图 3.3 所示。其中，图 3.3(a)是线性电路图，图 3.3(b)是非线性电路图。

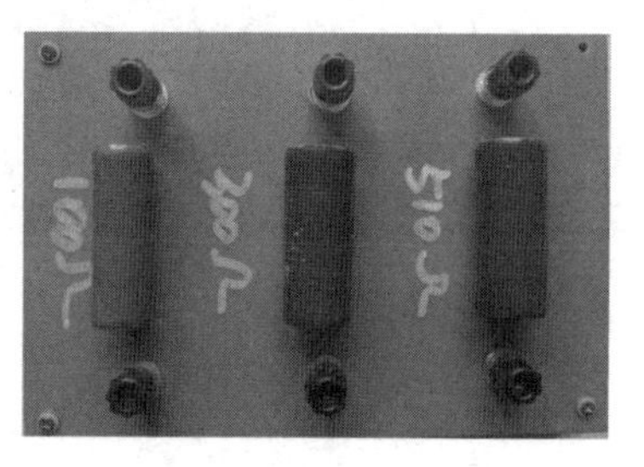

图 3.2　电阻网络实验板实物图

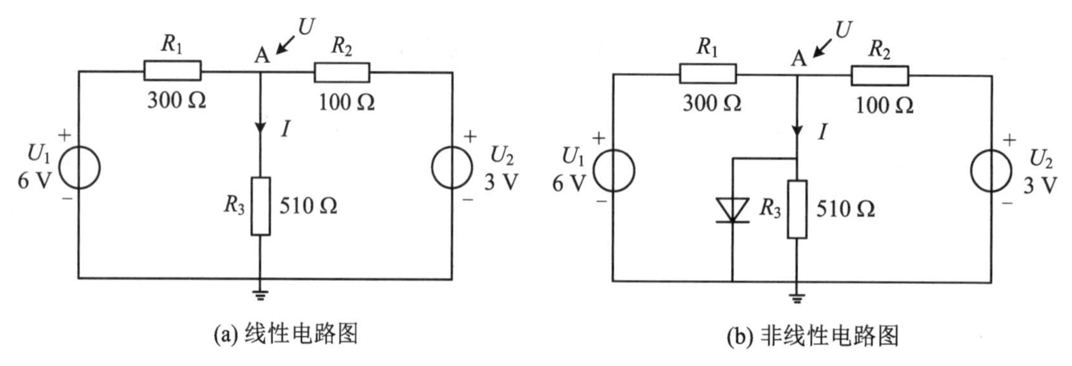

图 3.3　实验电路图

【实验任务】

(1) 仔细观察实验桌上常用指针式电工仪表的板面标记、量程选择方式、刻度特点及仪表的准确度等级，了解各仪表的结构与测量原理。

(2) 验证叠加定理。具体操作步骤如下：

① 用 C31-V 型直流电压表和 C31-A 型直流电流表分别测量图 3.3(a)和图 3.3(b)中节点 A 的电压 U 和支路电流 I，并记录。

② 在图 3.3(a)中，分别在 U_1 单独作用和 U_2 单独作用下测量 U 和 I，判断 U 和 I 是否满足叠加定理。

③ 在图 3.3(b)中，分别在 U_1 单独作用和 U_2 单独作用下测量 U 和 I，判断 U 和 I 是否满足叠加定理。

(3) 验证齐次定理。具体操作步骤如下：

① 在图 3.3(a)中，将 U_1、U_2 的电压值分别上调至原来的 2 倍，测量并记录 U 和 I 值，验证是否满足齐次定理。

② 在图 3.3(b)中，将 U_1、U_2 的电压值分别上调至原来的 2 倍，测量并记录 U 和 I 值，验证是否满足齐次定理。

【预习要求及思考题】

(1) 复习叠加定理和齐次定理的有关内容。

(2) 加深对参考方向的理解，简要说明如何确定所测电流、电压的正负号。如果发现指针反偏，又该如何处理。

(3) 要使某个独立源不作用，应该怎么处理，即如何实现独立源置零。

【实验报告】

要求参见“实验须知”中的“实验报告(预习报告)”。

3.2 电路元件伏安特性的测定

【实验目的】

(1) 了解常用指针式电工仪表的结构与测量原理。

(2) 学习电路元件伏安特性的测定方法。

(3) 掌握直流电流表和电压表、稳压电源、滑线变阻器的使用方法。

【实验设备与器材】

YB-1731 型直流稳压电源	1台
C31-A 型直流电流表	1块
C31-V 型直流电压表	1块
BX7-11 型滑线变阻器	1只
二极管、电阻实验板	1块
电阻网络实验板	1块

其中，BX7-11 型滑线变阻器的实物图如图 3.4 所示，其他实验板实物图如图 3.1 和图 3.2 所示。

图 3.4 BX7-11 型滑线变阻器实物图

【实验电路图】

实验电路图如图 3.5 所示。其中，图 3.5(a)和图 3.5(b)分别是二极管的正、反向连接电路图。

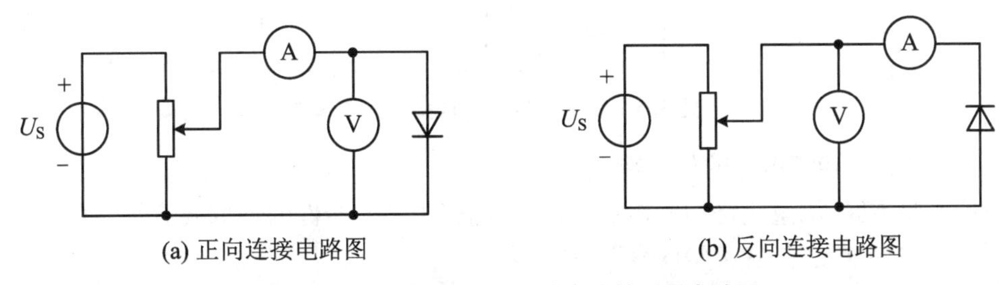

(a) 正向连接电路图　　(b) 反向连接电路图

图 3.5 二极管的正、反向伏安特性测量电路图

【实验任务】

(1) 仔细观察实验桌上常用指针式电工仪表的板面标记、量程选择方式、刻度特点及仪表的准确度等级，了解各仪表的结构与测量原理。(已做过前一个实验的同学，该任务可以忽略。)

(2) 测定晶体稳压二极管的伏安特性曲线。

(3) 自拟实验操作步骤,分别测定稳压二极管的正、反向伏安特性曲线。自拟表格记录数据并做出伏安特性的坐标图。

注意:

(1) 调节滑线变阻器时应使电压从小到大缓慢增加,密切观察电流表,确保任何时候流经管子的电流都小于 50 mA,同时也要防止仪表超出量程。

(2) 在曲线弯曲段需多测量几组数据。

【预习要求及思考题】

(1) 阅读有关内容,进一步熟悉与了解直流电流表和电压表、稳压电源及滑线变阻器的使用方法。

(2) 写出预习报告,拟定数据,并记录于表格中。

(3) 在预习报告中,解答下列思考题:

① 测定晶体稳压二极管的正、反向伏安特性曲线时,电压表、电流表采用了不同的接法,如图 3.5(a)和图 3.5(b)所示,试说明原因。

② 简要说明滑线变阻器的作用及其使用时的注意事项。

【实验报告】

在“实验须知”中“实验报告(预习报告)”要求的基础上,还要特别注意以下几点事项:

(1) 根据所测各项实验数据,绘出各元件的伏安特性曲线。

(2) 如果已做完“实验任务”中的(3),就绘出你所测干电池的电路模型,并分析、判断其性能的好坏。

【扩展实验内容】

(1) 测定干电池的伏安特性曲线。

按图 3.6 接线,虚框内为一节 1.5 V 干电池,R_L 采用滑线变阻器,调节 R_L,测量相应的电压值和电流值,自拟表格记录数据并作图。

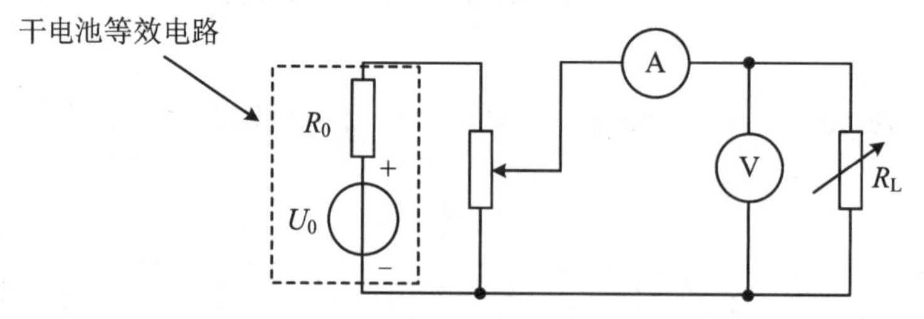

图 3.6　实际电压源的伏安特性测量电路图

(2) 测试直流稳压电源的伏安特性。

自拟实验方案、测量线路和操作步骤,实验电路中各元器件的选取要有详尽的理论计算或说明。其他要求见“扩展实验内容”中的(3)。

(3) 自行设计电路(方案),测绘 1 kΩ 电阻与晶体稳压二极管串、并联电路的伏安特性,要求同上。其他要求见“扩展实验内容”中的(1)。

3.3　含源二端网络直流等效参数的测定

【实验目的】

(1) 掌握线性含源二端网络直流等效参数 U_{oc} 的测定方法。

(2) 掌握线性含源二端网络直流等效参数 R_{eq} 的测定方法。

(3) 掌握基本电路的工作状态、功能特性、器件参数测量方案设计的一般方法。

(4) 掌握在给定条件下,根据测量目标,自行设计测量电路和测量步骤。

【实验设备与器材】

YB-1731 型直流稳压电源	1 台
C31-A 型直流电流表	1 块
C31-V 型直流电压表	1 块
BX7-11 型滑线变阻器	1 只
电阻网络实验板	1 块

实验器材图如图 3.1、图 3.2 和图 3.4 所示。

【实验电路图】

实验电路图如图 3.7 所示。

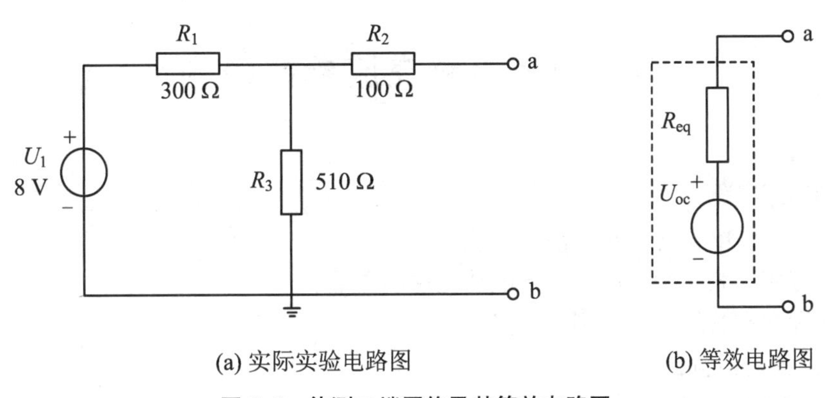

(a) 实际实验电路图　　(b) 等效电路图

图 3.7　待测二端网络及其等效电路图

【实验任务】

(1) 用伏安法测定图 3.7(a)所示的含源二端网络直流等效参数 U_{oc} 和 R_{eq}。

(2) 调换图 3.7(a)中 R_2、R_3 的位置,用伏安法测定其直流等效参数 U_{oc} 和 R_{eq}。

【预习要求及思考题】

(1) 复习戴维南定理的内容,理解其内容实质。

(2) 查找、阅读、弄懂有关线性含源二端网络等效参数测定的各种方法。按要求完成预习报告。

(3) 在预习报告阶段,回答下列思考题:

① 在图 3.8 所示的伏安法测试电路中,若将电流表、电压表的前后位置调换,则对测量结果有何影响?各适用于什么场合?

② “将含源网络中所有独立源置零”，在实验中是如何实现的？

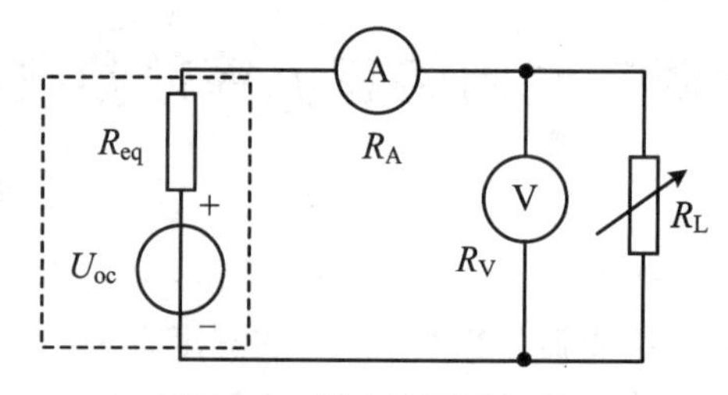

图 3.8　伏安法测试电路

【实验报告】

在“实验须知”中“实验报告(预习报告)”要求的基础上，还要特别注意以下几点事项：

(1) 对测量数据进行处理，计算实验结果。比较实验结果与理论值的差距，分析测量误差产生的原因及改进方法。

(2) 写出自行设计实验过程的体会。

【扩展实验内容】

(1) 如果只给定一块电压表和一只滑线变阻器，设计一个合适的方案，测定图 3.7(a)所示的含源二端网络直流等效参数 U_{oc} 和 R_{eq}。

(2) 如果只给定一块电压表和一块电流表，设计一个合适的方案，测定图 3.7(a)所示的含源二端网络直流等效参数 U_{oc} 和 R_{eq}。

3.4　正弦电路交流参数的测定

【实验目的】

(1) 了解交流电路各参数的测试方法。

(2) 学习用三表法和三压法测定电路元件的参数。

(3) 掌握功率表的正确使用。

【实验设备与器材】

T21-A 型交流电流表	1 块
T21-V 型交流电压表	1 块
D26-W 型电动系功率表	1 块
KLH2208 或 YB5140DM 型交流多功能表	1 块
100 Ω/100 W 电阻实验板	1 块
100 Ω/20 W 电阻实验板	1 块
电容实验板	1 块
电感实验板	1 块
电流插座盒	1 块

其中，电容实验板、电感实验板、100 Ω/20 W 电阻实验板、100 Ω/100 W 电阻实验板及电流插座盒的实物图如图 3.9 所示。

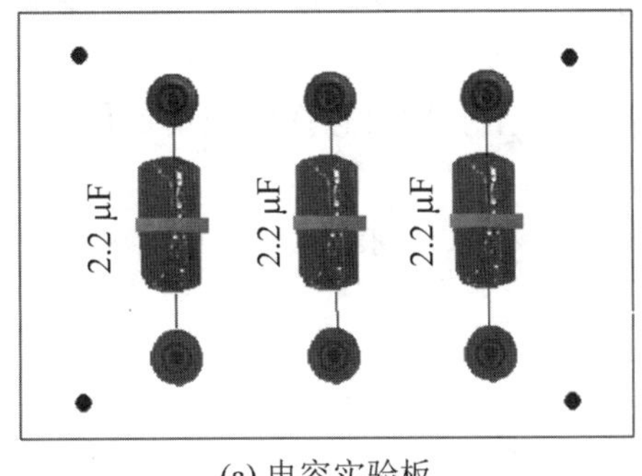

(a) 电容实验板

(b) 电感实验板

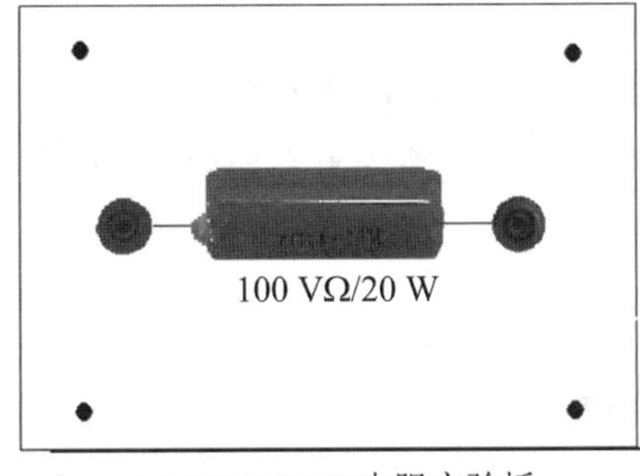
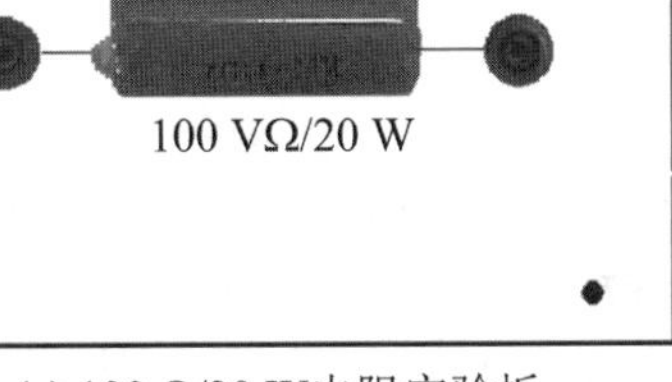

(c) 100 Ω/20 W电阻实验板

(d) 100 Ω/100 W电阻实验板

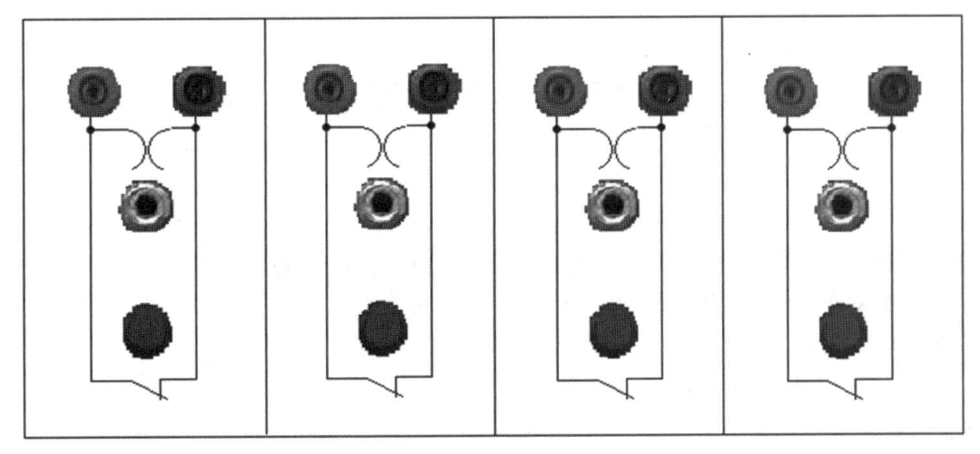

(e) 电流插座盒

图3.9 各种实验板及电流插座盒实物图

【实验任务】

(1) 电阻(100 Ω/100 W 电阻实验板)和电感线圈(电感实验板)串联后再与电容(电容实验板上的任一只 2.2 μF 电容)并联构成一个无源二端网络。自行设计电路,用三表法测定该端口网络的交流阻抗等值参数,并自拟表格记录数据。

(2) 电阻(100 Ω/100 W 电阻实验板)与电容(电容实验板上的任一只 2.2 μF 电容)串联成一个容性负载。自行设计电路,用三压法(采样电阻使用 100 Ω/20 W 电阻实验板)测定其交流阻抗等值参数,并自拟表格记录数据。

【预习要求及思考题】

(1) 预习有关内容,掌握测定交流等效参数的各种方法。按要求完成预习报告。

（2）用伏安法测定直流电阻时有“电流表内接”与“电流表外接”两种方式，在测定交流电路参数时，是否也需考虑接线方式？

（3）用并联小实验电容的方法判断无源二端网络呈容性或感性的依据是什么？为什么实验电容的值要小于 $2\sin|\varphi|/\omega|Z|$？

（4）在测量过程中，若指针式功率表的指针出现反偏，是何缘故？应如何处理？

【实验报告】

要求参见“实验须知”中的“实验报告(预习报告)”。

【注意事项】

（1）测量时实验电路中的电流、电压不得超过被测元器件的额定值，同时切勿使测量用的交流电流表、电压表和功率表超出选定量程。

（2）本实验要进行强电操作，切记断闸接线、换线、拆线，注意人身安全。

（3）如果使用 T21-A 型交流电流表或 D26-W 型电动系功率表，必须采用“活接”方式，且待电路工作正常后才能插入。

【扩展实验内容】

（1）电阻(100 Ω/100 W 电阻实验板)与电感线圈(电感实验板)串联成一个感性负载。自行设计电路，用伏安法测定其交流阻抗等值参数，并自拟表格记录数据。

（2）自行设计测试方案，设法判断上述阻、感、容构成的无源二端网络呈容性还是感性。

3.5　三相电路负载的连接及测量

【实验目的】

（1）掌握三相电路的连接方法，学会测量三相电路的电压、电流和功率。

（2）研究对称三相电路中线电量与相电量之间的关系。

（3）了解不对称三相电路中的中性点位移电压的产生及中线的作用。

（4）学习三相电源相序的测定方法。

【实验设备与器材】

T21-A 型交流电流表	1 块
T21-V 型交流电压表	1 块
D26-W 型电动系功率表	1 块
KLH2208 或 YB5140DM 型交流多功能表	1 块
灯箱实验板	1 台
电流插座盒	1 块
电容实验板	1 块

其中，电容实验板和电流插座盒如图 3.9 所示，灯箱实验板如图 3.10 所示。

【实验任务】

（1）以灯泡为三相负载，作 Y 连接时电流、电压和总功率的测量。

① 负载对称时，在有中线情况下测量各线电压、相电压，并用三瓦表法测量三相总功率，记录于自拟表格中。

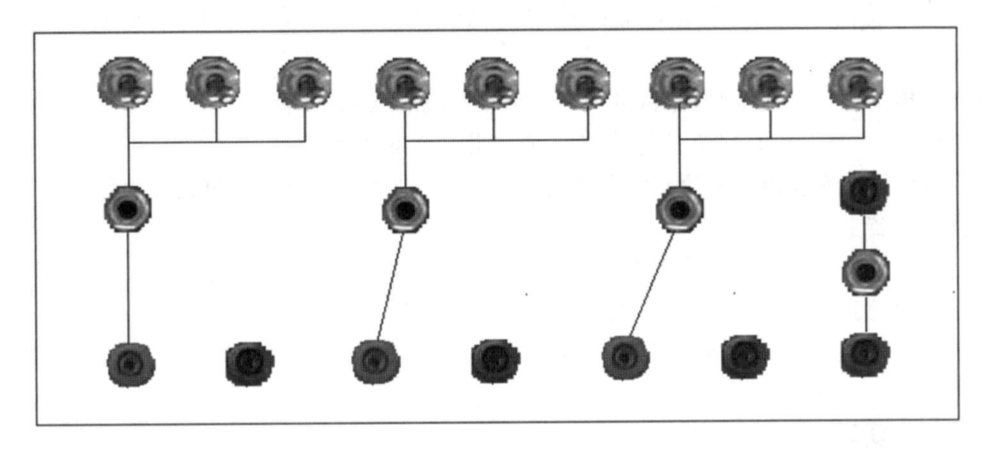

(a) 灯箱实物面板图

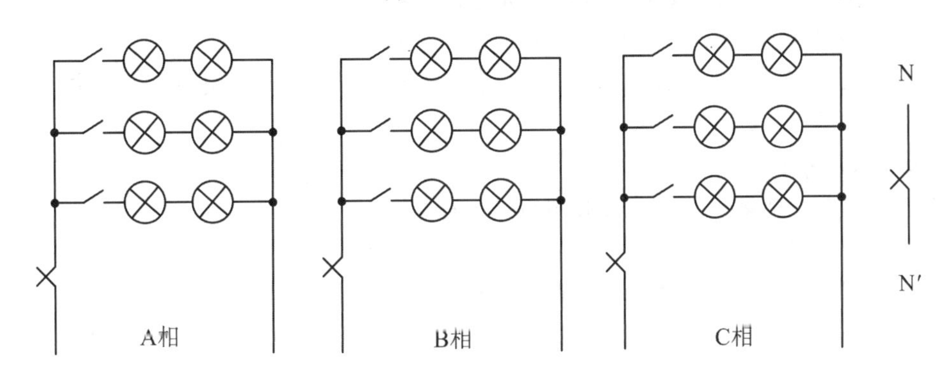

(b) 灯箱内部连线图(每只灯泡额定电压220 V，额定功率25 W)

图 3.10 灯箱实验板

② 负载不对称时(A 相亮 2 灯,B 相亮 4 灯,C 相亮 6 灯),在无中线情况下测量中线点的电压,并观察灯泡亮度的变化。

*③ 负载不对称时,在有、无中线两种情况下将 C 相负载开路,重复步骤①、②的内容(无中线时用二瓦表法测量功率),并观察灯泡亮度的变化。

(2) 以灯泡为三相负载,作△连接时电流、电压和总功率的测量。

① 负载对称时,测量各线电流、相电流,并用二瓦表法测量三相总功率,填入自拟表格中。

*② 负载不对称时(同前假设),重复上述步骤,并观察灯泡亮度的变化。

*③ 负载对称时,断开一线(如 A 线)或一相(如 AB 相),观察并测量电路中各电流、电压的变化情况,记录于自拟表格中。

注:*为选做内容。

【预习要求及思考题】

(1) 认真预习实验内容,按“实验须知”要求完成预习报告。事先拟定实验步骤和数据记录表格,并做出相关的理论分析与计算。

(2) 预习报告中回答下列思考题:

① 日常供电系统中为何多采用三相四线制供电方式?谈谈你对中线作用的理解。

② 星形有中线接法的中线上可以安装开关或保险丝吗?为什么?

③ 在Y接法中,要求C相负载短路时为何强调“无中线情况下”?有中线行吗?为什么?

④ 三相负载作△连接时,能否进行“一相负载短路”实验?为什么?

⑤ 将图2.16中的电容换成电感,能否判定相序?试做说明。

⑥ 指针式功率表指针未超出满刻度时,能否说明功率表本身没有过载?为什么?

【实验报告】

在“实验须知”中“实验报告(预习报告)”要求的基础上,还要特别注意以下几点事项:

(1) 根据实验所测数据,分析、比较三相负载不同接法时的测量结果。

(2) 画出应用二瓦表法测量对称三相负载的有功功率,且一只功率表出现负值时的相量图。

【注意事项】

(1) 强电实验,注意人身安全。切记在断电情况下接线、换线、拆线。

(2) 注意功率表的接线方式,电流、电压量程的选择及其正确读数。

(3) 电容负载的合闸电流较大,为防止冲击电流的影响,应先将电容器投入运行,待稳定后再接入功率表。

【扩展实验内容】

(1) 用阻容相序测试电路测定三相电源的相序。

以一个4 μF左右的电容器作为A相负载,按图2.16接线,组成三相Y连接的不对称负载,将测量电路中各线电压、相电压、中性点位移电压记入自拟表格中,并判定电源相序。

(2) 利用单相功率表,采用适当的接线方式,分别测量三相电路在对称和不对称时的无功功率。

第4章 数字电路实验的基础知识

本章介绍数字电路实验的基础知识，包括数字集成电路的使用规则、其他元器件的介绍和使用、常用输入输出电路的实现、不同电平标准的转换电路等。

4.1 数字集成电路的使用规则

为了使调试工作能够顺利进行，首先要对常用的数字集成电路的使用规则有一个透彻的了解。目前，常用的数字集成电路有 TTL 和 CMOS 两大系列。而 TTL 系列中又分有几个系列，比如实验常用的就是 74LS 系列，CMOS 系列也分有几个系列。这里，仅仅对它们的使用所要遵循的一般原则进行说明，至于它们的参数、应用场合等情况可以查阅有关资料。

4.1.1 TTL 电路的使用规则

1. 电源端的使用

电源电压 $V_{CC}=+5$ V(推荐值为+4.75～+5.25 V)，不要高于+5.5 V，使用时不能将电源与地颠倒错接，否则会因为电流过大而造成器件损坏。

TTL 电路(晶体管-晶体管逻辑电路)存在电源尖峰电流，要求电源具有小的内阻和良好的地线，必须重视电路的滤波，要求除了在电源输入端接有 50 μF 电容的低频滤波外，每隔 5～10 个集成电路还应接入一个 0.01～0.1 μF 的高频滤波电容。特别是用面包板实现电路时，最好在每块芯片的电源端附近并入一个 0.01～0.1 μF 的电容到地。在使用中规模以上的集成电路以及高速电路时，还应适当增加高频滤波。

2. 不使用的输入端处理方法

对于与门、与非门等一切存在“与”的关系的多个输入端，如有的使用，有的不使用，对于不使用的输入端有下列几种处理办法：

(1) 若电源电压不超过 5.5 V，可以直接接入 V_{CC}，也可以先串入一只 1～10 kΩ 的电阻再接入 V_{CC}。

(2) 可以接至某一固定电压(+2.4～+4.5 V)的电源上，也可以接在某一固定输出高电平的 TTL 输出端上。

(3) 若前级驱动允许，可以与使用的输入端并联使用。

(4) 对于一般小规模组合电路的数据输入端，实验时允许悬空，但是输入端悬空容易受干扰，破坏电路功能，特别是对接有长线的输入端，对于中规模以上的集成电路和使用集成电路较多的复杂电路，其不用的输入端不允许悬空。

(5) 对于不使用的与非门，为了降低整个电路功耗，应把其中一个输入端接地。

对于或门、或非门等一切存在“或”的关系的多个输入端，如有的使用，有的不使用，其不使用的输入端一般接地。

对于时序逻辑电路或中规模及其以上的集成电路的控制输入端(即使能端)，必须按逻辑要求可靠地接入电路，不允许悬空。

对于其他类型的多余输入端，如与或非门的多余输入端，也必须按逻辑要求进行处理，不允许悬空。

3. 输出端的使用

TTL 电路(除 OC 输出电路和三态输出电路外)的输出端不允许直接接电源或接地，否则会造成器件损坏；两个输出端也不允许并联使用，否则不仅会使电路逻辑混乱，还会导致器件损坏。

三态门的输出端可以并联使用，但任一时刻都只允许一个门处于工作状态，其他门处于高阻状态。OC 输出端也可以并联使用，在公共输出端上应将外接负载电阻 R_L 接到电源 V_{CC}上，这个电阻叫上拉电阻。

4.1.2 CMOS 电路的使用规则

1. 电源端的使用

V_{DD}接电源正极，V_{SS}接电源负极(通常接地)。

CMOS 电路(互补型金属氧化物半导体电路)的电源范围较大，但不允许高于 V_{DD}(max)或低于 V_{SS}(min)，最好选择中间值。另外，由于 CMOS 电路阀值电压约为(0.45～0.5)V_{DD}(当 V_{SS}接地时)，因而在环境干扰较大的情况下，适当提高 V_{DD}是有益的。

CMOS 电路在工作或测试时，必须先加电源，后加信号；工作完毕后，应先撤除信号，后切断电源。V_{DD}和 V_{SS}绝对不允许接反。

2. 输入端的使用

CMOS 电路输入端有两个特点：一是栅极和源极之间是通过很薄的二氧化硅来隔离的，输入阻抗很高。以二氧化硅为介质的输入电容构成良好的储能节点。二是如果在输入端加上 100 V 以上的电压，氧化层会被击穿，所以输入端有二极管电阻保护网络，如图 4.1 所示。这些特点使得电路的应用范围受到一些限制。

(1) 输入信号电压范围：为了防止输入保护二极管，因正向偏置而引起的大电流破坏，一般输入信号应满足 $V_{SS} \leqslant V_i \leqslant V_{DD}$。在任何情况下(除非有特殊说明)，$V_{iL}$不得低于 $V_{SS}-0.5$ V，V_{iH}不得高于 $V_{DD}+0.5$ V。

(2) 每个输入端输入电流的限制：CMOS 电路的输入端基本不吸收电流($I_i=10$ pA)，但在实际使用中，有许多情况会使保护二极管流过电流。一般来说，输入电流不超过 1 mA 为佳，因此对低内阻信号源往往要采取限流措施。

(3) 多余输入端的处理：不使用的输入端应按照逻辑要求直接接 V_{DD}或 V_{SS}，绝对不能悬空。

多余输入端最好不要并联使用，因为并联后将增加输入电容量，降低工作速度，增加功耗。如果电路工作速度要求不高，功耗也无需特别考虑，可将输入端并联使用。输入端并联

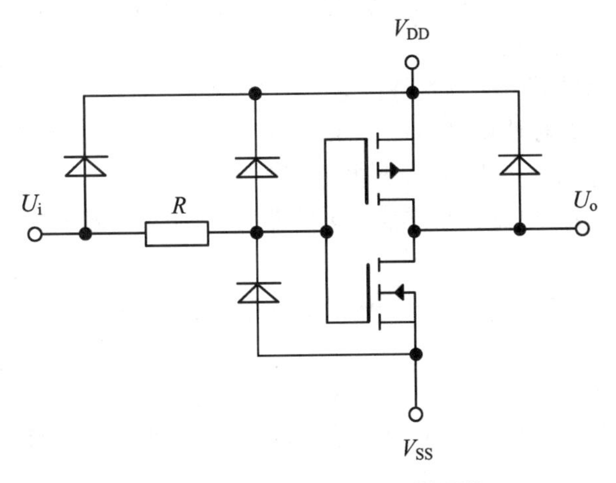

图 4.1　CMOS 电路输入保护网络

后，传输特性要改变。

输入端悬空不仅会造成逻辑混乱，还容易损坏器件。

如果安装在电路板上的器件输入端有可能出现悬空（例如，将印刷电路板从插座上拔下后），必须在电路板的输入端加接限流电阻和保护电阻。

CMOS 电路具有很高的输入阻抗，致使器件易受外界干扰、冲击和静电击穿。因此，通常在器件内部输入端接有二极管保护电阻。输入保护网络的引入会使器件输入阻抗有一定的下降，但仍能达到 $10^8\ \Omega$ 以上。

但是，保护电路吸收的瞬变能量有限，太大的瞬变信号和过高的静电电压将使保护电路失去作用。因此，在使用与存放时应特别注意。

(4) 对时钟脉冲的要求：在时序电路中，时钟脉冲的上升沿和下降沿不宜太长，否则将产生误动作。时钟脉冲的上升沿和下降沿在 $V_{DD}=3$ V 时，应小于 10 μs；在 $V_{DD}=10$ V 时，应小于 5 μs。

3. 输出端的使用

CMOS 电路输出端不允许直接接 V_{DD} 或接地。一般情况下不允许并联使用，因为不同的器件状态不一致时，可能会导致 NMOS 或 PMOS 同时导通，形成大电流。但是为了增加驱动能力，同一芯片上的同一状态的输出端允许并联使用，如图 4.2 所示。

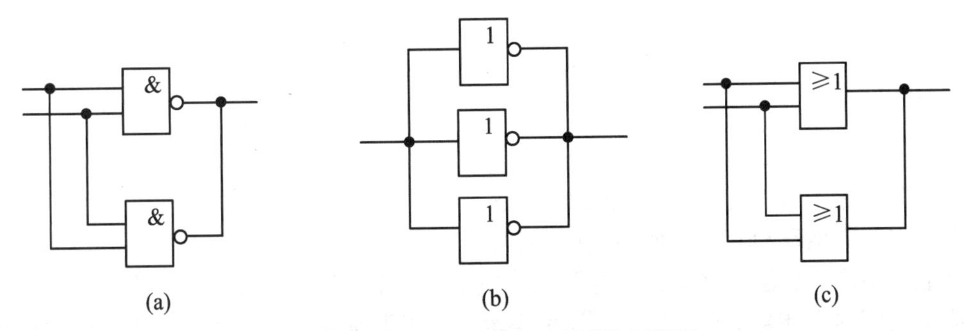

图 4.2　CMOS 电路输出端并联使用情况

4. 其他注意事项

(1) 电路应存放在导电的容器内。

(2) 焊接时必须将电路板的电源切断;电烙铁外壳必须良好接地,必要时可以拔下烙铁电源,利用烙铁的余热进行焊接。

(3) 所有测试仪器的外壳必须良好接地。

(4) 若信号源与电路板使用两组电源供电,开机时,先接通电路板电源,再接通信号源电源;关机时,先断开信号源电源,再断开电路板电源。

(5) 在装接电路、改变电路连线或插拔电路器件时,必须切断电源,严禁带电操作。

4.1.3 集成电路的封装结构和引出端的排列次序

数字集成电路常用的封装结构形式有双列直插式等多种。其中双列直插式器件具有容易更换、便于安装与调试等特点,很适合实验使用。所以,实验室备有的数字器件几乎都是双列直插式封装器件。

安装电路之前,首先要准确识别各元器件的引脚,以免出错,造成人为故障甚至损坏元器件。

图 4.3 所示为双列直插式封装器件的俯视图,以一个凹口(或一个小圆孔)置于使用者左侧时为正方向。正方向确定后,器件的左下角为第一脚,按逆时针方向依次排列。

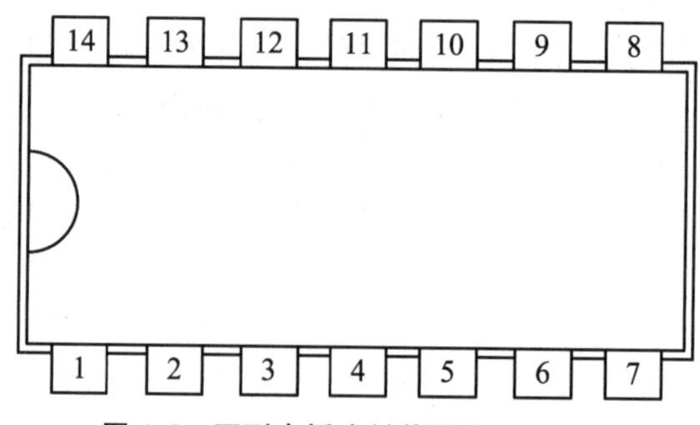

图 4.3 双列直插式封装器件的俯视图

4.2 其他元器件的介绍和使用

4.2.1 电阻

在数字电路实验中,使用的电阻通常都是 1/4 W 的色环电阻或排阻。

色环电阻有四环和五环两种,在数字电路实验中通常使用五环电阻。每道环和它的颜色都代表了不同的意思。比如五环电阻,前四道环表示阻值,最后一道环代表精度。五道色环电阻的精度绝大部分都是±1%,用棕色表示。本书下册有详细介绍。对于实验中给定的几种电阻,1 kΩ 的色环是“棕黑黑棕棕”,3.3 kΩ 的色环是“橙橙黑棕棕”,10 kΩ 的色环是“棕黑黑红棕”,68 kΩ 的色环是“蓝灰黑红棕”。

排阻是几个相同阻值集成在一起,采用单列直插封装。最常用的有四位 A 型和八位 A

型。请参考本书 5.2 节的介绍。

4.2.2 电容

电容的种类有很多，在数字电路实验中，常见的有电解电容、涤纶电容、独石电容等。电容的用途也很广，数字电路实验中常用来滤波、振荡、退耦等。电解电容有极性，在使用过程中必须是正极接在电位高的地方，负极接在电位低的地方。如果正负极接反，不仅会造成耐压下降，还有可能引起爆炸，发生伤人事故。

实验用的电解电容采用的都是引线结构，其正负极识别方法是：找到电容外壳上的负极标识"—"，标识所对应的引线为负极。如果是引脚没有被剪过的新电容，较长的引脚为正极，较短的引脚为负极。如图 4.4 所示。

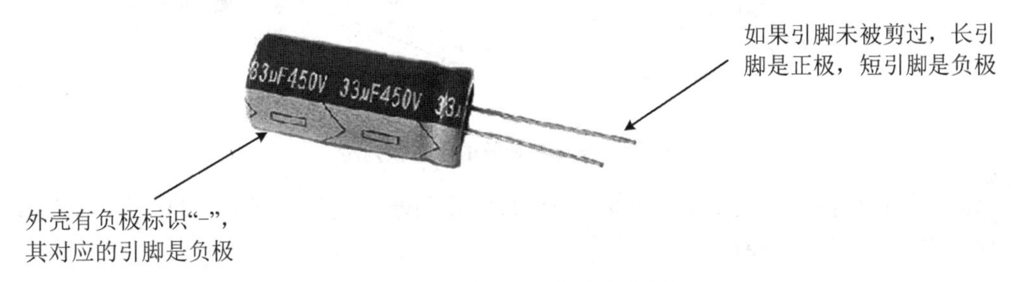

图 4.4 电解电容的正负极判断

涤纶电容、独石电容不分正负极。它们的容量一般要小于 1 μF，比电解电容容量小。

除了容值以外，电容的耐压值指标也是极其重要的。但因为数字电路的电源电压比较低（只有 5 V），所以一般的电容正常使用时，耐压值都足够用。

4.2.3 普通二极管

二极管具有单向导电性。在数字电路中，常用它作为简单的门电路、电平转换电路、感性元件的续流等。

因为数字电路的电流都不是太大，电压也比较小，所以体积都不大。图 4.5 是比较常见的两种型号的二极管。

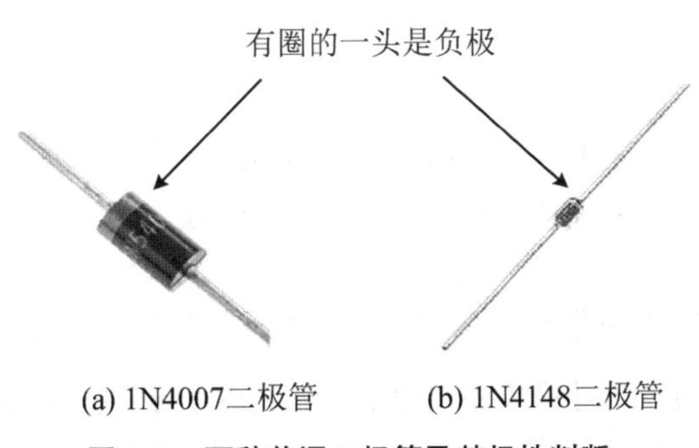

(a) 1N4007二极管　　(b) 1N4148二极管

图 4.5 两种普通二极管及其极性判断

4.2.4 发光二极管

发光二极管的英文缩写是LED,顾名思义就是可以发光的二极管。与普通二极管一样,它也是正向导通、反向截止,只是在正向导通期间能发光而已。所以经常用它在数字电路实验中指示电平的高低。具体如何指示电平,请参见下节。

发光二极管的正负极判断,如图 4.6 所示。

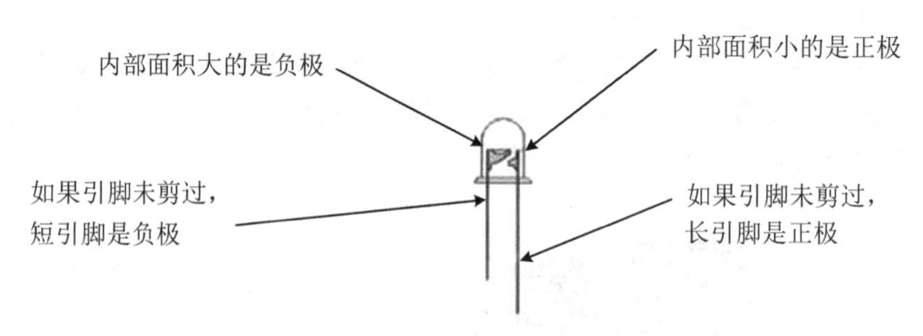

图 4.6 发光二极管的正负极判断

如果引脚已经剪过,又不会看其内部形状,但要判断它的正负极,可以搭接一个简单电路,根据它的发光情况判断,如图 4.7 所示。

(a) 发光二极管亮,说明左正右负　　(b) 发光二极管不亮,可能左负右正,也可能已坏

图 4.7 判断发光二极管正负极电路

发光二极管的正向导通电压根据颜色不同,略有差别。对于数字电路实验中常用的 $\Phi3$ 和 $\Phi5$ 的管子,红色大约为 1.6 V,绿色、黄色大约为 2.0 V。正常亮度下正向导通电流大约为 10 mA。

4.2.5 LED 数码管

我们所使用的数码管,其实也都是由一个个发光二极管组成的,每一段都是一个发光二极管,所以也叫 LED 数码管。根据各段发光二极管的连接方式不同,可以分为共阴和共阳两种,如图 4.8 所示。

从图 4.5 可以看出,要使数码管发光,共阳数码管的 COM 端必须接高电平,段信号($\overline{a}$、$\overline{b}$、…、$\overline{g}$)必须接低电平,同时每段还要串联限流电阻;而共阴数码管正好相反,COM 端必须接低电平,段信号必须接高电平。

数码管的型号各生产厂家没有统一,给我们通过型号直接判断共阴、共阳和引脚定义带来了一定的困难。当然,如果知道型号,通过上网搜索也可以查到。如果没有上网搜索条

件，也可以通过类似于图 4.7 所示的简单电路来判断。具体方法如下：

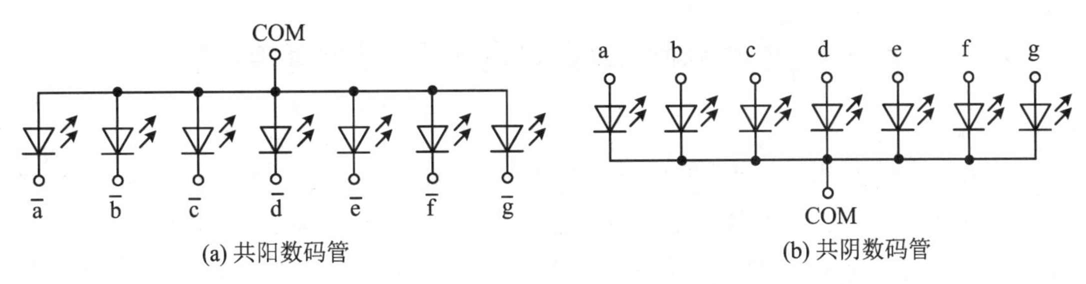

图 4.8　共阳数码管和共阴数码管

(1) 判断公共端。

在 5 V 电源 V_{CC} 上接一个 1 kΩ 的上拉电阻，另一头固定接到数码管的某个引脚上（如 10 号脚），其他引脚通过导线依次接地。如果 9 个引脚试下来没有一个亮的，则说明它是共阴的，且 10 号脚不是公共端。再把 10 号脚固定接地，上拉电阻的另一头依次接其他引脚，如果发现某两个端（如 3 号脚和 8 号脚），数码管的 a 段亮了，则说明 3 号脚和 8 号脚都是公共端（一般的单个数码管有两个公共端，它们是连通的），而 10 号脚是 a 脚。如图 4.9 所示。

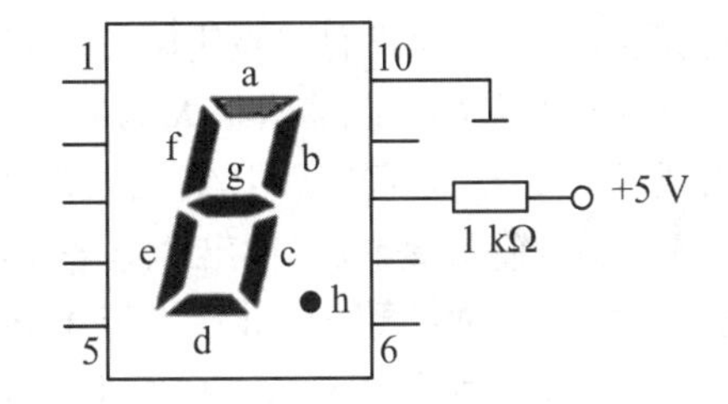

图 4.9　数码管引脚判断电路图

(2) 判断各段引出端。

将上拉电阻的另一头固定在某个公共端（如 8 号脚）上，地线（从 GND 引过来的导线）依次分别接其他引脚，观察数码管，发现哪段亮，则说明接地线的引脚就是那一段的引出端。

4.2.6　开关

数字电路中常用的开关有钮子开关、拨码开关、按钮开关、微动开关等。如图 4.10 所示。

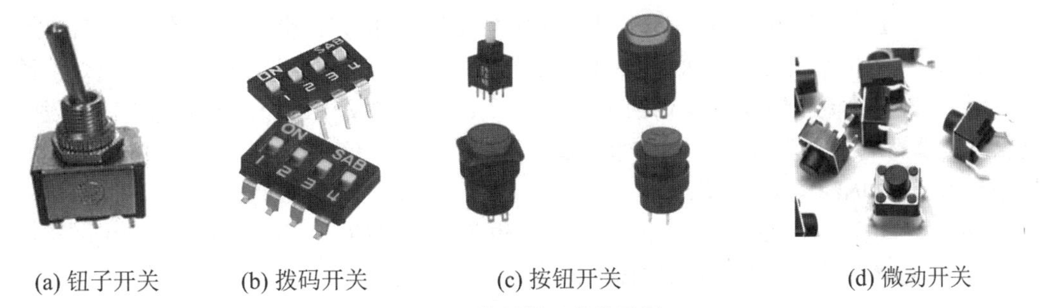

图 4.10　常用的开关外形图

开关分单刀单掷、单刀双掷、双刀单掷、双刀双掷等。我们实验中使用到的拨码开关是单刀单掷的，不过是几个开关做在一起，形成一个整体。实验中使用的按钮开关是双刀双掷的，也叫具有转换触点。每列 3 个引脚，分别是一组单刀双掷的转换触点：中间是公共端，一头是常开触点，另一头是常闭触点。常开触点的含义就是不按下按钮，则该引脚与公共端断开；按下按钮，则闭合。常闭触点正好相反。

4.3 数字电路实验常用的输出显示电路

在使用数字电路实验箱进行实验时，因为实验箱上有比较完善的显示电路，所以我们只需把电路的输出端直接接入实验箱的显示电路就可以看到输出结果了。但在自己使用面包板搭接实验电路时，因为没有现成的显示电路，所以必须自行设计，即自己在面包板上搭接显示电路。下面介绍几种常见的实验显示电路。

4.3.1 逻辑电平指示电路

逻辑电平指示电路相当于实验箱上的逻辑指示器，就是用发光二极管的亮、灭来表示高、低电平。因为我们实验使用的数字电路往往都是 TTL 电路或 CMOS 电路，所以这两种电路的输出端都不能输出很大的电流，不足以驱动发光二极管。TTL 电路的驱动能力虽然稍强，如 74LS 系列的 TTL 集成电路，但输出的电流(输出高电平能够向外输出的电流)也小于 400 μA，输出灌电流(输出低电平允许向内流入的电流)小于 4 mA。而让一个发光二极管正常发光，大约需要正向导通电流 10 mA，小于 1 mA 几乎不亮。所以即使是 TTL 电路，也只是灌电流勉强能够让发光二极管导通点亮。

图 4.11 所示的是用发光二极管组成的几种显示电路。其中，图 4.11(a)是高电平直接驱动发光二极管发光。由于 TTL 电路和 CMOS 电路的驱动能力有限，该电路不能直接用在 TTL 或 CMOS 的输出端，但有些驱动能力比较强的电路还是可以用的，如 NE555 的输出电流只要不超过 200 mA 就可以，所以能够直接驱动它。在图 4.11(a)中，发光二极管的正向导通电压大约为 1.6 V(红色为 1.6 V，绿色和黄色大约为 2.0 V)，当 NE555 输出高电平给该电路时，输出电压大约为 3.3 V，这样发光二极管支路的电流为 $I=\frac{3.3-1.6}{R}=\frac{1.7}{1.0}\approx$ 1.7(mA)，发光二极管勉强发光，如果 R 改成 470 Ω，则 $I\approx3.6$ mA。1～4 mA 的电流给发光二极管，管子也可以发光，只是没有达到额定亮度而已，但作为电平指示还是没有问题的。图 4.11(b)是低电平直接驱动发光二极管发光，CMOS 电路虽然无法驱动，但 TTL 电路可以使用，只需把电流限制在 4 mA 之内。图 4.11(c)是通过反相器加低电平直接驱动发光二极管来实现高电平驱动的，74LS 系列的 TTL 电路可以直接使用。图 4.11(b)和图 4.11(c)都是利用 TTL 的灌电流驱动发光二极管的。图 4.11(d)采用三极管放大电流，既可以用在 TTL 电路中，也可以用在 CMOS 电路中，而且也是高电平驱动。只要三极管放大电路参数选取合适，它就可以用在任何电路的输出中。

4.3.2 数码管显示电路

在通常电路中，共阳数码管的 COM 端接 V_{CC}(+5 V)，段信号 $\overline{a}$、$\overline{b}$、…、$\overline{g}$ 等必须是低电平驱动。由于 TTL 或 CMOS 的输出电路在输出低电平时是下方的管子导通，因此接到共阳数码管的段信号上时必须有限流电阻，否则段电流过大会烧坏输出电路下方的管子或数

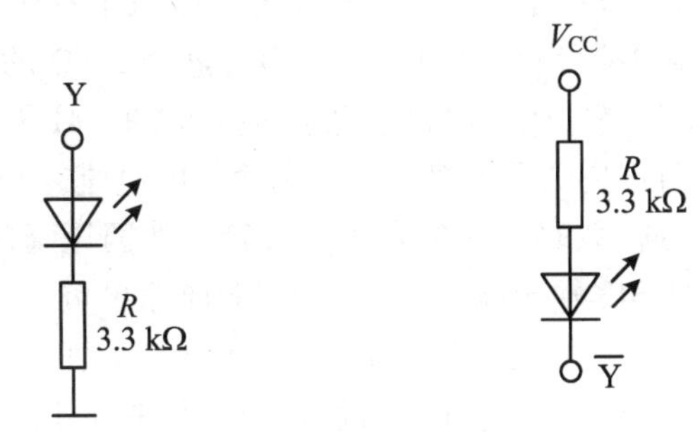

(a) 直接限流驱动(高电平驱动)　(b) 直接限流驱动(低电平驱动)

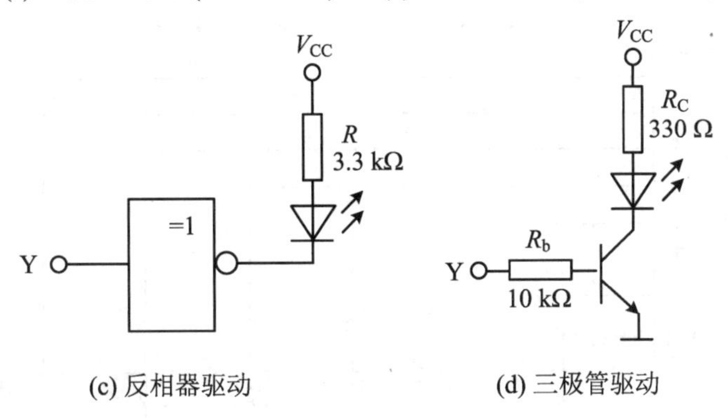

(c) 反相器驱动　(d) 三极管驱动

图 4.11　发光二极管组成的几种显示电路

码管中该段的发光二极管。图 4.12 所示的是用具有输出低电平有效的七段译码器 74LS47 驱动的共阳数码管的电路,其中虚线框中的电路就是数码管显示电路。

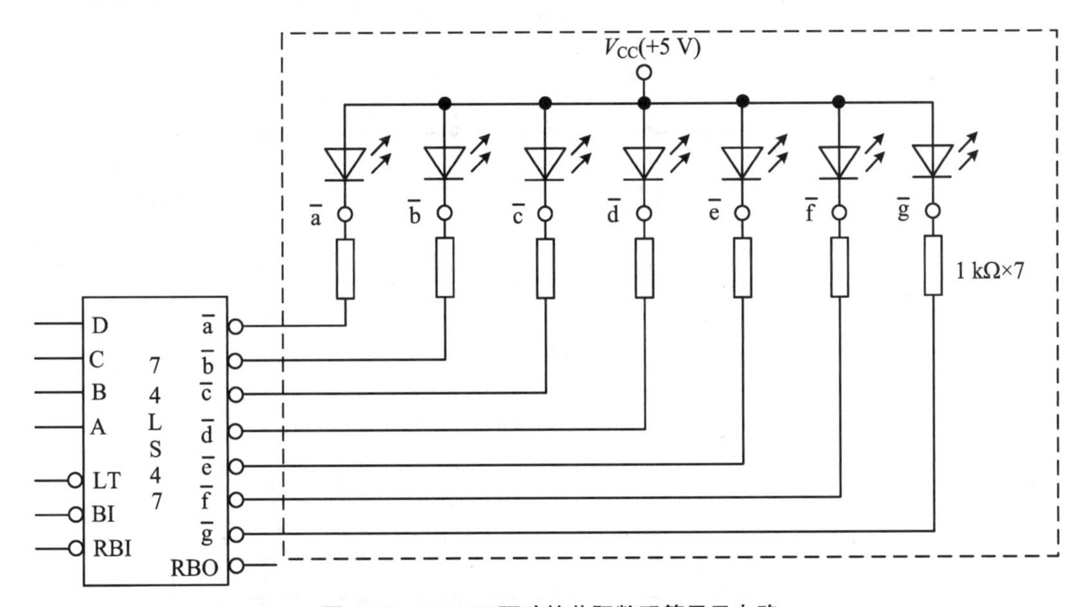

图 4.12　74LS47 驱动的共阳数码管显示电路

对共阴数码管来说,公共端 COM 一般情况下应该是接地(GND)的,而它的段信号($\overline{a}$、$\overline{b}$、…、$\overline{g}$)必须是高电平驱动。TTL 电路中常见的具有输出高电平有效的七段译码器是 74LS48(与 74LS248 的功能基本一样)。与 74LS47 不同的是,74LS48(或 74LS248)除了输出是高电平有效以外，它的内部输出电路上部三极管还串联了一个 2 kΩ 的限流电阻。因此，它在接共阴数码管时不需要再串接电阻了。因为有这个 2 kΩ 的限流电阻存在，所以每段的段电流不是很大。为了提高数码管的显示亮度，还可以在 74LS48 输出端额外并联上拉电阻，这样在输出高电平时可以向数码管多提供一路额外的电流。当然如果输出低电平，因为输出电路的下面三极管导通，数码管中的发光二极管虽然因压降比较低而导通不了发光二极管，但上拉电阻会向 74LS48 输出端提供灌电流，造成输出负担。所以输出端额外并联的上拉电阻的阻值既不能太大，也不能太小，需要在以上两个方面权衡。有关内容可以参考《数字电子技术基础》(第 5 版，阎石主编)185 页所述内容。图 4.13 给出了在不含上拉电阻和含上拉电阻两种情况下 74LS48 驱动的共阴数码管显示电路。

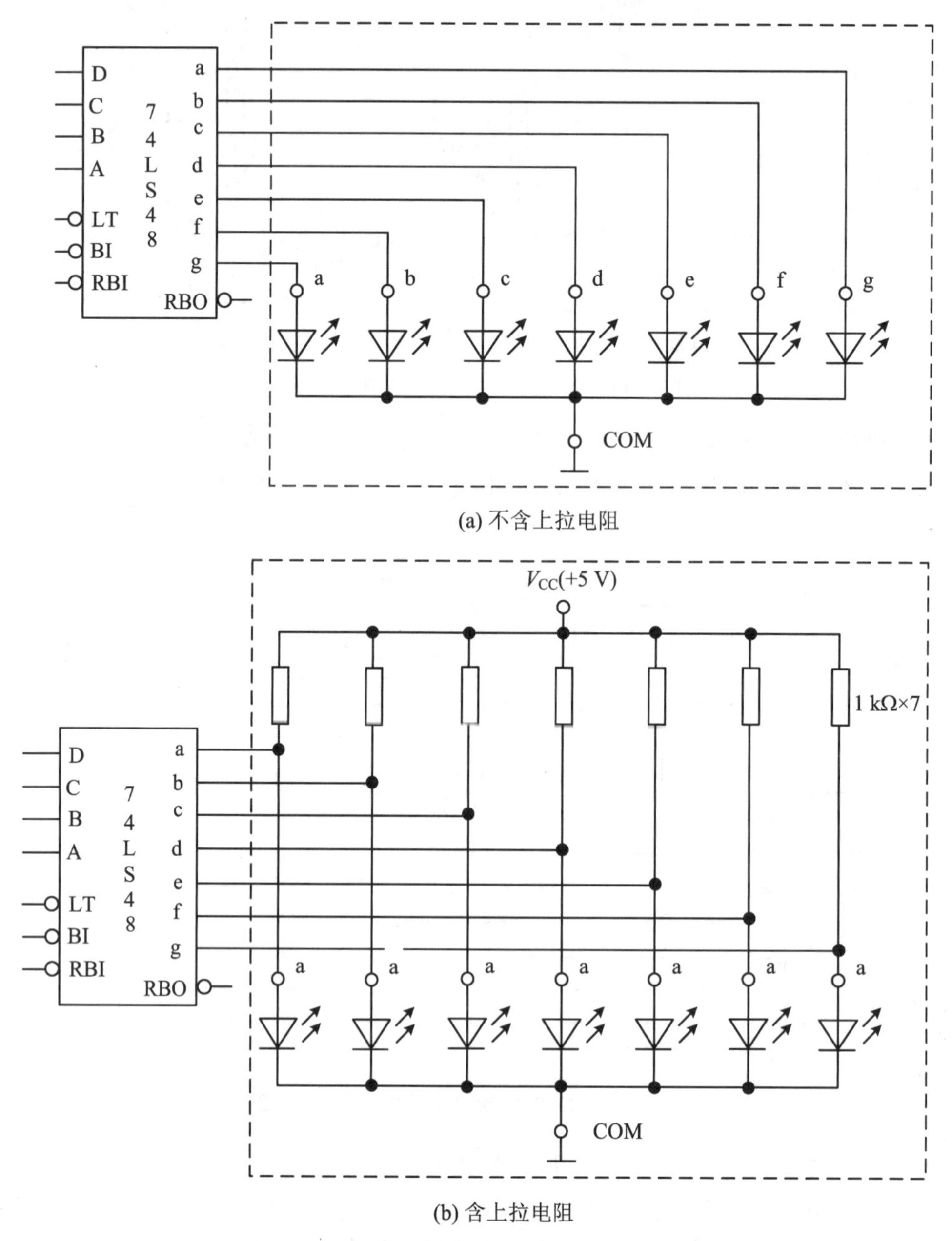

图 4.13　74LS48 驱动的共阴数码管显示电路

4.3.3　蜂鸣器指示电路

蜂鸣器是一种一体化结构的电子讯响器，即一种能够发声的电子元件。

蜂鸣器按其驱动方式，可分为有源蜂鸣器（内含振荡器）和无源蜂鸣器（内部无振荡器）。也就是说，有源蜂鸣器内部带振荡源，所以只要加有额定电压就会鸣叫，其使用方便，但声音单一。无源蜂鸣器内部不带振荡源，所以直流信号无法令其鸣叫，必须用一个声波频率驱动它，频率通常为 2～5 kHz。虽然有源蜂鸣器使用方便，但无源蜂鸣器更便宜，而且根据给定声音频率不同，可以做出“多来米发索拉西”的效果。

按构造方式的不同，蜂鸣器可分为电磁式和压电式两种。

在本书的实验中，如果使用蜂鸣器指示电路的电平状态，一般用有源电磁式蜂鸣器。因为是通过声音指示的，所以只适合对一路输出做状态指示，否则多路输出信号不容易区分。

要使蜂鸣器发出声音，必须给予一定的电流。对我们实验中常用的小型电磁式蜂鸣器来言，不论是有源还是无源，驱动电流需要 20～50 mA。因此普通 TTL 电路无法直接驱动，必须添加驱动电路。通常使用三极管电路驱动，如图 4.14(a)和图 4.14(c)所示。图 14.4(a)和图 4.14(b)的二极管是续流二极管，用在无源蜂鸣器的驱动电路中，以便当三极管从导通到截止瞬间给电磁式蜂鸣器的导通电流一个泄放通路。因为无源电磁式蜂鸣器是感性元件，所以电流不能突变。图 4.14(b)和图 4.14(d)用 NE555 驱动。因为 555 定时器输出端驱动能力大（最大至 2000 mA），所以将它接成一个施密特反相器正好可以作为驱动电路。

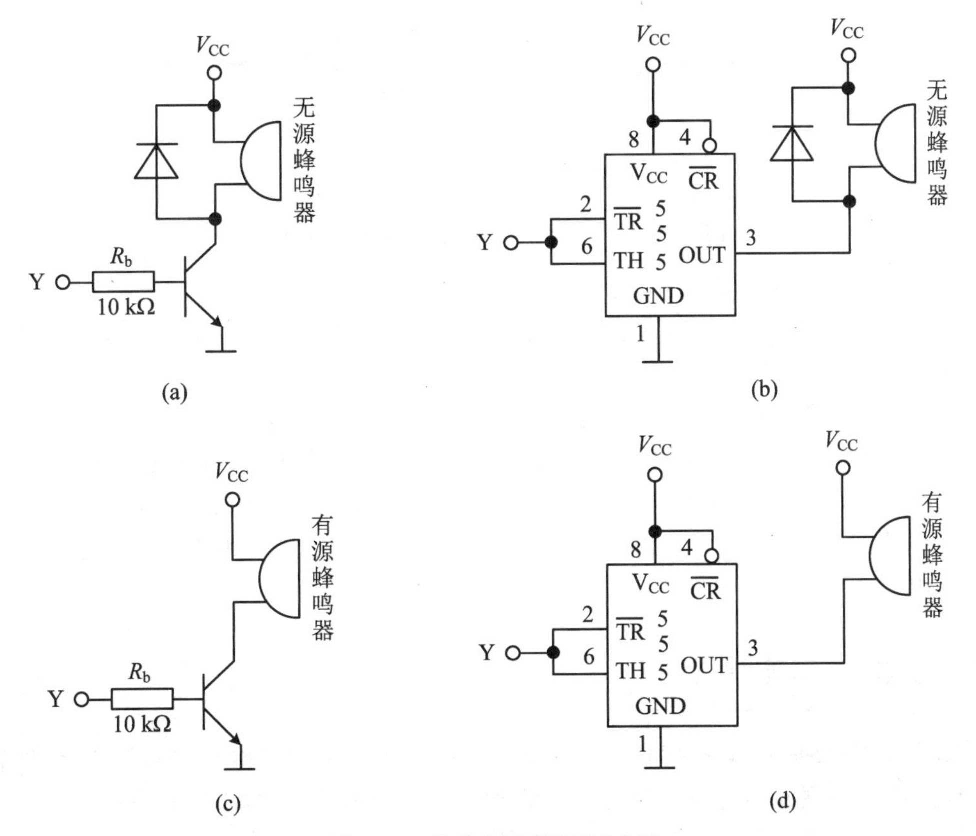

图 4.14　电磁式蜂鸣器驱动电路

4.4 数字电路实验常用的信号产生电路

在数字电路实验中,常用的输入信号电路有三种:逻辑电平信号、单次脉冲信号和连续脉冲信号。这些信号在实验箱中有现成的信号源可以使用。如果没有实验箱,可以用面包板搭建电路,但往往需要实验者自行设计并搭接信号源。因此有必要知道这些常用信号源电路的组成。

4.4.1 逻辑电平信号

1. 使用单刀双掷开关

为产生逻辑电平信号,使用单刀双掷开关很简单,接成如图 4.15(a)所示电路即可。如果不希望在开关转换过程中发生短暂输入端悬空,可以在引出端并接一个电容。电容可以选用 0.1 μF 的独石电容,如图 4.15(b)所示。

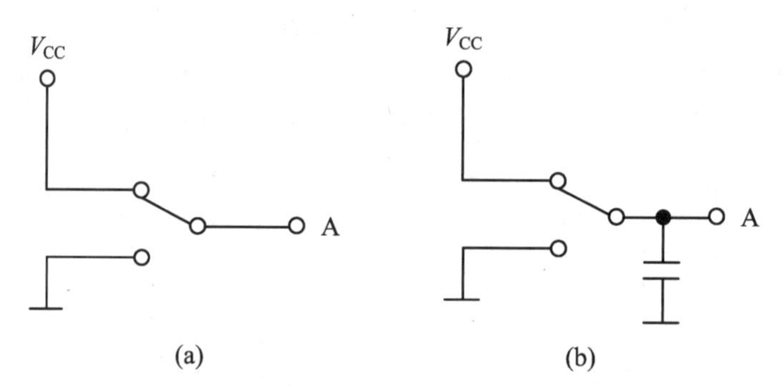

图 4.15 用单刀双掷开关实现的逻辑电平信号

2. 使用单刀单掷开关

如果只有单刀单掷开关,也可以通过添加上拉电阻组成图 4.16(a)所示的电路图来产生逻辑电平信号。开关合上为低电平,开关断开为高电平。对实验电路是 TTL 电路来说,图中电阻可以选择 4.7 kΩ、5.1 kΩ、10 kΩ。

如果将电阻和开关的位置互换,就可以实现开关合上为高电平,开关断开为低电平,如图 4.16(b)所示。为了使开关断开为低电平,下拉电阻的阻值要足够小,但对后面的 TTL 电路来说,阻值要控制在 500 Ω 以下。这样,在开关合上的时候,电源电流就比较大。所以通常情况下,不建议使用此方法。

4.4.2 单次脉冲信号

所谓单次脉冲信号,就是指有一个按钮,按一下,输出一个单脉冲;按两下,输出两个脉冲;以此类推。这种信号比较方便调试时序电路,什么时候给脉冲,由实验者手动输入。在两次脉冲之间,可以有足够长的时间测量电路中的各处状态。从理论上说,只要将逻辑电平

(a) 开关闭合低电平，开关断开高电平(推荐)　　(b) 开关闭合高电平，开关断开低电平(不推荐)

图 4.16　用单刀单掷开关实现的逻辑电平信号

信号电路中的开关换成按钮，就变成了单次脉冲信号发生器。但实际上，因为机械开关有抖动效应(可以想象把一个乒乓球扔到地上，它不可能一次就稳定地停在地上，不可避免地要弹跳多次才能完全与地接触，这就是抖动)，操作一次开关会不可避免地产生多个脉冲，即不符合单次脉冲的要求。因此需要添加去抖动电路，或称为消抖电路。

图 4.17(a)所示的是没有添加消抖电路的单次脉冲信号发生器，因为按钮开关存在抖动，所以按一次按钮，输出就不止出现一个脉冲，而是很多个脉冲，不符合单次脉冲信号的要求。对于图 4.17(b)所示的电路，因为输出端并联了一个电容，虽然把抖动去掉了，但输出脉冲的边沿不够陡峭，在要求不高的场合，也能当成单次脉冲信号使用。图 4.17(c)所示的电路使用了转换触点按钮，再经过 SR 锁存器构成的消抖电路实现了理想的去抖动。第 5 章介绍的数字电路实验箱里的单次脉冲发生器采用的就是这种电路。

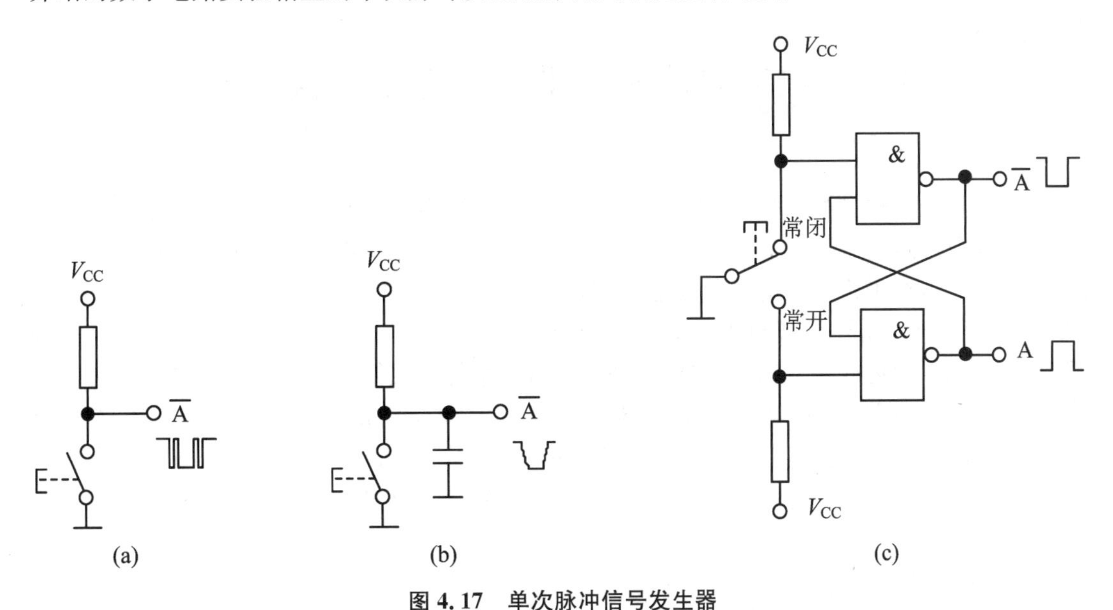

图 4.17　单次脉冲信号发生器

4.4.3　连续脉冲信号

连续脉冲信号发生器就是产生矩形波信号的电路，最简单的是用 555 定时器组成的电路。电路形式如图 4.18 所示。该电路输出矩形波信号频率由 R_1、R_2 和 C 决定，详细内容可参阅由阎石主编的《数字电子技术基础》(第 5 版)。当 $R_1 \ll R_2$ 时，输出频率 $f=\frac{1}{(R_1+2R_2)C\ln 2}\approx\frac{0.72}{R_2C}$，如果选择 $R_1=1\ \text{k}\Omega$，$R_2=68\ \text{k}\Omega$，$C=10\ \mu\text{F}$，则输出脉冲频率大约为 1 Hz，占空比 $q=\frac{R_1+R_2}{R_1+2R_2}\approx 50\%$。$C_0$ 的大小不影响频率值，一般选 0.1 μF。

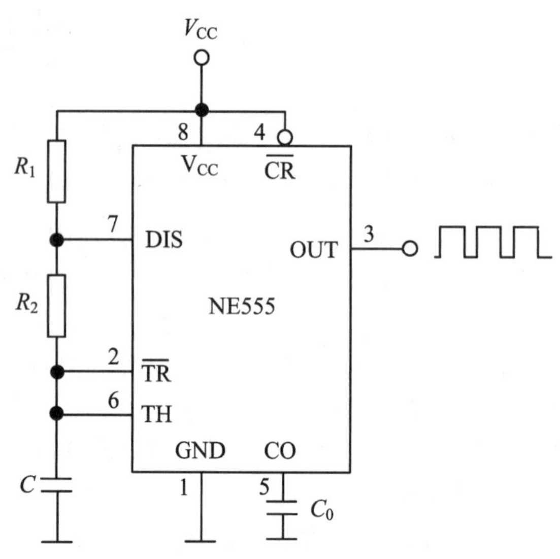

图 4.18　用 555 定时器组成的连续脉冲信号发生器

4.5　数字电路实验常用的电平转换电路

数字逻辑电路的输出只有两种可能的状态：高电平和低电平。输入也只能接收高电平和低电平两种电压。高电平和低电平其实是两个不同的电压范围。对于不同类型的逻辑电路，高电平和低电平定义的电压范围也不同，所以存在不同的电平标准，比如 TTL、CMOS、LVTTL、LVCMOS、ECL、PECL、LVPECL、RS232、RS485 等。除此以外，还有一些非标的逻辑电平，比如由运放构成的比较器产生的高、低电平等。我们平常实验中的数字电路一般使用 TTL 电路，即使不完全是 TTL，其器件也是与 TTL 兼容的。因此在输入部分，有可能要将其他标准的逻辑电平转换成 TTL 电平；在输出部分，也有可能要将 TTL 逻辑电平转换成其他类型的电平，以便适应后续电路。在这里，首先有必要先搞清楚 TTL 的电平标准。

TTL 的电平标准如下：

电源电压：V_{CC} 为 5 V。

输出电平：高电平 $V_{OH}\geqslant 2.4$ V；低电平 $V_{OL}\leqslant 0.5$ V。

输入电平：高电平 $V_{IH}\geqslant 2$ V；低电平 $V_{IL}\leqslant 0.8$ V。

所以，如果前一级电路输出满足 TTL 的电平标准，它就完全能够满足后一级 TTL 电路的输入要求。否则，前后两级电平标准不统一，后面的输入就不能正确地判断前级电路的高低电平，形同“鸡同鸭讲”。

4.5.1 非 TTL 电平转换为 TTL 电平

非 TTL 电平转换为 TTL 电平一般有如下思路：① 使用二极管、稳压管、三极管等分立元件。② 使用比例电路改变信号变化范围。③ 使用比较器鉴别高低电平。④ 使用专用电平转换芯片。

1. 分立元件转换电路

如果输入(对于电平转换电路是输入，对于前级电路就是输出)的高电平大于 5 V，可以用一个稳压电路将高电平限制在 TTL 的输入高电平范围内，如图 4.19(a)所示。如果输入的低电平为负值，可以用一个二极管进行半波整流，将低电平的负电压整为 0 V，同时高电平的正电压几乎不受影响，如图 4.19(b)所示。

如果既存在输入的高电平大于 5 V，又存在输入的低电平为负值的情况，那么图 4.19(a)和图 4.19(b)可以结合起来实现。如果由一个±12 V 电源供电的运放组成比较器，其输出的高低电平可以用图 4.19(c)所示的电路转换成 TTL 电平。

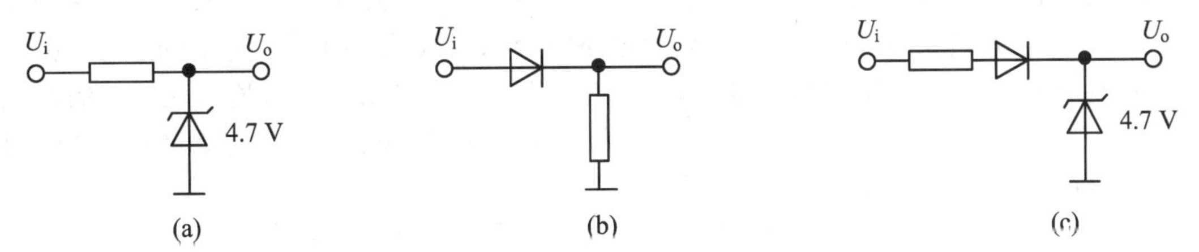

图 4.19　分立元件构成的电平转换电路

2. 用比例电路调整高低电平的电压差

如果输入的高电平小于 2 V，或者高低电平的电压差比较小，用分立元件就无能为力了。放大的思路是把高低电平的电压差放大到足够大，再用稳压电路限幅。

如果输入信号的高低电平的电压差大于 TTL 电路高低电平的电压差，那么原则上也可以用比例电路将它降下来。但因为分立元件处理很方便，所以也就没必要使用比例电路了。

值得注意的是，放大电路要统一考虑放大后高电平和低电平是否都满足要求。如果不完全满足要求，还需要进一步处理。

3. 用比较器鉴别高低电平

用比较器鉴别高低电平的思路是将比较器的阈值电压设置在输入高低电平值之间，当输入为高电平(不符合 TTL 高电平标准)时，比较器输出高电平(设计成符合 TTL 高电平标准)；当输入为低电平(不一定符合 TTL 低电平标准)时，比较器输出低电平(设计成符合 TTL 低电平标准)。这样就能将任意标准的逻辑电平转换成 TTL 电平了。

图 4.20 是用电压比较器 LM339 构成的电平转换电路。U_{ref} 选取为 U_i 高低电平的中间值。

4. 用专用电平转换芯片转换高低电平

对于某些常见电平标准之间的转换，往往能买到专用的电平转换芯片。比如 SN74ALVC164245 就可以实现 3.3 V 到 5 V 或者 5 V 到 3.3 V 的电平转换。这里不再赘述。

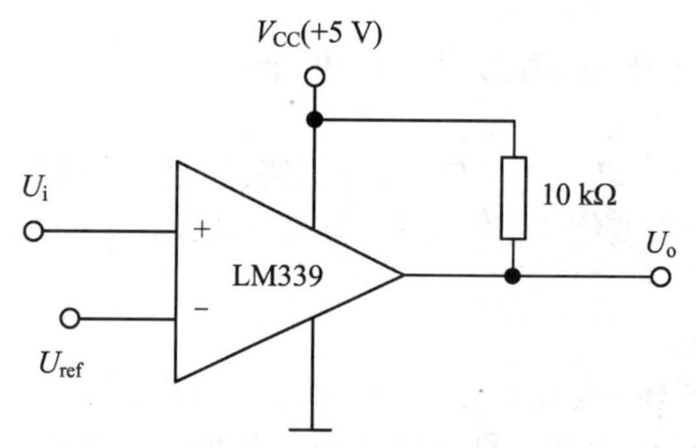

图 4.20　LM339 构成的电平转换电路

4.5.2　TTL 电平转换为非 TTL 电平

转换道理与上述一样。首先要搞清楚需要转换的电平标准是什么，然后决定采用什么电路。转化思路和方法也很类似，比如分立元件转换电路、比例器转换电路、比较器鉴别高低电平、专用芯片转换等。在分立元件转换电路中，就要根据需要转换的电平标准来选择稳压管的稳压值；用比较器鉴别高低电平时，因为输入电平是 TTL 标准，所以比较器的阈值 U_{ref} 可以选择 1.5 V，而 LM339 的输出是集电极开路形式的，其上拉电阻应该接到需要转换的电平标准所需要的电源上。

除此以外，还有用 OC 门进行转换的。比如一个 TTL 电路的 OC 门，输入符合 TTL 电平标准，输出端接一个上拉电阻到合适的电源上，就可以将高电平拉到一个合适的电平值，而低电平也几乎是 0 V。道理很类似于 LM339 构成的电平转换电路。

第 5 章　数字电路实验常用仪器的介绍

5.1　MDCL-Ⅱ型数字电路实验箱

数字电路实验箱是实现数字电路实验的一种实验设备，它将数字电路实验所常用的电源、电平指示、数码管显示、逻辑笔、数据开关、时钟信号等固定于实验箱上。MDCL-Ⅱ型数字电路实验箱布置有几个不同功能的实验模块，这些实验模块包含 74 系列集成电路插座模块、FPGA 核心板模块、信号源模块、数码管显示模块、电平指示模块等。

在实验内容设置上，该实验箱能完成数字电子技术的基本理论、基本器件和典型应用的实验内容，同时也增加了基于 FPGA 的现代数字电子技术实验内容，以满足现代电子技术的实验教学。

5.1.1　实验箱面板

MDCL-Ⅱ型数字电路实验箱面板如图 5.1 所示。

(1) 直流电源：提供+5 V/1 A、+3.3 V/500 mA、−5 V/500 mA 三组直流电源，并且分别由相应的指示灯指示其工作状态。最右边设置了总电源开关。

(2) 时钟输出：由方波信号源提供，能产生 1 Hz、2 Hz、8 Hz、64 Hz、1024 Hz 及 4 MHz 的同步方波信号，同时还有一路可调频率(1～10 kHz)的方波输出。

(3) 电平信号输出：由数据开关即数据信号源提供，主要由 8 个触摸开关构成，具有高低电平指示。

(4) 单次信号输出：由单次开关即单次信号源提供，主要由 2 个按钮开关(具有去抖动电路)构成，具有高低电平指示。

(5) 输出显示：由 16 只高电平驱动的发光二极管组成电平指示器，并可以通过扁平电缆接入逻辑分析仪。

(6) 静态数码管显示：2 只静态显示的数码管(带译码电路)，可接收 8421 码输入。

(7) 动态数码管显示：6 只动态扫描显示的数码管，段信号高电平有效，位信号低电平有效。

(8) 自主电路区：2 只 16 引脚 DIP 锁紧式插座，3 只 14 引脚 DIP 锁紧式插座，每只插座的每个引脚皆引出 3 个 0.5 mm 的长针式插孔。

(9) FPGA 核心板：具体见后文介绍。

(10) 三态逻辑指示器：相当于逻辑笔，可检查输出端的电平状态(包括高组态)。

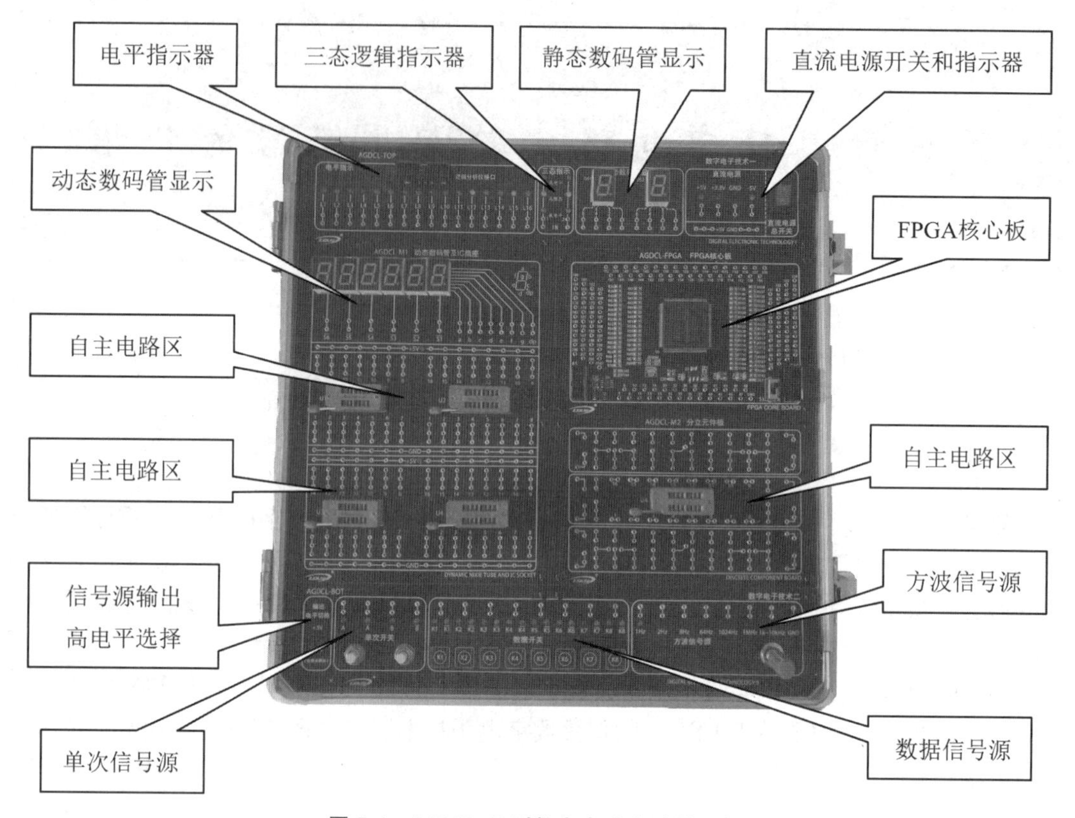

图 5.1 MDCL-Ⅱ型数字电路实验箱面板

5.1.2 FPGA 核心板

FPGA 核心板含 Altera 公司的 Cyclone Ⅱ系列 EP2C5Q208C8N 型可编程逻辑器件芯片及相应的配置芯片，所有可用引脚通过实验箱用长针式插孔引出，芯片引脚与插孔之间皆串联有保护电阻。具体引脚说明见 7.2 节。核心板提供 AS 和 JTAG 插口，具体如图 5.2 所示。

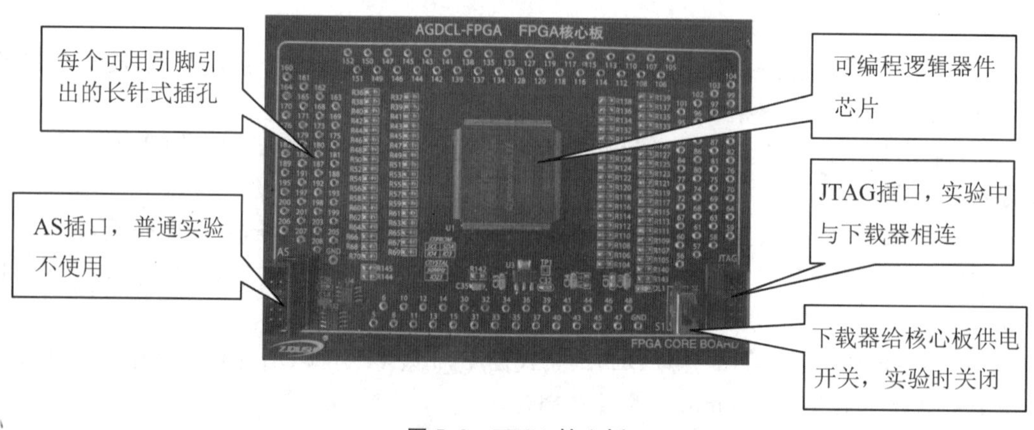

图 5.2 FPGA 核心板

5.1.3　USB-Blaster 下载器

USB-Blaster 是 Altera 公司的 FPGA/CPLD 程序下载电缆，它主要通过电脑的 USB 接口实现对 PLD 以及配置芯片的编程与调试等操作。USB-Blaster 下载器由三部分组成：下载器、FC-10P 双头排线和 USB 与 miniUSB 转接电缆线，如图 5.3 所示。使用时，USB 与 miniUSB 转接电缆线一头接电脑，一头接下载器。双头排线一头接下载器，一头接核心板上的 JTAG 接口。注意定位槽不要插错。

因为 JTAG 接口是不支持热插拔的，所以必须在断电情况下才能进行插拔操作。

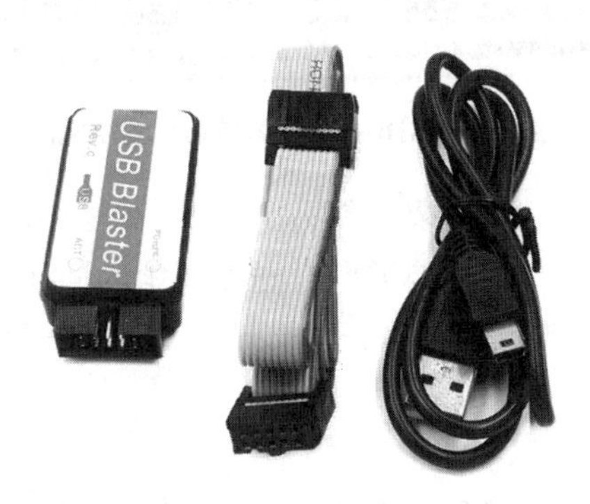

图 5.3　USB-Blaster 下载器

5.2　面包板的介绍和使用

上一节的数字电路实验箱虽然很方便，但也有其不足之处：① 体积较大，价格昂贵，不适合学生课余时间自主实验；② 某些电路，特别是常用信号、输出显示等电路已经在内部提供，虽然为使用者提供了方便，但也让学生对这部分电路，不利于他们对整个电路的掌握。而面包板能够提供一个平台，可以很方便地将集成电路（双列直插式）、小型开关、LED 指示灯、数码管、电阻、电容等电子元件组成想要设计的任何电路，而且成本低廉。所以用面包板搭接电路是电子技术实验一种很重要的手段。

5.2.1　面包板的结构和布线

图 5.4 所示的是 SJB-130 型面包板的结构图。面包板中央有一凹槽，凹槽两边各有 65 列小孔，每一列的 5 个小孔在电气上相互连通，相当于一个结点；列与列之间在电气上互不相通。每一个小孔内允许插入一个元件引脚或一条导线。面包板的上、下两边各有一排 55 个小孔，每排小孔分为若干组，每 5 个一组且它们是相通的，各组之间是否完全相通要用万用表量测量后方可知道。上、下两排插孔一般可以用作正、负电源线。

使用面包板容易修改线路、更换器件，也可以多次使用，特别适用于做实验。但多次使用以后，面包板中弹簧片将会变松，弹性变差，容易造成接触不良。所以在接插电路之前，应该检查插孔是否已经变大，如有变大的插孔，实验时应尽量避开。为延长面包板的使用寿命，应该避免用太粗的导线硬往插孔里插。特别是对于某些引脚较粗的元件，应该加焊合适线径的引脚后，再在面包板上使用。

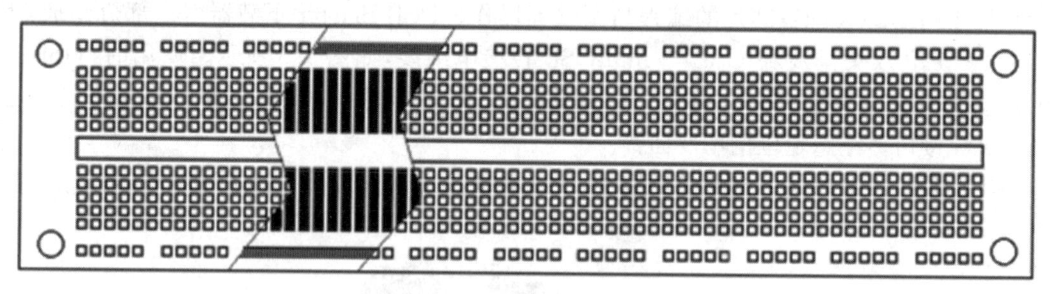

图 5.4　SJB-130 型面包板的结构图

布线用的工具主要有镊子、剪刀、剥线钳。

镊子用来夹住地线或元器件的引脚并将其送入指定的插孔。避免用手直接拿住导线往插孔里插，这样易造成导线弯曲，影响布线速度。镊子还可以用来捋直弯曲的导线或元器件的引脚。

剪刀用来剪断导线。

剥线钳用来剥离导线上的绝缘皮。如果没有剥线钳，用剪刀也可以剥线。具体方法是：左手拿住导线，并留出需要剥离绝缘皮的长度，右手握着剪刀，轻轻地在绝缘皮上划一圈。剪刀用力大小应正好使得绝缘皮划断而内部导线不受损伤，然后把剪刀轻轻夹在绝缘皮的断开处，用力朝右拉，就可以把绝缘皮剥离。注意，在右拉过程中，剪刀不能在剪切方向上用力，否则将损伤甚至剪断导线。

实验板上使用双列直插结构的集成电路，两排引脚分别插在面包板中间凹槽上、下两侧的小孔中。在插拔集成电路时要非常小心：插入时，要使所有集成电路的引脚对准小孔，均匀用力插入；拔出时，建议用专门的集成电路起拔器，向正上方均匀用力地拔出，以免因受力不均匀而使引脚弯曲或断裂。如果没有专门的工具，也可以将镊子插入面包板的中间槽内，在集成电路的两头来回轻轻地往上撬。注意不能在一头一次用力撬上来，否则集成电路的引脚将折弯。为了防止在插拔过程中使集成电路受损，可以把集成电路预先插在具有相同引脚数的插座上，把连有插座的集成电路作为一个整体在面包板上使用，此时插拔就较为方便了。

对多次使用过的集成电路引脚，必须修理整齐。引脚不能弯曲，所有的引脚应稍向外偏，这样才能使引脚与插孔接触良好。要根据电路图确定元器件在面包板上的排列位置，目的使布线方便。为了能够正确布线并便于查找，所有集成电路的插入方向要保持一致，尽量不要为了临时走线方便或缩短导线长度而把集成电路倒插。

为了使得布线正确，不至于产生多线、漏线或错线的错误，建议在布线前画出实验电路在面包板上的布线图，安排各元器件、开关等在实验板上的位置。在电路图上注明外引线排列号，并画出实验电路的实际连线。这样不但有利于正确布线，也能保证调试和查找故障的顺利进行。

导线使用线径为 0.6 mm 的塑料皮单股导线，要求线头剪成 45°斜口，使得方便插入。

线头剥线长度通常为 6～8 mm，在使用时应能全部插入面包板。这样既能保证接触良好，又能避免裸线部分露在外面，与其他导线短路。明显受伤的导线不要插入面包板的插孔里，以免线头断在插孔内。

布线是完成实验任务的重要环节，要求走线整齐、清楚，切忌混乱。布线次序一般是先布电源线和地线，再布固定电平的规则线（如某些按逻辑要求接地或接电源的引出端的连线，时钟端引线和状态预置线等），最后按照信号流程逐级连接各种信号线。切忌无次序连接，以免漏线。必要时，还可以连接一部分电路，测试一部分电路，逐级进行。

导线应布在集成电路块周围，切忌在集成电路上方悬空跨过。应避免导线之间互相交叉重叠，并注意不要过多地遮盖其他插孔。所有走线要求紧贴面包板表面，以免碰撞弹出面包板，造成接触不良。在合理布线的前提下，导线要尽可能短些，尽可能做到横平竖直。使用过的弯曲导线需要夹直后再用。清楚且规则的布线，有利于实现电路功能，并为检查和排除电路故障提供方便。任何草率凌乱的接线，都会给调试电路功能和检查与排除电路故障带来极大的困难。因此，为提高速度而草率接线是不可取的，到头来花的时间将会更多。

为查线方便，在条件允许的情况下，连线尽可能用不同颜色。例如，正电源统一用红色绝缘皮导线，地线用黑色，时钟用黄色，等等，也可根据条件选用其他颜色的导线。

为避免干扰的引入，用单线连接时，导线长度一般不要超过 25 cm。

5.2.2　用面包板实现数字电路的举例

用上一节介绍的数字电路实验箱来实现数字电路实验非常方便，它除了有自主实验区可以组成各种实验用的数字电路以外，还有大量的输入信号资源和输出显示资源。

1. 单纯数字电路实验的实现

如果输入信号来自面包板外，比如由仪器产生或者板外的电路产生，面包板上的电路只需要留有输入端就可以了，否则需要在面包板上搭接输入信号产生电路。如果输入信号要送到外面电路，也只需要在面包板上留有输出端就可以了。当然如果外面电路输入要求电流比较大，这里的输出也需要添加驱动；如果外面电路输入要求的电压与本处输出的不一致，这里的输出还需要进行电平转换。这里说的单纯数字电路就是面包板上不需要输入信号产生电路，即外电路能够提供合适的输入信号，同时输出也不需要驱动电平转换的数字电路。下面举一个在面包板上用与非门实现的与门逻辑电路。

图 5.5(a)所示的是实验原理图，图 5.5(b)所示的是集成电路 74LS00 的引脚图，图 5.5(c)所示的是在面包板上用 74LS00 搭成的实验电路。在图 5.5(c)中，面包板的上面整个一排是相通的，用作 V_{CC}；下面整个一排也是相通的，用作 GND。由图 5.5(b)可知，74LS00 的第 14 脚是 V_{CC}引脚，第 7 脚是 GND 引脚。因此在图 5.5(c)中第 14 脚接到了上排，第 7 脚接到了下排。

2. 含输入信号发生电路和输出显示电路的数字实验电路的实现

图 5.6 是用与非门实现与门逻辑的实验电路，其中图 5.6(a)是实验原理图，图 5.6(b)是用面包板实现的实验电路。输入所需的逻辑信号由开关和电阻组成，开关合上为低电平，开关断开为高电平。输出用发光二极管显示，当输出低电平时，发光二极管亮，高电平灭。

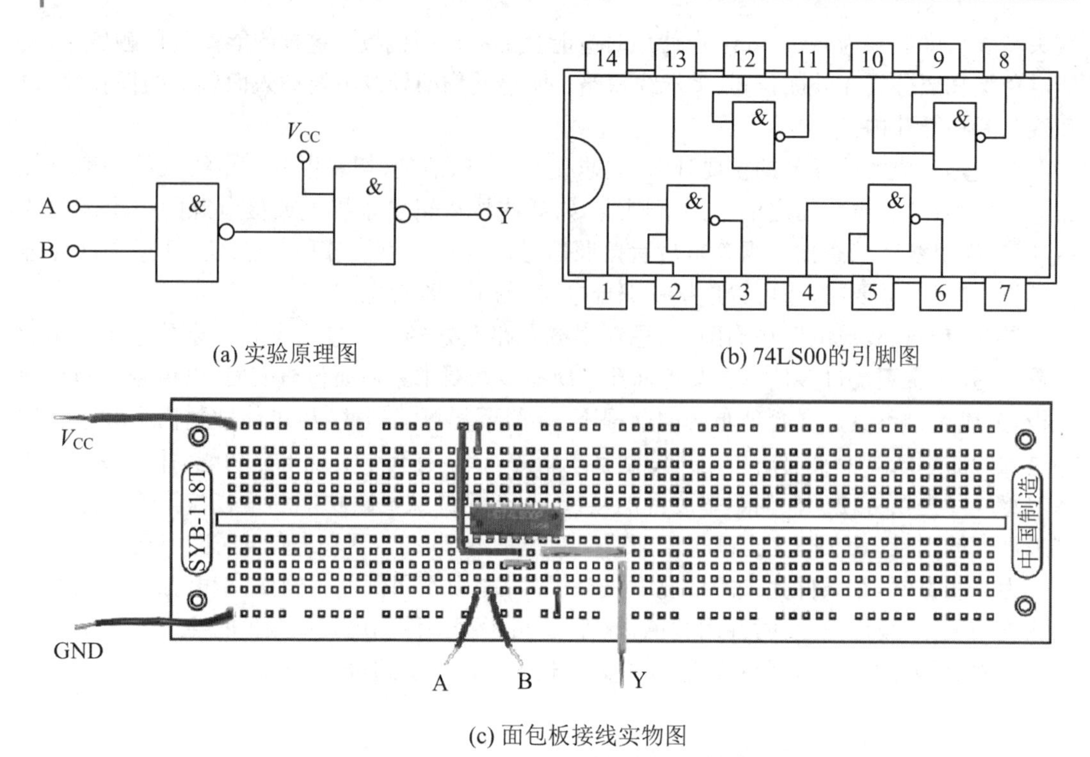

(a) 实验原理图 (b) 74LS00的引脚图

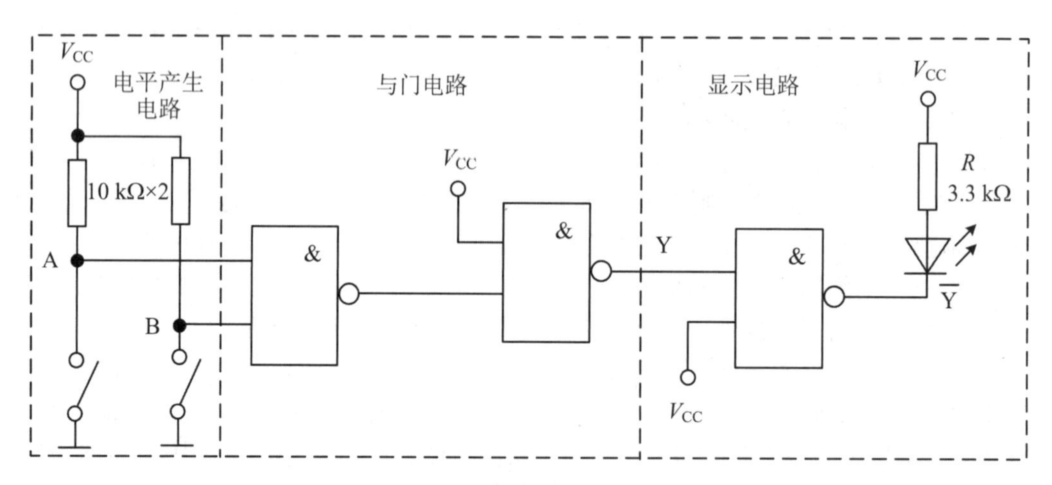

(c) 面包板接线实物图

图 5.5 在面包板上用与非门实现的与门逻辑电路

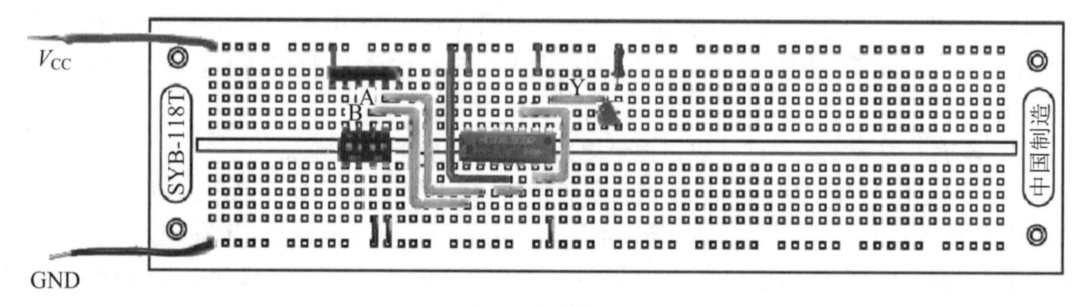

(a) 实验原理图

(b) 面包板接线实物图

图 5.6 含输入信号发生电路和输出显示电路的与非门转换为与门逻辑的实验电路

在图 5.6(b)中，开关用的是四位拨码开关，里面含有 4 个独立的单刀双掷开关，拨到 ON 的位置，开关合上，拨到另一个方向则断开。上拉电阻用的是四位 10 kΩ 的 A 型排阻。四位 A 型排阻的结构和实物分别如图 5.7(a)和图 5.7(b)所示，其中图 5.7(b)中的 A 表示 A 型排阻，103 表示 $10\times10^3=10$ kΩ，J 表示精度为±2%，最左边有个白色的圆点表示最左边的引脚是 4 个电阻的公共端。用排阻搭接多个上拉电阻非常方便，只要把电阻端对应地插在需要接上拉电阻的地方，公共端接 V_{CC}就可以了。

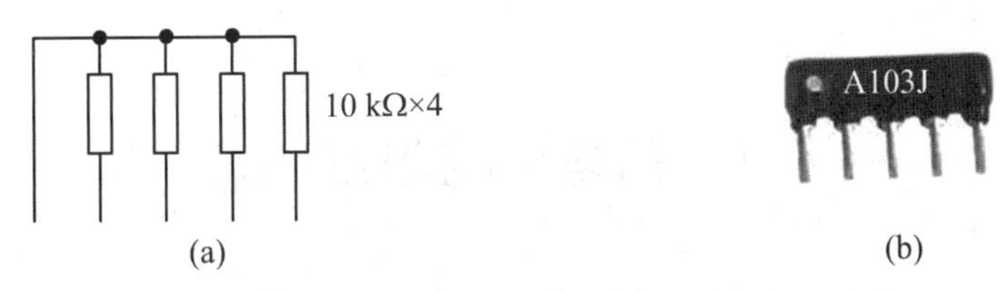

图 5.7　四位 10 kΩ 的 A 型排阻的结构图和实物图

在图 5.6(b)中，用拨码开关和排阻构成的 A、B 两信号的原理来自图 4.11(a)。如果开关闭合，拨码开关拨到 ON 的位置输出的就是低电平。如果想拨到 ON 的位置输出高电平，必须要添加反相器。在图 5.6(b)中，没有添加反相器，这是因为拨码开关是上下颠倒后插在面包板上的。这样，开关拨到上面，输出高电平；拨到下面(ON 的位置)，输出低电平。

第 6 章　传统数字电路技术实验

6.1　门电路的组成练习

【实验目的】

(1) 熟悉面包板的使用方法,学会常用输入信号电路和电平指示电路的实现方法。

(2) 学习用指定器件设计简单逻辑电路的方法。

(3) 熟悉门电路及基本输入、输出电路的设计和实验方法。

【实验任务】

(1) 用 TTL 与非门 74LS00 设计一个两输入端与门电路,实现 Y=AB,其中 A、B 皆为输入信号,Y 为输出信号。要求 A 和 B 都由开关实现高低电平,输出用 LED 指示灯实现,并要求高电平亮、低电平灭。设计逻辑电路(包括输入信号产生电路和输出显示电路),在面包板上搭接并测试其逻辑功能。

(2) 用 NE555 产生约 1 Hz 的连续脉冲信号,输出用 LED 指示灯实现,并要求高电平亮、低电平灭。实验原理图如图 6.1 所示,在面包板上搭接电路并测试它们的逻辑功能。

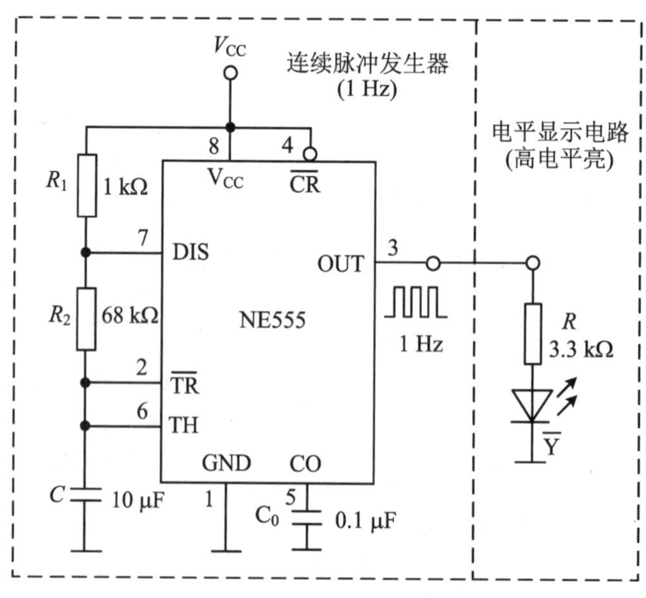

图 6.1　连续脉冲发生器及显示电路

注　图 6.1 中的电路在面包板上调试好以后不要拆卸,在以后的实验中还可以利用。

(3) 要求 A 由开关实现高低电平，B 用 NE555 产生的约 1 Hz 连续脉冲信号，其他同任务(1)，在面包板上改接线路并测试其逻辑功能。体会与门中“门”的作用。

【实验设备与器件】

(1) SYB-130 型面包板(1 块)。

(2) 芯片：74LS00(2 块)，74LS04(1 块)，74LS125(1 块需申请)，NE555(2 块)。

(3) 其他：拨码开关，LED 指示灯，电阻 68 kΩ、3.3 kΩ、1 kΩ，四位排阻 10 kΩ，电解电容 10 μF，独石电容 0.1 μF。

【预习要求】

(1) 复习或预习数字电路教材中的有关内容。

(2) 预习本实验指导书中第 4 章全部内容和第 5 章中有关面包板的内容。

(3) 设计实验任务中的电路。

(4) 写一份预习报告，要求见“实验须知”中的“实验报告(预习报告)”。

【实验报告】

要求见“实验须知”中的“实验报告(预习报告)”。

【扩展实验内容】

(1) 用 74LS00 实现或非门 $Z=\overline{A+B}$ 功能。要求输入信号 A 和 B 用开关产生逻辑电平，输出 Z 用 LED 指示灯实现，并要求高电平亮、低电平灭。

(2) 用 74LS00 实现异或门 Z=AB 功能，输入、输出信号实现要求同题(1)。

(3) 用三态门组成一个总线控制器，完成图 6.2 所示的功能。

要求：$C_1=0, C_2=C_3=1, Z=A_1$

$C_2=0, C_1=C_3=1, Z=A_2$

$C_3=0, C_1=C_2=1, Z=A_3$

其中，输入信号 C_1、C_2、C_3 要求用开关产生逻辑电平，A_1、A_2 分别由 2 个 NE555 产生 1 Hz、2 Hz 的连续脉冲信号，A_3 开关实现高低电平，输出信号的指示用 LED 实现。

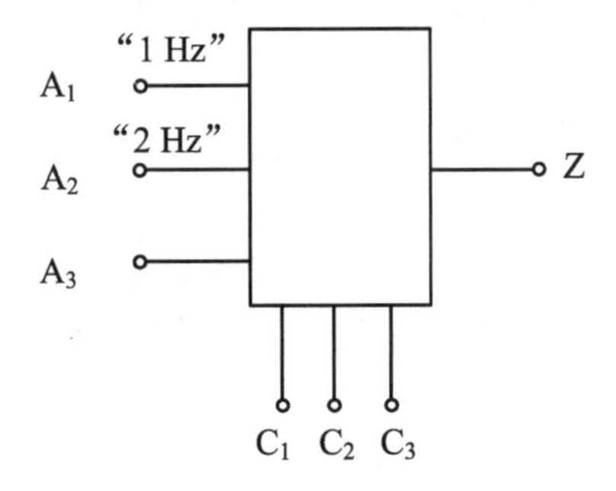

图 6.2　总线控制器

6.2 组合电路的设计

【实验目的】

(1) 进一步学习用指定器件设计逻辑电路的方法。

(2) 熟悉组合逻辑电路的设计和实验方法。

【实验任务】

(1) 用四位全加器 74LS83 设计一个三人表决器电路，当有两人或两人以上表示同意(输入为“1”，高电平模拟)时，则表决通过(输出为“1”，高电平模拟)；否则，为不通过(输出为“0”，用低电平模拟)。要求三个输入信号都由开关实现高低电平，输出用 LED 指示灯实现，并要求高电平亮、低电平灭。设计逻辑电路(包括输入信号产生电路和输出显示电路)，在面包板上搭接并测试其逻辑功能。

(2) 用八选一数据选择器 74LS151 设计一个三人表决器电路，当有两人或两人以上表示同意(输入为“1”)时，则表决通过(输出为“1”)；否则，为不通过(输出为“0”)。输入、输出信号实现要求同(1)。

【实验设备与器件】

(1) SYB-130 型面包板(1 块)。

(2) 芯片：74LS83(1 块)，74LS151(1 块)，74LS00(2 块)。

(3) 其他：拨码开关，LED 指示灯，电阻 68 kΩ、3.3 kΩ、1 kΩ，排阻 10 kΩ、3.3 kΩ，电解电容 10 μF，独石电容 0.1 μF。未尽器件需申请。

【预习要求】

(1) 复习或预习数字电路教材中的有关内容。

(2) 设计实验任务中的电路。

(3) 写一份预习报告，要求见“实验须知”中“实验报告(预习报告)”。

【实验报告】

要求见“实验须知”中的“实验报告(预习报告)”。

【扩展实验内容】

(1) 用 TTL 与非门 74LS00 设计一个三人表决器电路，当有两人或两人以上表示同意(输入为“1”)时，则表决通过(输出为“1”)；否则，为不通过(输出为“0”)。输入、输出信号实现要求同实验任务(1)。

(2) 用 TTL 与非门 74LS00 设计一位二选一数据选择器，A、B 皆为一位数据信号，C 为选择控制信号。当选择输入端 C 为 0 时，输出选择输入数据 A；当 C 为 1 时，输出选择输入数据 B。要求数据 A 和选择信号 C 都由开关实现高低电平，数据 B 用 NE555 产生的约 1 Hz 连续脉冲信号，输出用 LED 指示灯实现，并要求高电平亮、低电平灭。输入、输出信号实现要求同实验任务(1)。

(3) X、Y、Z 分别是 3 个四位二进制数，试用四位全加器 74LS83 实现 Z=X+Y，并要反映出向高位进位的情况。输入、输出信号实现要求同实验任务(1)。

(4) X、Y、Z 分别是 3 个四位二进制数，试用四位全加器 74LS83 和六反相器 74LS04 实

现 Z＝X－Y，并要反映出向高位借位的情况。输入、输出信号实现要求同实验任务(1)。

(5) 用四异或门 74LS86 设计一个四位数据的奇偶发生器，以便检查这四位数据是奇数个“1”，还是偶数个“1”。输入、输出信号实现要求同实验任务(1)。

(6) 在内容(5)的基础上，用异或门设计一个含奇偶校验位(由题(5)的奇偶发生器产生)的五位数据的奇偶接收器，以便检查该组数据在传输中是否有错(例如，某位数据的“1”在传输中丢失而成为“0”)。即和内容(5)的电路一起组合成一个带有奇偶校验的数据传输系统，如图 6.3 所示。在实验中可有意制造一些传输错误，以便进行核对。输入、输出信号实现要求同实验任务(1)。

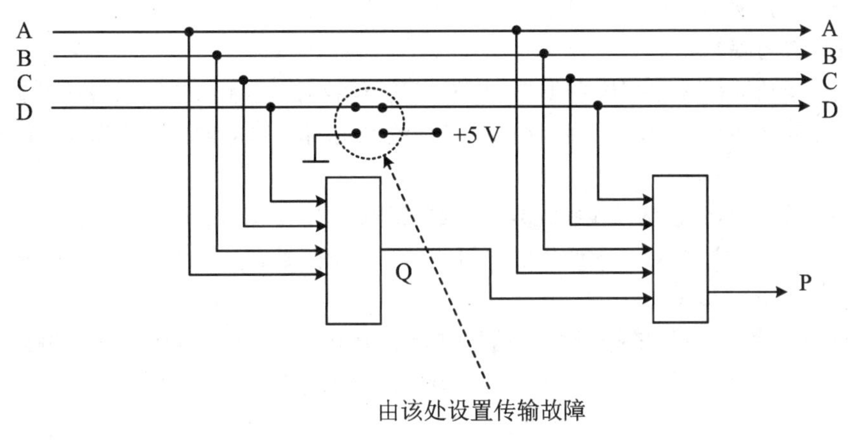

图 6.3　带奇偶校验的数据传输

6.3　触发器和时序电路的设计

【实验目的】

(1) 理解触发器的基本性质，熟悉各类触发器之间逻辑功能的相互转换方法。

(2) 理解几种常用时序电路，比如分频器、移位寄存器等。

(3) 掌握时序电路的设计方法和实验方法。

【实验设备与器材】

(1) SYB-130 型面包板(1 块)。

(2) 芯片：74LS00(2 块)，74LS74(1 块)，NE555(2 块)，74LS194(1 块)。

(3) 其他：拨码开关，LED 指示灯，电阻 68 kΩ、1 kΩ，四位排阻 10 kΩ，八位排阻 3.3 kΩ，电解电容 10 μF、2.2 μF、1 μF，独石电容 0.1 μF。未尽器件需申请。

【实验内容及步骤】

(1) 将 D 触发器转换为 T 触发器，并测试其逻辑功能。输入脉冲信号用 NE555 产生的 1 Hz 连续脉冲信号，输入、输出 Q、输出 $\overline{Q}$ 信号都需要用 LED 指示。

(2) 将一个大约 4 Hz 的连续脉冲信号进行 4 分频，并测试其逻辑功能。输入脉冲信号用 NE555 产生的 4 Hz 连续脉冲信号，输入、输出信号都需要用 LED 指示。

(3) 设计一个流水灯电路(俗称跑马灯电路)，要求 4 个灯不停地从左到右轮流点亮，同时要求开机能自启动。输入脉冲信号用 NE555 产生的 8 Hz 连续脉冲信号，4 个输出信号都需要用 LED 指示。

【预习要求】

(1) 了解触发器的各种逻辑功能以及触发器之间逻辑功能的相互转换方法。

(2) 了解分频器的概念和实现方法。

(3) 设计各实验任务中的电路。

(4) 写一份预习报告，要求见“实验须知”中的“实验报告(预习报告)”。

【实验报告】

要求见“实验须知”中的“实验报告(预习报告)”。

【扩展实验内容】

(1) 将 D 触发器转换为 JK 触发器，并测试其逻辑功能。输入 J、K 信号用开关产生逻辑电平，输入时钟脉冲 CP 用 NE555 产生的 1 Hz 连续脉冲信号，输入时钟脉冲 CP、输出信号 Q、$\overline{Q}$ 都需要用 LED 指示。

(2) 将 D 触发器转换为 T 触发器，并测试其逻辑功能。输入 T 信号用开关产生逻辑电平，输入时钟脉冲 CP 用 NE555 产生的 1 Hz 连续脉冲信号，输入时钟脉冲 CP、输出信号 Q 与 $\overline{Q}$ 都需要用 LED 指示。

(3) 将一个大约 1 Hz 的连续脉冲信号进行 8 分频，并测试其逻辑功能。输入脉冲信号用 NE555 产生的 1 Hz 连续脉冲信号，输入、输出信号都需要用 LED 指示。

(4) 将一个大约 1 Hz 的连续脉冲信号进行 7 分频，并测试其逻辑功能。输入脉冲信号用 NE555 产生的 1 Hz 连续脉冲信号，输入、输出信号都需要用 LED 指示。

(5) 将一个大约 1Hz 的连续脉冲信号进行 6 分频，并测试其逻辑功能。输入脉冲信号用 NE555 产生的 1 Hz 连续脉冲信号，输入、输出信号都需要用 LED 指示。

(6) 将一个大约 1 Hz 的连续脉冲信号进行 5 分频，并测试其逻辑功能。输入脉冲信号用 NE555 产生的 1 Hz 连续脉冲信号，输入、输出信号都需要用 LED 指示。

(7) 将一个大约 1 Hz 的连续脉冲信号进行 3 分频，并测试其逻辑功能。输入脉冲信号用 NE555 产生的 1 Hz 连续脉冲信号，输入、输出信号都需要用 LED 指示。

(8) 设计一个流水灯电路(俗称跑马灯电路)，要求 4 个灯从左到右依次亮起来，然后再从左到右依次灭掉，循环往复不停。同时要求开机能自启动。输入脉冲信号用 NE555 产生的 8 Hz 连续脉冲信号，4 个输出信号都需要用 LED 指示。

(9) 设计一个流水灯电路(俗称跑马灯电路)，要求 4 个灯从左到右依次亮起来，然后再从右到左依次灭掉，循环往复不停。同时要求开机能自启动。输入脉冲信号用 NE555 产生的 8 Hz 连续脉冲信号，4 个输出信号都需要用 LED 指示。

6.4 计数器的设计

【实验目的】

(1) 进一步掌握时序电路的设计方法，加深理解集成计数器的应用。

(2) 掌握 N 进制计数器的实现方法及应用。

【实验任务】

(1) 以74LS161为核心设计一个六进制加计数器,用数码器显示计数值,使数码管按0、1、2、3、4、5轮流循环显示。输入时钟脉冲CP要求用NE555产生的1 Hz连续脉冲信号。

(2) 以74LS161为核心设计一个5位流水灯电路,使5个LED灯不停地从左到右轮流被点亮。要求输入时钟脉冲CP用NE555产生的1 Hz连续脉冲信号。

(3) 以74LS161为核心设计一个七进制减计数器,用数码器显示计数值,使数码管按8、7、6、5、4、3、2轮流循环显示。输入时钟脉冲CP要求用NE555产生的1 Hz连续脉冲信号。

(4) 以74LS161为核心设计一个8分频器电路,并测试其逻辑功能。输入时钟脉冲CP要求用NE555产生的1 Hz连续脉冲信号,输入、输出信号都需要用LED指示。

【实验设备与器材】

(1) SYB-130型面包板(1块)。

(2) 器件:74LS00(2块),74LS04(1块),74LS48(或74LS248)(1块),74LS138(1块),74LS161(1块),74LS168(1块需申请),NE555(2块)。

(3) 其他:数码管,LED指示灯,电阻68 kΩ、1 kΩ,八位排阻3.3 kΩ,电解电容10 μF,独石电容0.1 μF。

【预习要求】

(1) 复习课本上的相关内容。

(2) 设计实验任务中的电路。

(3) 写一份预习报告,要求见“实验须知”中的“实验报告(预习报告)”。

【实验报告】

要求见“实验须知”中“实验报告(预习报告)”。

【扩展实验内容】

(1) 以74LS160为核心设计一个六进制加计数器,用数码器显示计数值,使数码管按1、2、3、4、5、6轮流循环显示。输入时钟脉冲CP要求用NE555产生的1 Hz连续脉冲信号。

(2) 以74LS168为核心设计一个九进制减计数器,用数码器显示计数值,使数码管按9、8、7、6、5、4、3、2、1轮流循环显示。输入时钟脉冲CP要求用NE555产生的1 Hz连续脉冲信号。

(3) 以74LS168为核心设计一个自动加减计数器,用数码器显示计数值,使数码管按5、4、3、2、1、2、3、4、5轮流循环显示。输入时钟脉冲CP要求用NE555产生的1 Hz连续脉冲信号。

(4) 以74LS168为核心设计一个5位流水灯电路,使5个LED灯不停地从左到右被点亮,然后又从右到左轮流被点亮。输入时钟脉冲CP要求用NE555产生的1 Hz连续脉冲信号。

(5) 以74LS161为核心设计一个10分频器电路,并测试其逻辑功能。输入时钟脉冲CP要求用NE555产生的1 Hz连续脉冲信号,输入、输出信号都需要用LED指示。

6.5　555 时基电路的应用

【实验目的】

(1) 熟悉 555 时基电路的几种典型应用。

(2) 掌握多谐振荡器、单稳态触发器的基本特点及应用。

【实验任务】

(1) 用 NE555 组成一个频率手动可调的脉冲信号发生器，频率调节范围为 1～4 Hz 连续。输出用 LED 指示灯实现。

(2) 用 NE555 组成一个单稳态触发器(脉宽 $T_W \approx 1$ s)，启动脉冲用按钮开关提供，输出用 LED 指示灯指示。

【实验设备与器材】

(1) SYB-130 面包板(1 块)。

(2) 器件:74LS00(2 块)，74LS74(1 块)，NE555(3 块)，74LS194(1 块)。

(3) 其他:按钮开关(需申请)，LED 指示灯，电阻 68 kΩ、10 kΩ、3. 3 kΩ、1 kΩ，电位器 100 kΩ，电解电容 10 μF，独石电容 0. 1 μF，无源蜂鸣器，二极管 4148。

【预习要求】

(1) 复习 555 时基电路的相关知识。

(2) 设计实验任务中的各个电路并计算相关参数。

(3) 写一份预习报告，要求见"实验须知"中的"实验报告(预习报告)"。

【实验报告】

要求见"实验须知"中的"实验报告(预习报告)"。

【扩展实验内容】

(1) 设计一个变调警报电路，能发出"滴……嘟……滴……嘟……"的声音。输出使用无源蜂鸣器。

(2) 设计一个变调警报电路，音色自定，但要求能变调。输出使用无源蜂鸣器。

第7章 可编程逻辑器件简介

逻辑器件可分为两大类:固定逻辑器件和可编程逻辑器件。顾名思义,固定逻辑器件中的电路是永久性的,它们完成一种或一组功能,并且一旦制造完成就无法改变。比如我们实验用的74LS00就是4个两输入端的与非门,74LS194是四位双向移位寄存器,等等。另一种就是可编程逻辑器件。可编程逻辑器件英文全称为Programmable Logic Device,简称为PLD。PLD是作为一种通用集成电路产生的,它的逻辑功能不是固定的,是按照用户对器件编程来确定的,能够为客户提供范围广泛的多种逻辑功能、特性、速度和电压特性。而且此类器件可在任何时间改变,从而完成许多种不同的功能。一般情况下PLD的集成度很高,足以满足设计一般的数字系统的需要。

如果选用传统的固定逻辑器件来设计电子产品,根据产品功能复杂性的不同从设计、实验到最终生产所需要的时间可从数月至一年多不等。如果在整个开发过程中发现电路工作不合适或者应用要求发生了变化,那么就必须推倒重来开发全新的设计。

如果使用可编程逻辑器件,则可以避免上面的很多不足。归纳起来主要有以下几个优点:

(1) 硬件电路大大简化,产品体积大大减小。

(2) 本来需要很多小规模集成电路的系统,可以在一块芯片上完成,相当于一块专用集成电路。电路板大大简化,特别是焊点大大减少,产品故障率也大大减小。

(3) 设计人员可利用价格低廉的软件工具快速开发、仿真和测试其设计。然后可快速将设计编程到器件中,并立即在实际运行的电路中对设计进行测试,大大节省了开发周期,节约了开发成本。

(4) 在设计阶段中,可以根据需要修改电路直到对设计工作感到满意为止。这是因为PLD基于可重写的存储器技术,要改变设计只需要简单地对器件进行重新编程。烧录只需要利用最终软件设计文件简单地编程所需要数量的PLD就可以了,一旦设计完成可立即投入生产。而且在产品投入使用后,还可以根据用户的需要随时修改设计,也就是说可实现产品的现场升级。

可编程逻辑器件的发展经过了PLA器件(可编程逻辑阵列由可编程与或阵列组成)、PAL器件(可编程阵列逻辑也是由与或阵列组成的,但是只有它的与阵列可编程,之所以这样做是因为它可以变得比PLA更快,但在一定程度上损失了一定的灵活性)、GAL器件(通用阵列逻辑。不同于PAL和PLA,它们基于熔丝或反熔丝的OTP片子,而GAL采用PROM结构,这使它真正实现了可重复编程)等几种简单可编程逻辑器件(SPLD),后来发展成复杂可编程逻辑器件(CPLD)和现场可编程门阵列(FPGA)两种主要类型的PLD。在这两类可编程逻辑器件中,CPLD提供的逻辑资源比较少,最高约1万门。但是CPLD提供了非常好的可预测性,因此对于关键的控制应用非常理想。例如,Xilinx CoolRunner系列的PLD功耗就极低。FPGA提供了更高的逻辑密度、更丰富的特性和更高的性能。其应用范围更广，从数据处理和存储到仪器仪表、电信和数字信号处理等到处都能看到它们的身影。

本章主要介绍的是 FPGA 芯片，它是一款 Altera 公司生产的 Cyclone Ⅱ系列的 EP2C5 器件，型号是 EP2C5Q208C8N。

7.1 Cyclone Ⅱ系列 FPGA 简介

Cyclone Ⅱ系列器件是 Altera 低成本 Cyclone 系列的第二代产品，Cyclone Ⅱ FPGA 的成本比第一代 Cyclone 器件低 30%，逻辑容量大 3 倍多。Cyclone Ⅱ器件采用 TSMC 验证的 90 nm 低 K 绝缘材料工艺技术，是业界成本最低的 FPGA。Cyclone Ⅱ通过使用新型架构缩小裸片尺寸，在保证成本优势的前提下，提供了更高的集成度和性能。

7.1.1 Cyclone Ⅱ系列 FPGA 的整体特性

Cyclone Ⅱ器件根据具体型号不同，容量有 4608～68416 个逻辑单元。另外，还具有新的增强特性，比如多达 1.1 Mbit 的嵌入存储器、多达 150 个嵌入 18×18 乘法器、锁相环、支持外部存储器接口及差分和单端 I/O 标准。

Cyclone Ⅱ系列 FPGA 的主要特点归纳如下：

(1) 高效率的芯片结构支持从 4608LE 到 68416LE 的集成度。

(2) 包含内部嵌入式乘法器支持 DSP 运算。

(3) 先进的 I/O 支持 PCI、DDR、DDR2 等多种接口。

(4) 全局时钟管理及嵌入式锁相环。

(5) 支持 Altera IP Core 及 Nios Ⅱ嵌入式处理器。

7.1.2 Cyclone Ⅱ系列芯片比较

Cyclone Ⅱ系列芯片比较见表 7.1。

表 7.1　Cyclone Ⅱ系列芯片

器件	EP2C5	EP2C8	EP2C20	EP2C35	EP2C50	EP2C70
LE	4608	8256	18752	33216	50528	68416
M4K	26	36	52	105	129	250
总比特数	119808	165888	239616	483840	594432	115200
嵌入式乘法器	13	18	26	35	86	150
PLL	2	2	4	4	4	4
最多用户 I/O 管脚	142	182	315	475	450	622
差分通道	55	75	125	200	192	275

7.2　Cyclone Ⅱ系列 FPGA 的内部结构

7.2.1　内部结构简述

Cyclone Ⅱ的内部结构如图 7.1 所示。逻辑单元(LE)是 Cyclone Ⅱ系列中可以实现用户逻辑定制的最小单元，每 16 个 LE 组成一个逻辑阵列块(LAB)。在 FPGA 器件中，LAB 以行列形式排列。Cyclone Ⅱ系列 FPGA 的 LE 数量根据具体型号不同从 4608 到 68416 不等。

Cyclone Ⅱ系列 FPGA 有片内锁相环(PLL)，并有最多可达 16 个全局时钟线的全局时钟网络，为逻辑阵列块、嵌入式存储器块、嵌入式乘法器和输入输出单元提供时钟。Cyclone Ⅱ FPGA 的全局时钟线也可以作为高速输出信号使用。Cyclone Ⅱ的 PLL 可以实现 FPGA 片内的时钟合成、移相，也可以实现高速差分信号的输出。

M4K 嵌入式存储器块由带校验的 4K 位(4096 位)真双口 RAM 组成，可配成真双口模式、简单双口模式或单口模式的存储器，位宽最高可达 36 位，存取速度最高为 260 MHz。M4K 嵌入式存储器分布于逻辑阵列块之间。Cyclone Ⅱ系列 FPGA 的 M4K 嵌入式存储器的容量从 119 K 至 1152 K 不等。

每个嵌入式乘法器都可以配成两个 9×9 或一个 18×18 的乘法器，处理速度最高可达 250 MHz。嵌入式乘法器在 FPGA 上按列排列。输入输出单元 IOE 处于逻辑阵列块的行和列的末端，可以提供各种类型的单端或差分逻辑输入输出。

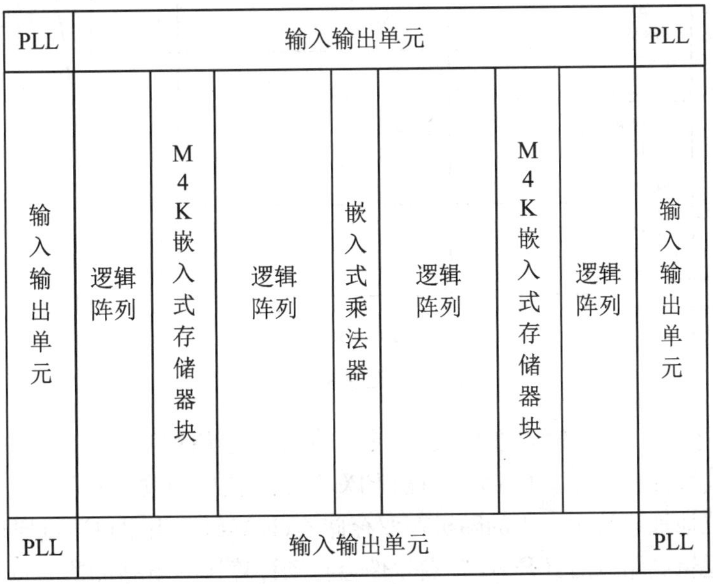

<table>
<tr><td>PLL</td><td colspan="7">输入输出单元</td><td>PLL</td></tr>
<tr><td>输入输出单元</td><td>逻辑阵列</td><td>M4K嵌入式存储器块</td><td>逻辑阵列</td><td>嵌入式乘法器</td><td>逻辑阵列</td><td>M4K嵌入式存储器块</td><td>逻辑阵列</td><td>输入输出单元</td></tr>
<tr><td>PLL</td><td colspan="7">输入输出单元</td><td>PLL</td></tr>
</table>

图 7.1　Cyclone Ⅱ的内部结构

7.2.2 基本逻辑单元

逻辑单元(LE)是 Cyclone Ⅱ结构的最小逻辑单元，如图 7.2 所示。每个 LE 的主要组成部件如下：

(1) 四输入查找表(LUT)。

(2) 一个可编程寄存器。

(3) 进位链连接。

(4) 寄存器链连接。

(5) 驱动所有类型的内部链接。

(6) 支持寄存器包。

(7) 支持寄存器反馈。

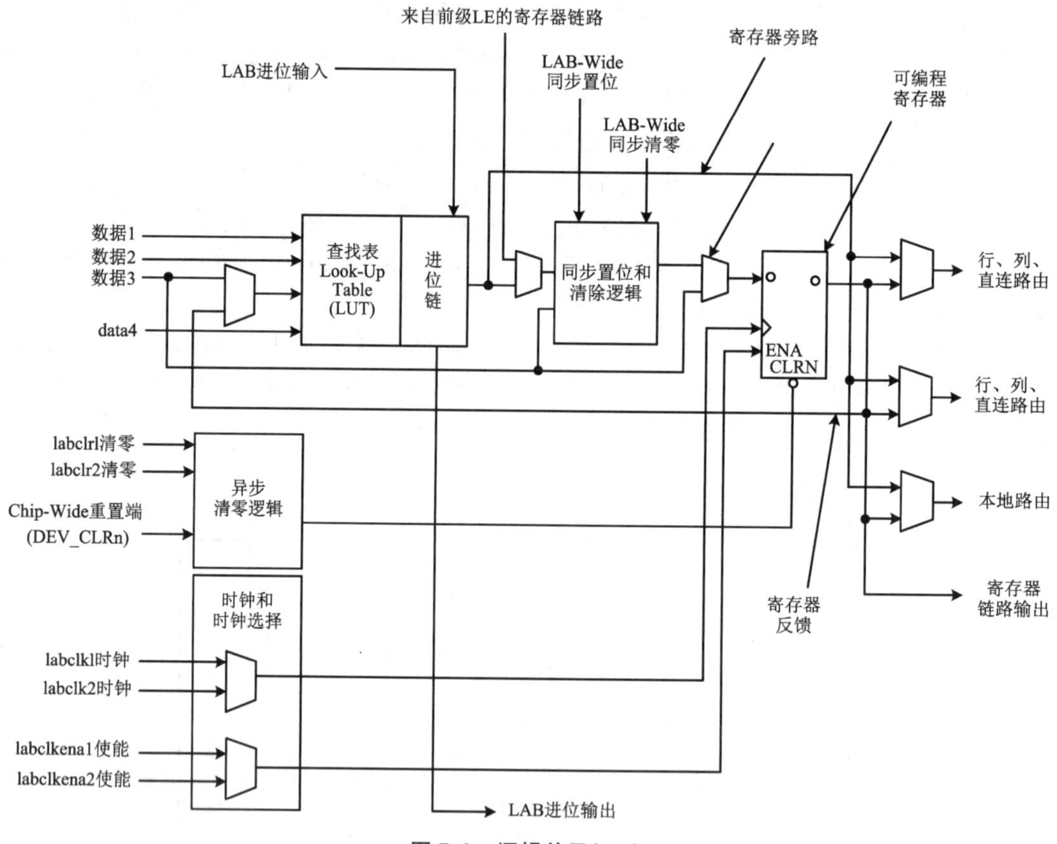

图 7.2 逻辑单元(LE)

一个 LE 主要由一个四输入查找表、一个寄存器及进位和互连逻辑组成。查找表简称为 LUT。LUT 本质上是一个 RAM。目前 FPGA 中多使用四输入的 LUT，一个 LUT 可以看成一个有 4 位地址线的 16×1 的随机存取存储器(RAM)。当用户通过原理图或 HDL 语言描述了一个逻辑电路以后，FPGA 开发软件会自动计算逻辑电路的所有可能结果，并把结果事先写入 RAM，这样每输入一个信号进行逻辑运算就等于输入一个地址，然后查表找出地址对应的内容，最后输出即可。也可以把它当作一个四输入的函数发生器，能够实现四变

量输入的所有逻辑。

每个 LE 的可编程寄存器可配置为 DT、JK 或 SR 触发器。每个寄存器有数据时钟、时钟使能和清零输入端。无论是全局时钟网络信号，还是通用的 I/O 引脚信号，或者是任何内部逻辑信号，都可以驱动寄存器时钟清除控制信号。无论是通用的 I/O 引脚信号，还是内部逻辑信号都可以驱动时钟使能信号。作为组合功能使用 LUT 的输出，可以绕过寄存器直接驱动 LE 的输出。

每个 LE 都有两种工作模式，即普通工作模式和算术工作模式。

LE 的普通工作模式适用于一般的逻辑和组合逻辑。如图 7.3 所示。

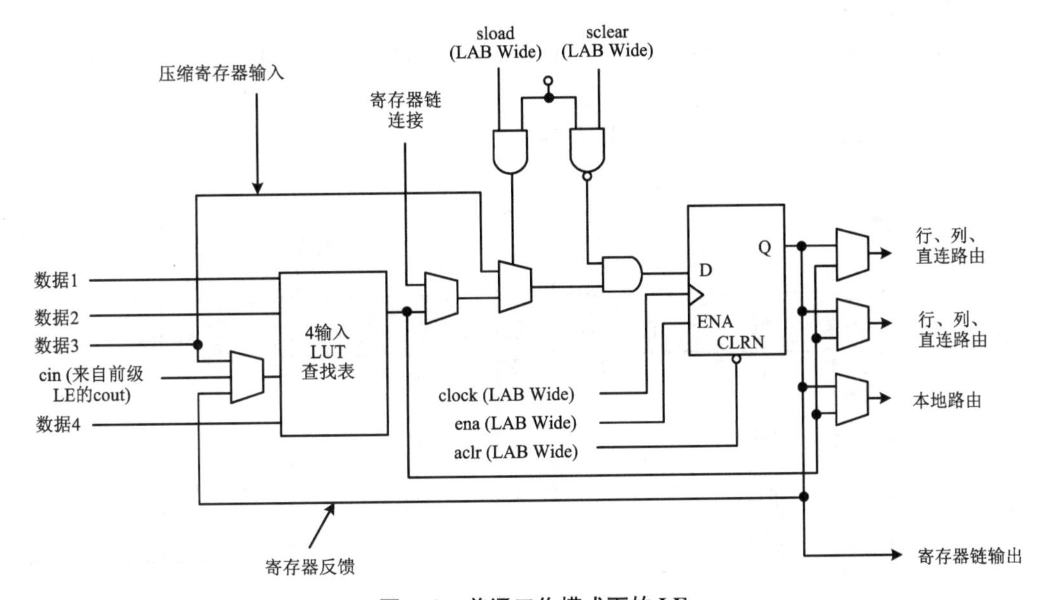

图 7.3　普通工作模式下的 LE

LE 的算术工作模式适用于实现加法器、累加器、计数器和比较器。如图 7.4 所示。

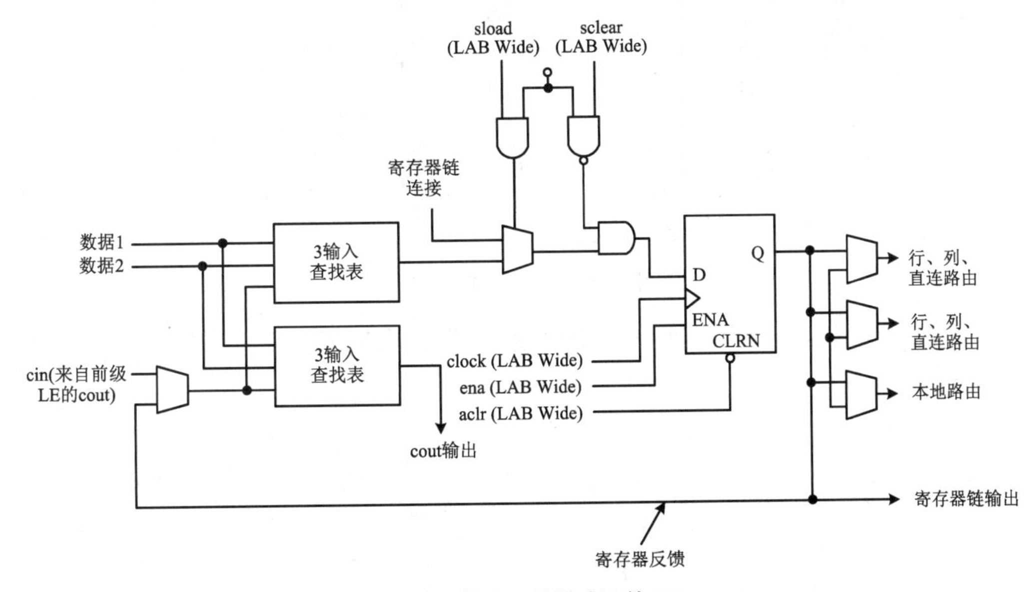

图 7.4　算术工作模式下的 LE

7.2.3 逻辑阵列模块

在器件内部，总是将多个LE有机地组合起来构成一个更大的功能单元——逻辑阵列模块(LAB)。图7.5所示的是LAB的基本结构，图7.6所示的是LAB互连示意图。每一个LAB都包括：

(1) 16个LE。

(2) LAB控制信号：清除、时钟、时钟使能、复位等。

(3) LE进位链。

(4) 寄存器进位链：把LAB内一个LE寄存器的输出与相邻LE寄存器的输入连在一起。

(5) LAB本地互连：用以连接LAB内各个LE。

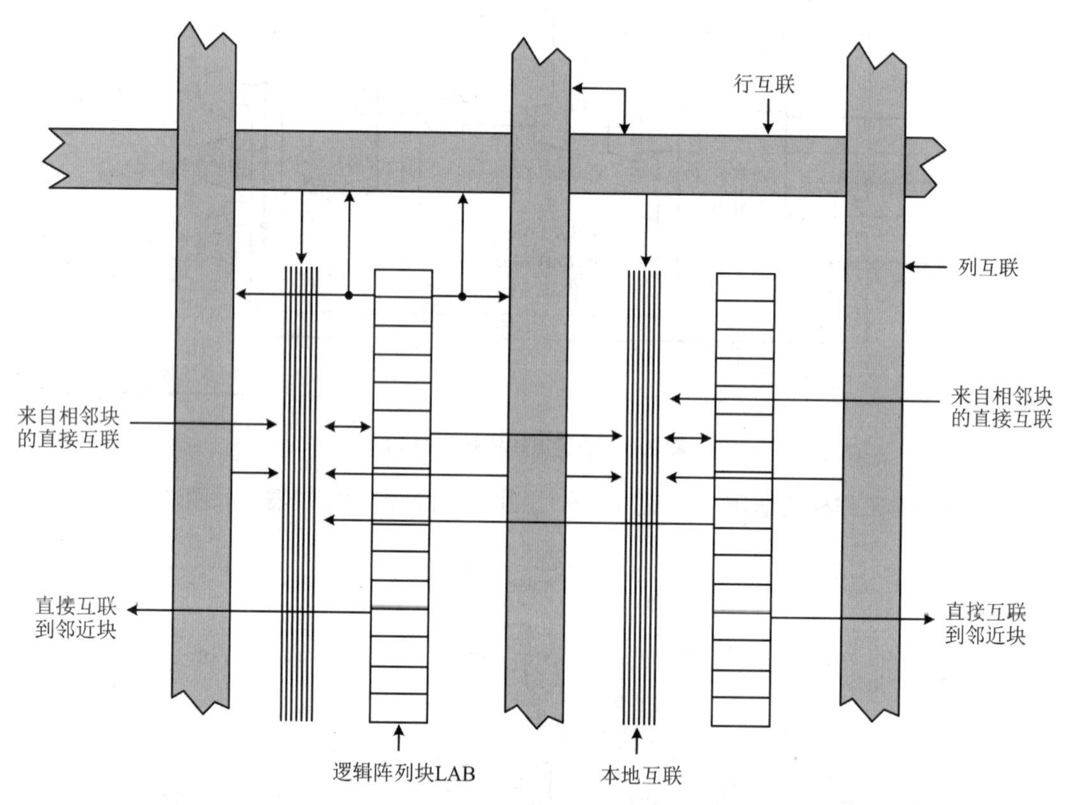

图7.5 LAB的基本架构

LAB控制信号含有两个时钟、两个时钟使能、两个异步清零、一个同步清零、一个同步置位。如图7.7所示。

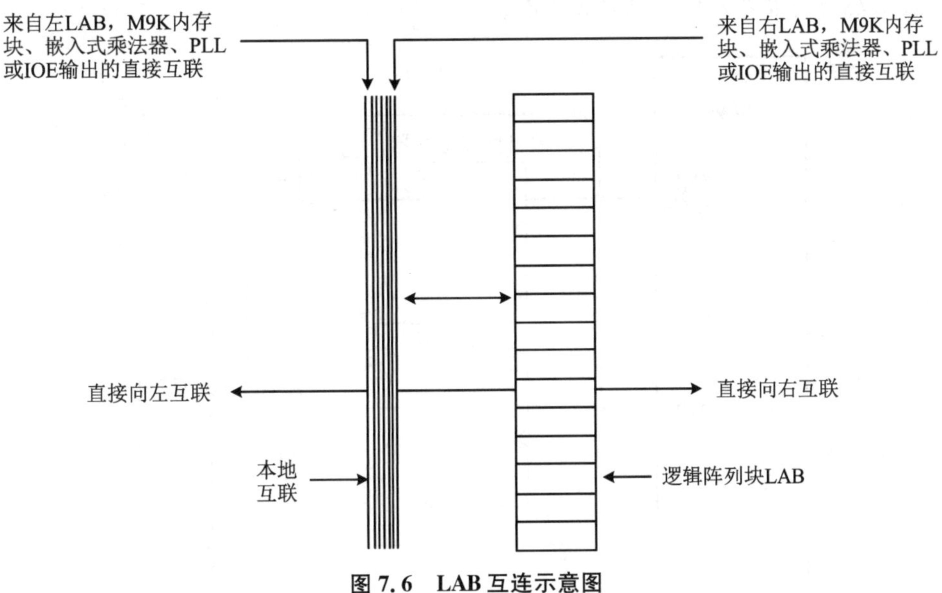

图 7.6　LAB 互连示意图

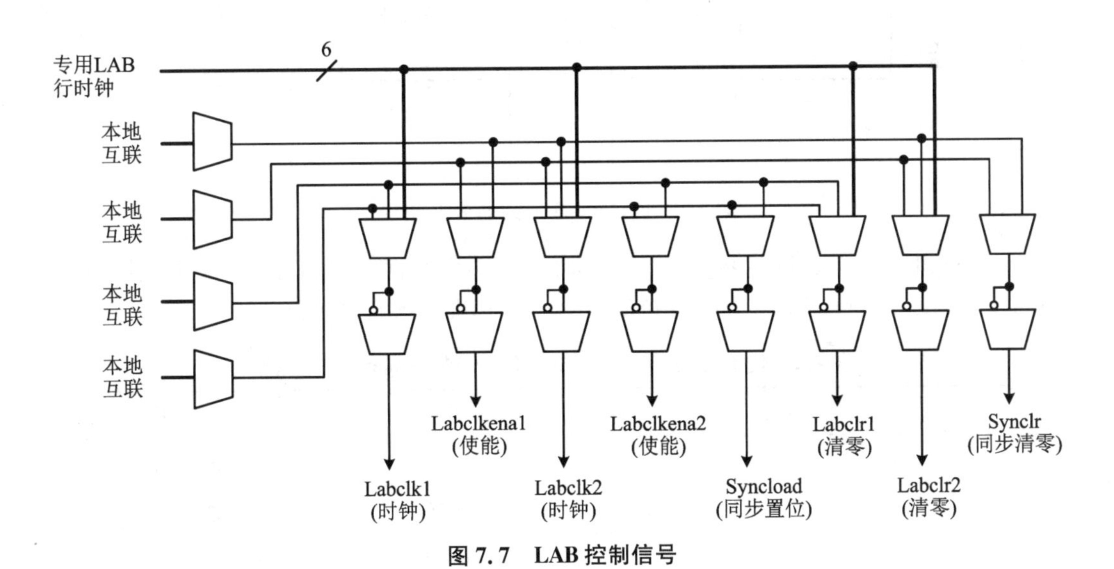

图 7.7　LAB 控制信号

7.2.4　I/O 单元模块

遍布在 Cyclone Ⅱ器件周围的每个输入输出引脚都由一个输入输出单元(IOE)管理，IOE 位于 LAB 行和列的终端。Cyclone Ⅱ器件的每个 IOE 包含一个双向 I/O 缓冲区和三个完整的嵌入式双向单数据速率传输寄存器，如图 7.8 所示。IOE 包含一个输出寄存器(Output Register)、一个输入寄存器(Input Register)和一个输出使能寄存器(OE Register)。设计人员可以使用输入寄存器快速设置启动时间，使用输出寄存器快速设置时钟到输出的时间。

Cyclone Ⅱ器件支持多种单端 I/O 标准，包括 LVTTL、LVCMOS、SSTL、HSTL、PCI 和 PCI-X。单端 I/O 标准具有比差分 I/O 标准更强的电流驱动能力，在如同 DDR 和 DDR2

SDRAM 等高级存储器器件接口时非常重要。

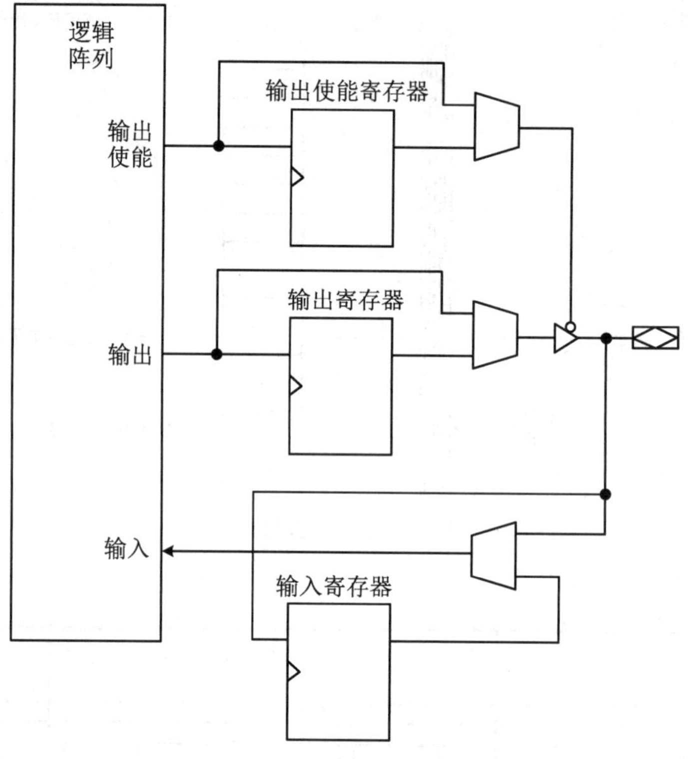

图 7.8　Cyclone Ⅱ 系列的 IOE 结构

Cyclone Ⅱ 器件也支持对特定 I/O 标准的可编程驱动能力的控制，设置范围为 2～24 mA。表 7.2 为 Cyclone Ⅱ 器件支持的单端 I/O 标准和各自的性能。

表 7.2　Cyclone Ⅱ 器件支持的单端 I/O 标准和各自的性能

I/O 标准	性能	典型应用
3.3 V/2.5 V/1.8 V LVTTL	167 MHz	通用
3.3 V/2.5 V/1.8 V/1.5 V LVCMOS	167 MHz	通用
3.3 V PCI	66 MHz	PC 和嵌入式
3.3 V PCI-X	100 MHz	PC 和嵌入式
2.5 V/1.8 V SSTL Class Ⅰ	167 MHz	存储器
2.5 V/1.8 V SSTL Class Ⅱ	133/125 MHz	存储器
1.8 V/1.5 V HSTL Class Ⅰ	167 MHz	存储器
1.8 V/1.5 V HSTL Class Ⅱ	100 MHz	存储器

Cyclone Ⅱ 器件支持 LVDS、mini-LVDS、RSDS 和 LVPECL，表 7.3 为 Cyclone Ⅱ 器件支持的差分 I/O 标准。

表 7.3　Cyclone Ⅱ器件支持的差分 I/O 标准和各自的性能

I/O 标准	性能	典型应用
Differential HSTL	167 MHz	存储器
Differential SSTL	167 MHz	存储器
LVPECL	150 MHz	时钟
LVDS	805 Mbps(receiver), 622 MHz(transmitter)	芯片至芯片 背板驱动器
RSDS	170 Mbps	芯片至芯片
mini-LVDS	170 Mbps	芯片至芯片

为了提高灵活性，Cyclone Ⅱ系列 FPGA 把众多的 I/O 口分组成 4～8 个 I/O Bank，每个 Bank 可独立配置 I/O 标准。该系列 FPGA 具有 82～531 个 I/O 口，可编程电流，可控制摆率，可设置开漏输出，可编程上拉电阻、钳位二极管、LVDS 匹配电阻，等等。如图 7.9 所示。

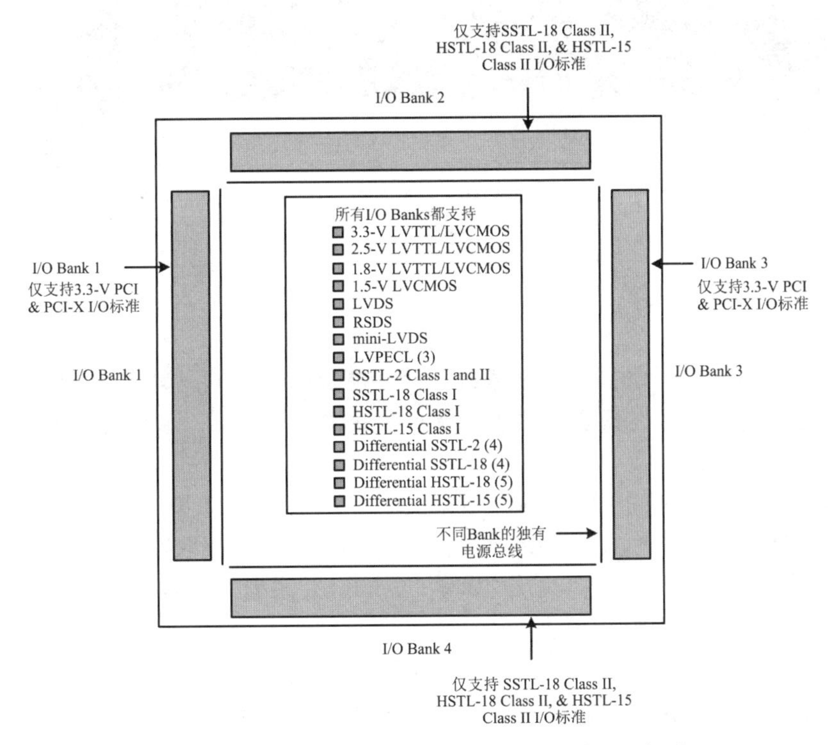

图 7.9　Cyclone Ⅱ系列 EP2C5 和 EP2C8 的 I/O 标准

我们实验箱所使用的 Cyclone Ⅱ系列 FPGA 核心板的主芯片是 EP2C5Q208C8N，总引脚数是 208。除去供电、接地引脚以及 AS、JTAG 通信口所需要的必要引脚以外，用户可使用的其他所有引脚都引出来共 142 个，分为 4 个 Bank，分别位于核心板的下、左、上、右四个方向，如图 7.10 所示。

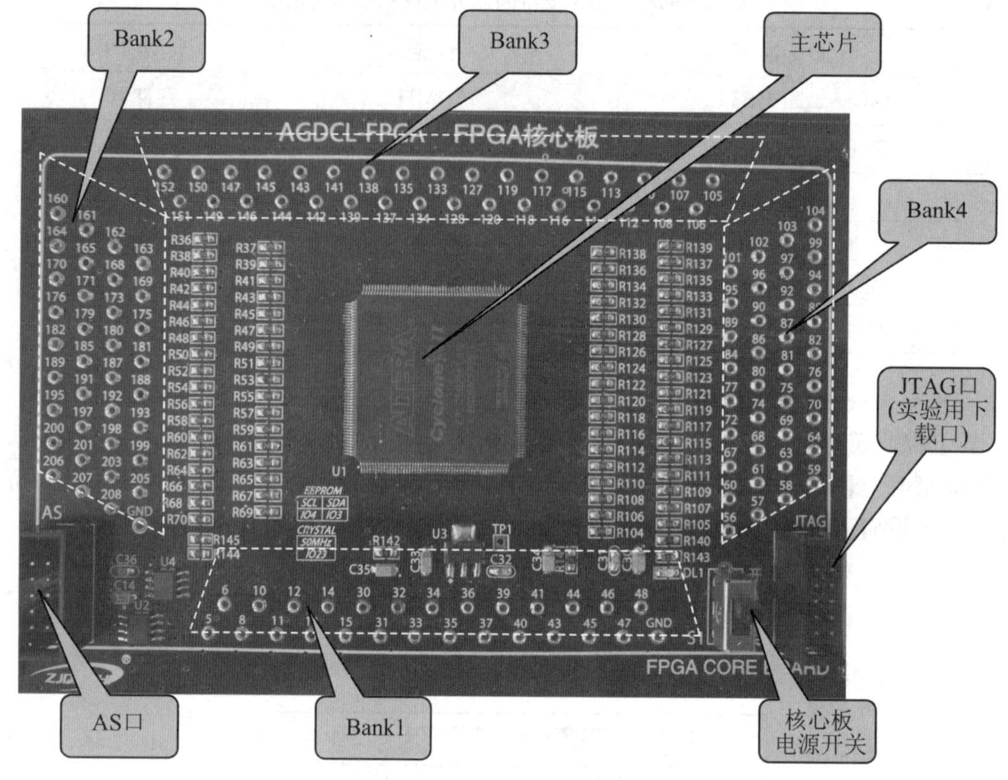

图 7.10 FPGA 核心板

7.2.5 存储器单元

Cyclone Ⅱ的存储单元由 M4K 嵌入式存储器模块列阵组成。M4K 存储器模块包括能同步写入的输入寄存器和提高系统性能的流水线式输出寄存器。输出寄存器可以被旁路，但输入寄存器不可以。

M4K 嵌入式存储器模块由带校验的 4K 位(4096 位)真双口 RAM 组成，可配成真双口模式、简单双口模式或单口模式的存储器，位宽最高可达 36 位，存取速度最高可达 260 MHz，M4K 嵌入式存储器分布于逻辑阵列块之间。Cyclone Ⅱ系列 FPGA 的 M4K 嵌入式存储器的容量从 119 K 至 1152 K 不等。

7.2.6 嵌入式乘法器模块

嵌入式乘法器为 Cyclone Ⅱ系列的 FPGA 提供了数字信号处理(Digital Signal Processing，DSP)的能力，可以用来实现快速傅里叶变换(FFT)、离散余弦变换(DCT)及有限脉冲响应(FIR)等数字信号处理，使 Cyclone Ⅱ系列 FPGA 可以高效地用于音频与视频信号处理。Cyclone Ⅱ系列 FPGA 的嵌入式乘法器可以配成 9×9 或 18×18 的乘法器，两种工作模式下如果同时使用输入、输出寄存器最好存取速度可达 250 MHz。表 7.4 列出了每个 Cyclone Ⅱ器件内嵌入式乘法器数量以及可以实现的乘法器数。

表 7.4　Cyclone Ⅱ器件内嵌入式乘法器数量以及可以实现的乘法器数

器件	嵌入式乘法器列	嵌入式乘法器	9×9 乘法器	18×18 乘法器
EP2C5	1	13	26	13
EP2C8	1	18	36	18
EP2C20	1	26	52	26
EP2C35	1	35	70	35
EP2C50	2	86	172	86
EP2C70	3	150	300	150

嵌入式乘法器由两个输入寄存器、一个乘法单元、一个输出寄存器以及相关的控制信号组成,其内部结构如图 7.11 所示。嵌入式乘法器按列排列,根据器件不同可以是 1～3 列。

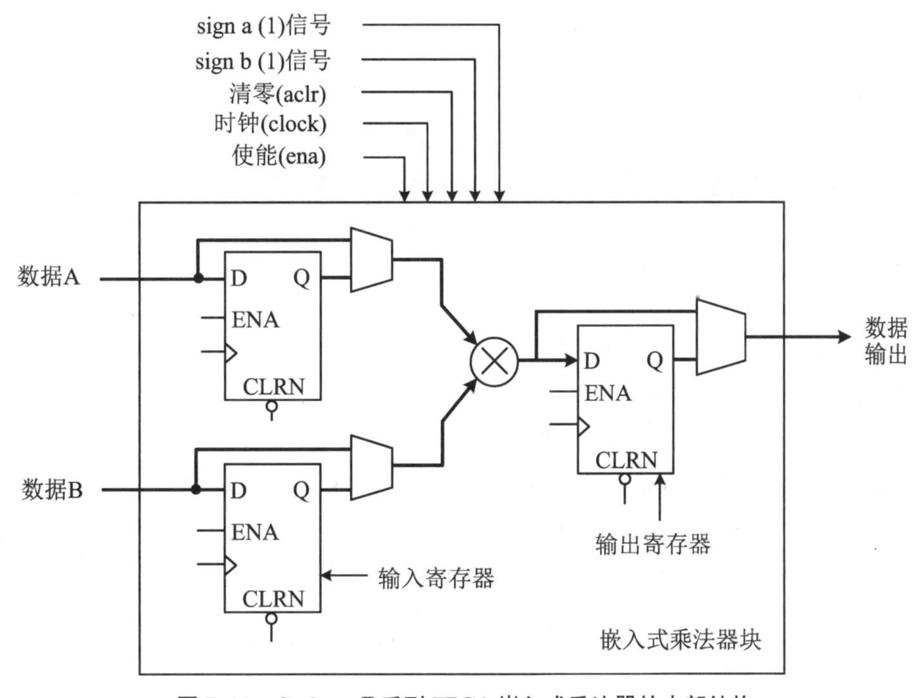

图 7.11　Cyclone Ⅱ系列 FPGA 嵌入式乘法器的内部结构

乘法器的两个操作数可以是符号数也可以是无符号数。如果两个操作数都是无符号数,相乘的结果也是无符号数。只要其中有一个是符号数,则相乘的结果就是符号数。控制信号 sign a 和 sign b 分别表示数据 A 和数据 B 是符号数还是无符号数,为 1 表示该操作数是符号数。sign a 和 sign b 可以在运行时动态改变。

乘法器有两种工作模式:9×9 模式和 18×18 模式。在 18×18 模式下,乘法器只能配置成 1 个 18×18 乘法器,两个输入操作数最多可以是 18 位,可以是符号数也可以是无符号数,输入输出都可以寄存。在 9×9 模式下,一个嵌入式乘法器块可以配置成 2 个 9×9 乘法器工作。这种模式下每个乘法器的两个输入操作数最多可以是 9 位,可以是符号数,也可以是无符号数,输入输出都可以寄存。每个乘法器只有一个 sign a 和一个 sign b。当一个乘法器当作 2 个 9×9 乘法器使用时,输入数据 A 的两个输入符号必须相同,输入数据 B 的两个输入也用相同的符号表示。如果不使用 sign a 和 sign b，Quartus Ⅱ软件默认乘法器实现无符号乘法。

7.2.7 嵌入式软核处理器

Cyclone Ⅱ系列的 FPGA 支持 Altera 公司的 NIOS Ⅱ嵌入式软核处理器。NIOS Ⅱ具有灵活的可配置特性，而且可以非常容易地实现各种外设的扩展。对于并行事务处理，可以在一个 FPGA 上放置多个 NIOS Ⅱ软核，这样会大大提高处理器的效率，也方便多个小组同时开发，进一步加快新产品研发的速度。

7.3 Cyclone Ⅱ系列器件的配置

由于 Cyclone Ⅱ系列器件是用易失性的 SRAM 结构单元来存储配置数据的，所以在每次系统上电时都要进行重配置。用户可以使用 DCLK 频率高达 40 MHz 的 AS(主动串行)模式、PS(被动串行)模式或是 JTAG 方式对 FPGA 器件进行配置操作。另外为了减小存储需求和配置时间，Cyclone Ⅱ系列器件能够使用压缩数据进行配置。

1. FPGA 主动(Active)方式

只能够与 Altera 公司的主动串行配置芯片(EPCS 系列)配合使用，因此配置方式又称为主动串行 AS 模式。部分器件不支持此模式。

2. FPGA 被动(Passive)方式

由系统中的其他设备发起并控制配置过程。这些设备可以是 Altera 的配置芯片(EPC 系列)或者是单板上的微处理器 CPLD 等智能设备。FPGA 在配置过程中完全处于被动地位，只是输出一些状态信号来配合配置过程。

被动方式又可细分为多种模式，包括被动串行 PS(Passive Serial)、快速被动并行 FPP(Fast Passive Parallel)、被动并行同步 PPS(Passive Parallel Synchronous)、被动并行异步 PPA(Passive Parallel Asynchronous)以及被动串行异步 PSA(Passive Serial Asynchronous)。

3. JTAG 方式

JTAG 是 IEEE 1149.1 边界扫描测试的标准接口，主要用于芯片的测试等功能。大多数 Altera FPGA 都支持 JTAG 接口进行配置以及 JAM STAPL 标准。从 JTAG 接口进行配置，可以使用 Altera 的下载电缆通过 Quartus Ⅱ工具下载，也可以采用智能主机(Intelligent Host)如微处理器来模拟 JTAG 时序进行配置。

7.3.1 AS(主动串行)模式

在 AS 模式下，要使用串行配置器件来配置 Cyclone Ⅱ系列 FPGA，这些配置器件是低成本、非易失性设备，只有 4 个信号接口。这些优良的特性使其成为理想的低成本配置解决方案。

这种器件使用串行接口来传送串行数据。在配置时，Cyclone Ⅱ系列 FPGA 通过串行接口读取配置数据，或经过压缩的数据来配置内部的逻辑单元。这种由 FPGA 来控制外部器件的配置方式就是主动串行模式(Active Serial)。而有外部设备(如 PC 机或其他设备)控制 FPGA 进行配置的方式称为被动串行模式(Passive Serial)。表 7.5 列出了 AS 配置模式时 MESL 的管脚状态。

表 7.5　AS 配置模式时 MESL 的管脚状态

配置模式	MSEL1	MSEL0
AS(20 MHz)	0	0
FastAS(40 MHz)	1	0

7.3.2　PS(被动串行)模式

用户可以使用 PS 模式对 Cyclone Ⅱ器件进行配置。在此模式下，由外部控制器(如 PC 机、Max Ⅱ系列 CPLD 或其他嵌入式系统)控制整个配置过程。配置数据在 DCLK 的上升沿由 DATAO 输入到 Cyclone Ⅱ器件的内部。(在 PS 模式下，可以使用 Cyclone Ⅱ器件的解压缩特性。)在 PS 模式下，MSEL=01。

在 PS 模式下，可以使用 MAX Ⅱ器件作为外部控制器，将配置数据从外部存储器(Flash)传送到 Cyclone Ⅱ器件。配置数据的存储格式可以是 RBF、HEX、TTF 等。

7.3.3　JTAG 模式

联合测试行动组(Joint Test Action Group)为边界扫描(Boundary-scan Test)开发了一套总测试方案。这种边界扫描(BST)结构使得用户能够测试已经焊接在 PCB 上的元件。这种测试方法使得器件在运行时不使用外部测试仪器来获取器件内部数据。

JTAG 链路也能够将配置数据传送到器件内部，在 Quartus 软件中可以通过 JTAG 链路将 Quartus 软件自动生成的 SOF 数据传送到器件中进行配置。

Cyclone Ⅱ器件的配置被设计成优先使用 JTAG 模式下载，也就是说，JTAG 模式可以打断其他的配置模式(例如，其他模式正在进行，而 JTAG 就可以将其强行终止从而进行 JTAG 模式配置。但在 JTAG 模式下，不能使用 Cyclone Ⅱ器件的解压配置数据的特性)。

JTAG 模式使用 TCK、TDO、TMS 和 TDI 这四种信号来进行器件的配置。在 TCK 管脚上，FPGA 内部有微弱的下拉电阻，TCK 和 TDI 上有微弱的上拉电阻。在 JTAG 配置阶段，所有的 I/O 都处于三态。

如果使用 JTAG 接口进行下载，那么用户可以使用 MV、BBII 或 USB 下载电缆对 Cyclone Ⅱ器件进行配置。使用电缆对器件进行编程与在线编程非常相似。表 7.6 列出了 JTAG 功能管脚的说明。

表 7.6 JTAG 功能管脚的说明

名称	类型	描述
TDI	数据输入	数据在 TCK 时钟的上升沿移入器件。不使用 JTAG 时，要用 1 kΩ 的上拉电阻将其拉高。此为输入接口
TDO	数据输出	在 TCK 的下降沿将数据输出，此接口为三态。不使用 JTAG 时，将此管脚浮空
TMS	模式选择	输入接口用于提供控制信号。不使用 JTAG 时，将此管脚用 1 kΩ 的上拉电阻拉高
TCK	时钟输入	时钟输入接口。不使用 JTAG 时，将此管脚用 1 kΩ 的下拉电阻拉低

第 8 章　Quartus Ⅱ开发软件的使用

8.1　Quartus Ⅱ的安装

Quartus Ⅱ开发软件是 Altera 公司为其 FPGA/CPLD 芯片设计的集成化专用开发工具，是 Altera 在 Max+plusⅡ基础上开发的新一代功能更强的集成 EDA 开发软件。使用 Quartus Ⅱ可完成从设计输入、综合适配、仿真到下载的整个设计过程。

虽然 Max+plusⅡ曾经是最优秀的 PLD 开发平台，它界面友好，初学者容易上手，但现在已经被 Quartus Ⅱ代替。Max+plusⅡ已经不再支持 Altera 公司的新器件，Quartus Ⅱ也放弃了对少数较老器件的支持。Quartus Ⅱ界面友好，具有 Max+plusⅡ界面选项，这样老用户无需学习新的用户界面就能够充分享用 Quartus Ⅱ软件的优异性能。所以，无论是初学者，还是 Max+plusⅡ的老用户，都能较快上手。

Quartus Ⅱ支持 Altera 的 IP 核，包含了 LPM/Mega Function 宏功能模块库，使用户可以充分利用成熟的模块，简化了设计复杂性，加快了设计速度。对第三方 EDA 工具的良好支持也使用户可以在设计流程的各个阶段使用熟悉的第三方 EDA 工具。比如，Quartus Ⅱ通过和 DSP Builder 工具与 Matlab/Simulink 相结合，可以方便地实现各种 DSP 应用系统；支持 Altera 的片上可编程系统(SOPC)开发，集系统级设计、嵌入式软件开发、可编程逻辑设计于一体，是一种综合性的开发平台。Quartus Ⅱ根据设计者需求提供了一个完整的多平台开发环境，它包含整个 FPGA 和 CPLD 设计阶段的解决方案。Quarms Ⅱ软件提供的完整且操作简易的图形用户界面可以完成整个设计流程中的各个阶段。Quartus Ⅱ集成环境包括以下内容：系统级设计、嵌入式软件开发、可编程逻辑器件(PLD)的设计、综合、布局和布线以及验证、仿真。

Quartus Ⅱ也可以直接调用 Synplify Pro、Leonardo～ctmm 以及 ModelSim 等第三方 EDA 工具来完成设计任务的综合与仿真。Qualtus Ⅱ与 MATLAB 和 DSP Builder 结合可以进行基于 FPGA 的 DSP 系统开发，方便且快捷；还可以与 SOPC Builder 结合，实现 SOPC 系统的开发。

8.1.1　Quartus Ⅱ的版本

Quartus Ⅱ从 2004 年推出 4.0 版开始，版本不断升级，截至 2015 年推出了 15.0 版。2015 年，Altera 公司被 Intel 公司收购，所以从 15.1 版开始不再使用 Quartus Ⅱ的名字，而是叫作 Quartus Prime。目前 Quartus Prime 版本已经升级到 18.1。下面是一些典型版本软件之间的差异：

（1）Quartus Ⅱ 9.1 之前的版本自带仿真组件，而之后的软件不再包含此组件，因此仿真前必须安装 Modelsim。

（2）Quartus Ⅱ 9.1 之前的版本自带硬件库，不需要额外下载安装，而从 10.0 版本开始需要额外下载硬件库，另行选择安装。

（3）Quartus Ⅱ 11.0 之前的版本需要额外下载 Nios Ⅱ组件，而从 11.0 版本开始自带 Nios Ⅱ组件。

（4）Quartus Ⅱ 9.1 之前的版本自带 SOPC 组件，而 10.0 版本自带 SOPC 和 Qsys 两个组件，但从 10.1 版开始只包含 Qsys 组件。

（5）对于 Quartus Ⅱ 10.1 之前的版本，时序分析包含 TimeQuest Timing Analyzer 和 Classic Timing Analyzer 两种分析器，但 10.1 以后的版本只包含 TimeQuset Time Analyzer，因此需要 sdc 来约束时序。

（6）中文支持方面：

① Quartus Ⅱ 8.0 以前的版本，可以输入中文也可以显示中文。

② 8.0≤Quartus Ⅱ版本<9.1，可以显示中文，但是不能输入中文。

③ 9.1≤Quartus Ⅱ版本<11，不能输入中文，同时也不可以显示中文。

④ Quartus Ⅱ 11.0 版本，可以显示中文字符，同时也能输入中文。

根据实验要求，我们不需要开发最新的器件，也未必需要最新的版本。Quartus Ⅱ 9.1 之前的版本自带仿真组件，这样大大方便了我们的课程实验。所以本书的实验选用 9.1 版本。

8.1.2 Quartus Ⅱ 9.1 软件安装

Quartus Ⅱ 9.1 软件压缩包大小为 2.73 G，软件安装存储空间要求至少 9 G；软件支持 32 位 Window 7、XP 和 Vista 系统；软件运行仿真占用内存大，建议电脑内存至少 1 G；软件安装路径和存储的文件夹不支持中文和空格，否则安装和使用将会报错。同时 9.1 版本是目前支持 Window 7 系统比较稳定的一个版本，其他版本可能不完全兼容 Window 7 系统。

软件安装步骤：

（1）在 D 盘目录下新建一个空文件夹，命名为 Quartus_Ⅱ。

（2）双击 91_quartus_windows.exe 软件。

（3）选择解压文件存储位置，可随机，这里选择 D:\ Quartus_Ⅱ，开始安装（Install）。

（4）弹出如图 8.1 所示的界面，点击“Next”。

（5）下一步弹出软件许可协议窗口，如图 8.2 所示。当然只能接受（Accept），否则协议无法达成，拒绝安装。

（6）然后要求提供个人信息，如图 8.3 所示。此项可随意填写，当然像如图 8.3 所示那样填也可以。下一步要求指定安装路径。点击浏览，选择软件安装路径，尽量不要放在 C 盘，因为太占空间。但是改变路径时，需要注意以下两点：

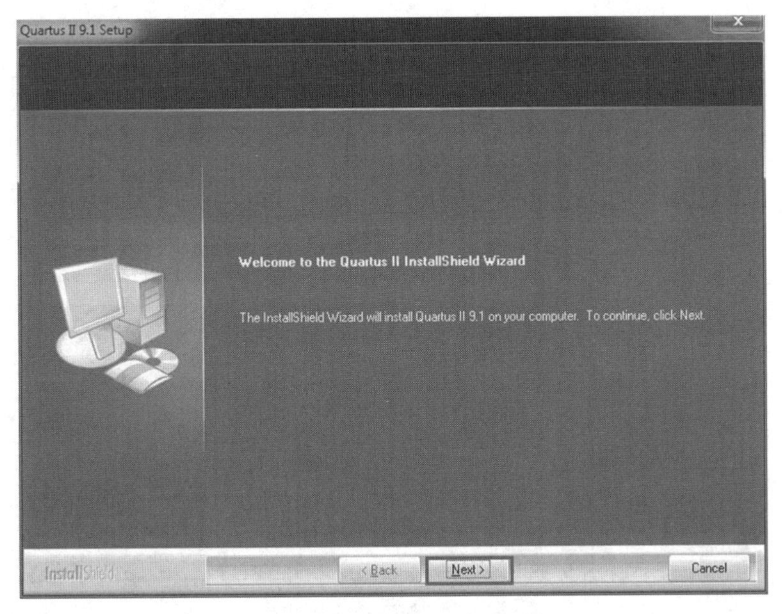

图 8.1　安装指南欢迎界面

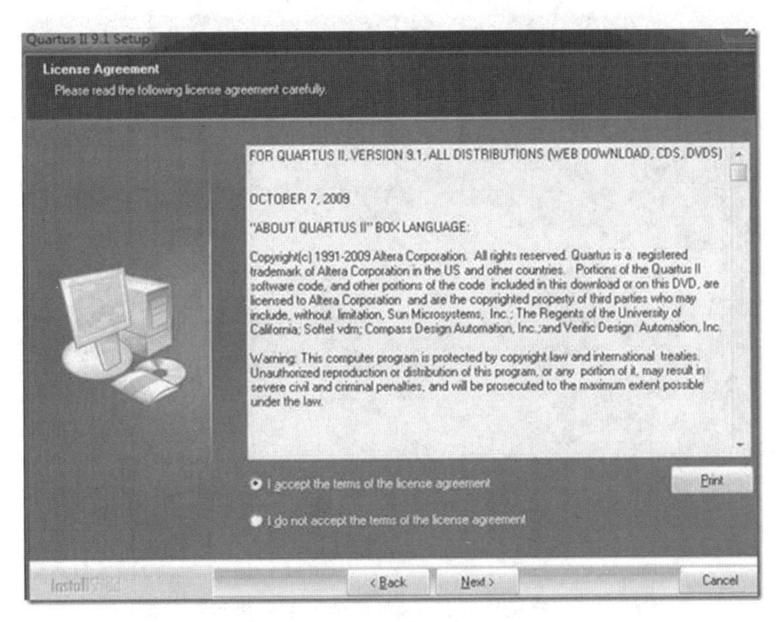

图 8.2　软件许可协议确认

① 不能出现在中文路径下面。也就是说，路径中不要出现中文字符。

② 地址不能出现空格或其他特殊符号。也就是说，英文字母和阿拉伯数字比较保险。

(7) 选择安装类型，这里选择完全版，即安装软件完整功能，如图 8.4 所示。

(8) 点击“Next”，等待软件安装完成，大约需要一刻钟的时间，如图 8.5 所示。

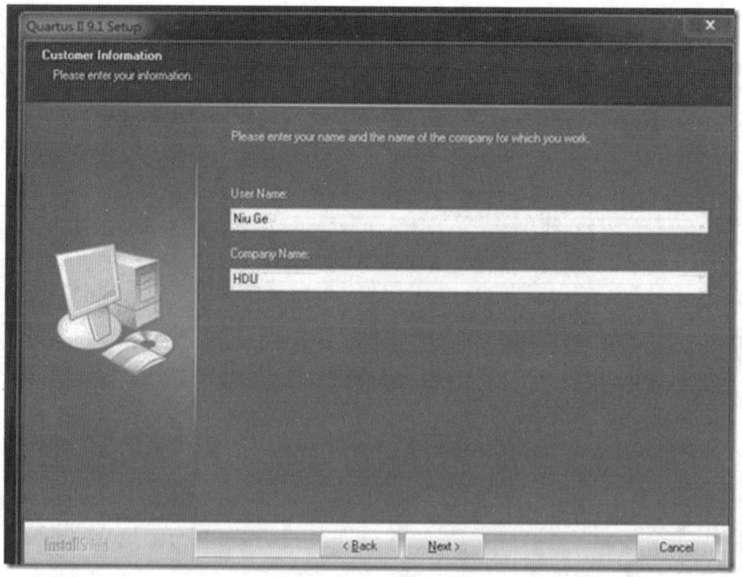

图 8.3　填写个人信息

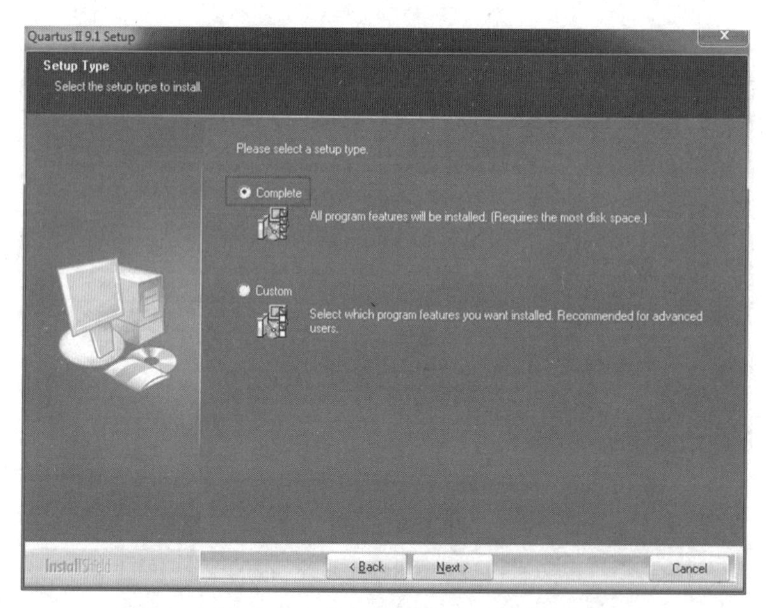

图 8.4　选择软件安装类型(完全安装还是定制安装)

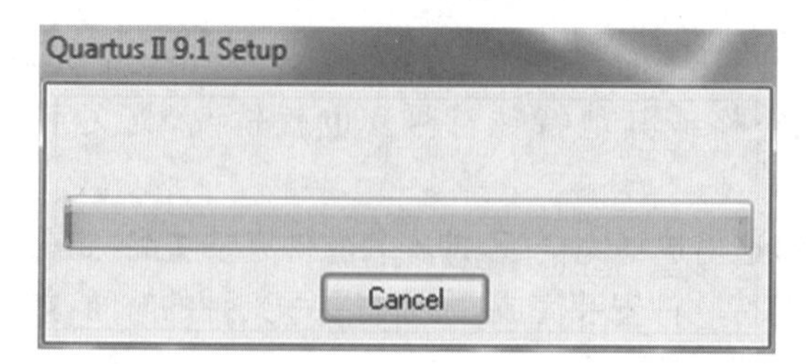

图 8.5　安装进行中

(9) 弹出是否发送反馈信息到 Altera 官网界面,可以不选,直接点击“OK”。如图 8.6 所示。

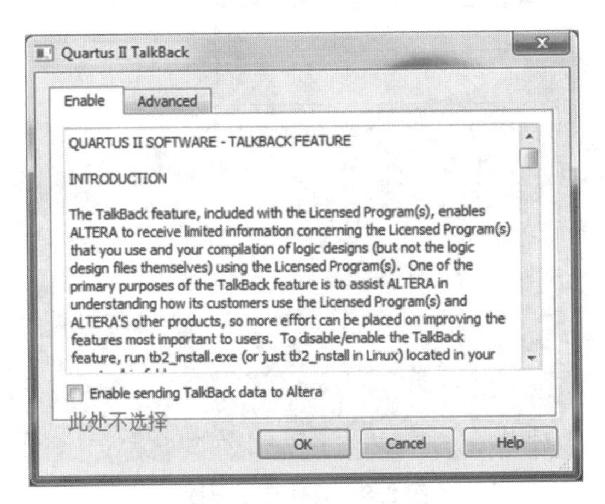

图 8.6　Quartus Ⅱ回执

(10) 软件安装完成,点击“Finish”结束安装。如图 8.7 所示。

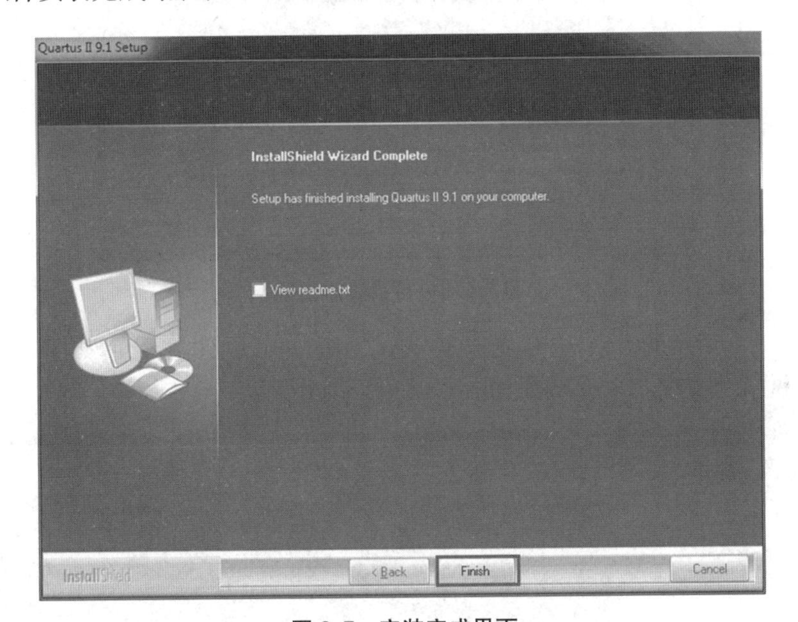

图 8.7　安装完成界面

8.1.3　Quartus Ⅱ 9.1 软件许可证设置

软件安装完成之后,在软件中指定 Altera 公司的授权文件(License. dat),才能正常使用。软件使用必须要取得 Altera 公司的许可,否则只能运行使用 30 天,而且在 30 天的试用期内软件的一些功能会受到限制。要合法使用,应该通过正规渠道得到软件的许可证文件,授权文件可以在 Altera 的官网 http://www. altera. com 上申请或者购买获得。将获得的该文件保存到某个路径中,然后按下述方法在软件中设置。

(1) 打开 Quartus Ⅱ 9.1 软件,出现图 8.8 所示的启动界面。因为是第一次运行,还没有安装许可证文件,所以软件会弹出图 8.9 所示的对话框。

图 8.8　软件启动界面

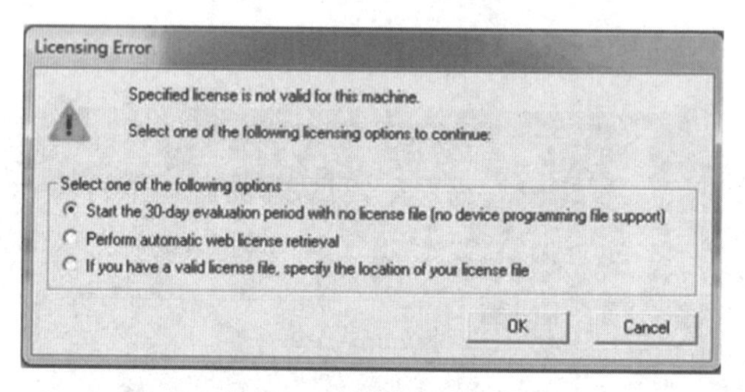

图 8.9　许可错误对话框

(2) 在图 8.9 所示的对话框中,先选 30 天试用版,进入软件主界面,如图 8.10 所示。然后通过“Tools”菜单选择“License Setup…”,如图 8.11 所示。

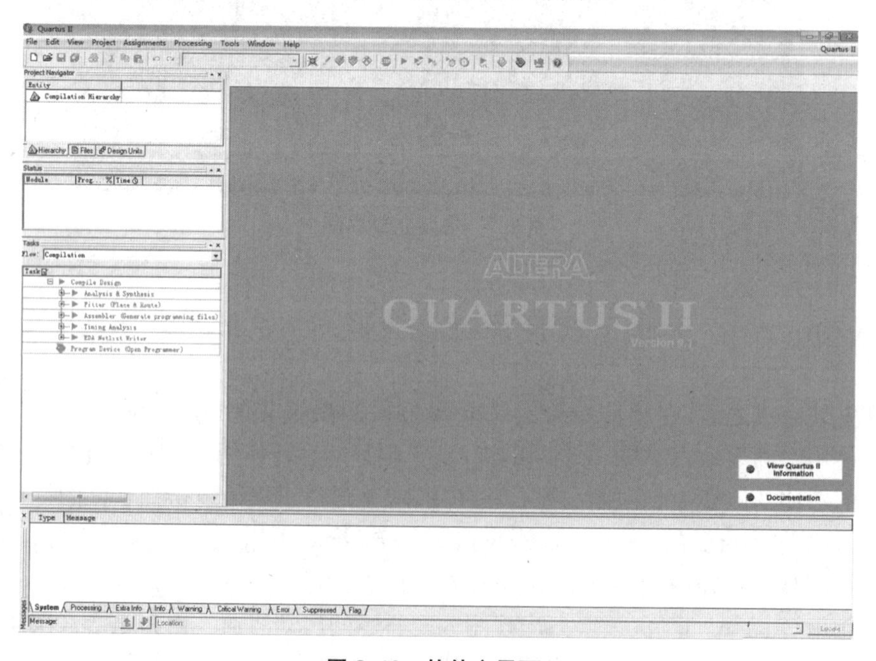

图 8.10　软件主界面

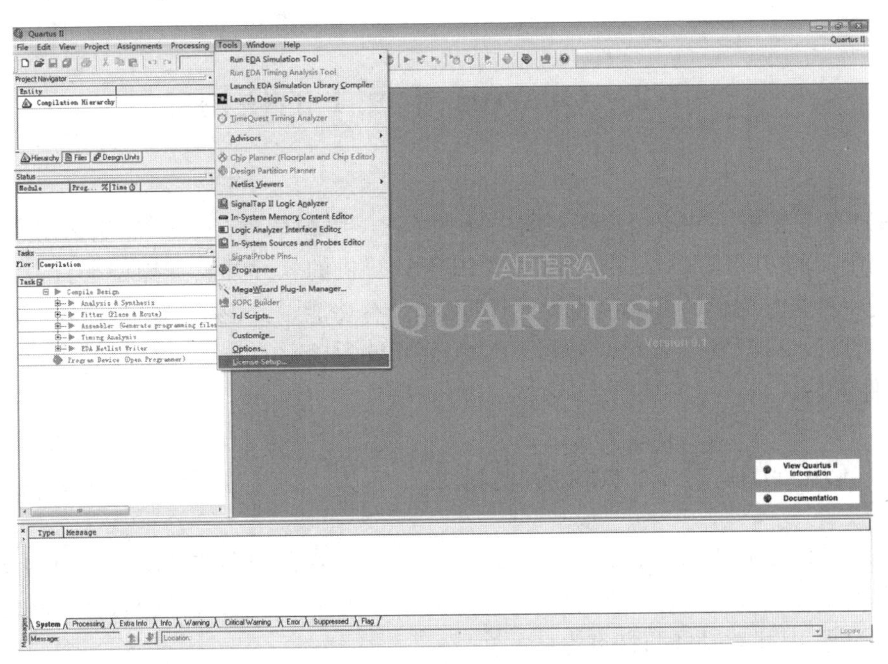

图 8.11　进入 License 设置方法

（3）指定 License. dat 的位置，点击“OK”就可以了。注意本地电脑的系统信息，包括网卡地址和 C 盘序号不要搞错。本例中的路径是 e:/altera/91/quartus/bin/license. dat。如图 8.12 所示。

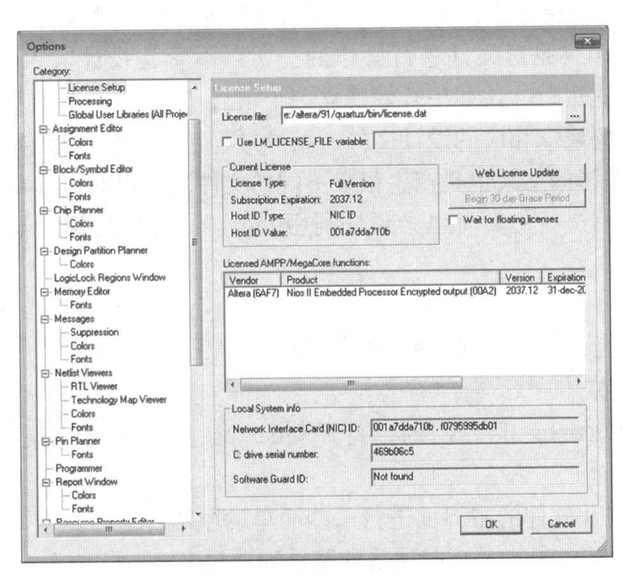

图 8.12　License 设置界面

值得注意的是，安装好软件以后，如果没有在 30 天内及时进行许可证的设置，后面软件就不能使用了。严重的是，这时候设置许可证也已经来不及了，即使重新安装 Quartus 软件都不行，除非重装系统后再重新安装软件。

8.2 Quartus Ⅱ 9.1 的使用

Quartus Ⅱ是原 Altera 公司研制的一种 FPGA/CPLD 软件开发系统，它为用户开发、使用该公司生产的 FPGA/CPLD 提供了一个基于计算机的软件开发与操作平台。该软件开发系统是一种全集成化的可编程逻辑设计环境，具有功能强大、易学易用、比较开放的显著特点，是用户设计、开发以 Altera 公司 FPGA/CPLD 为核心的数字电路与系统必不可少的 EDA 软件工具。

8.2.1 Quartus Ⅱ 9.1 的功能特点

Quartus Ⅱ 9.1 是运行在 Windows XP 以上操作系统的单用户版本。使用 Quartus Ⅱ完成器件的编程就是完成一个项目(Project)，大体有项目的建立、设计输入、编译、仿真和下载编程等过程，其主要功能与特点为：

(1) 设计输入、处理、编译、校验、仿真、下载全部集成在统一的开发环境中，易学易用。

(2) 与芯片或结构无关的设计环境，简化了开发、设计过程。

(3) 丰富的模块化设计工具和器件库。

(4) 支持硬件描述语言(如 AHDL、VHDL 等)。

(5) 纯英文版，不支持中文。要求项目名称、路径等不要出现汉字、空格等符号。

(6) Quartus Ⅱ软件是对文件进行操作的。所以不管是设计输入，还是软件的运行结果，都是以文件的形式进行。比如一开始建立一个项目，它产生一个项目文件。根据输入法的不同，逻辑输入也要建立相应的设计文件。编译过程包括分析与综合，都是针对磁盘上的设计文件进行的。编译的结果也是产生很多不同的文件。所以对设计的任何修改必须存盘以后才有效。同样地，进行仿真时也必须先利用 Quartus Ⅱ波形编辑器创建矢量波形文件(.vwf)。

8.2.2 Quartus Ⅱ 9.1 的用户界面

双击桌面上的 Quartus Ⅱ 9.1 图标，打开 Quartus Ⅱ软件，会出现如图 8.13 所示的软件主界面。

下面对 Quartus Ⅱ软件的主界面进行一些简单的介绍。

(1) 标题栏。标题栏中显示当前项目的路径和项目名。

(2) 菜单栏。菜单栏主要由文件(File)、编辑(Edit)、视图(View)、项目(Project)、资源(Assignments)、操作(Processing)、工具(Tools)、窗口(Window)和帮助(Help)等下拉菜单组成。

(3) 工具栏。工具栏包含常用命令的快捷图标。

(4) 资源管理窗口。资源管理窗口用于显示当前项目中所有相关的资源文件。

(5) 工程工作区。当 Quartus Ⅱ实现不同功能时，此区域将打开对应的操作窗口，显示

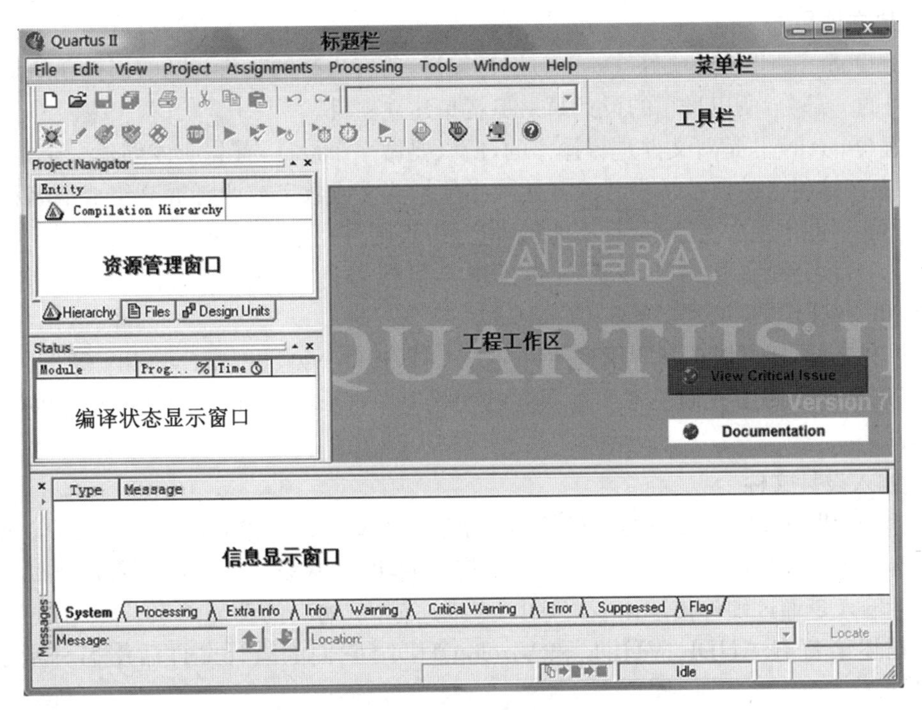

图 8.13　软件主界面介绍

不同的内容，进行不同的操作，如器件设置、定时约束设置、编译报告等均显示在此窗口中。

(6) 编译状态显示窗口。此窗口主要显示模块综合、布局布线过程及时间。

(7) 信息显示窗口。该窗口主要显示模块综合、布局布线过程中的信息，如编译中出现的警告、错误等，同时给出警告和错误的具体原因。

8.2.3　Quartus Ⅱ 9.1 的使用步骤

Quartus Ⅱ开发系统是一种全集成化的可编程逻辑设计环境，用它设计一个电路系统，一般需要经过如图 8.14 所示的步骤。

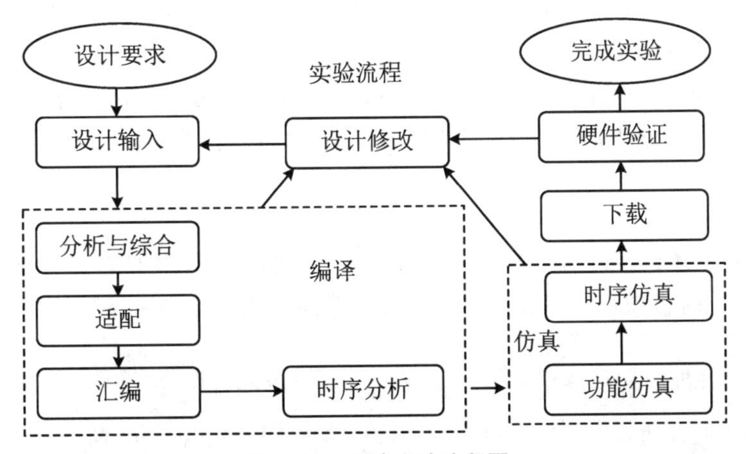

图 8.14　系统实验流程图

1. 建立项目

由于 Quartus Ⅱ只对项目(Project)进行编译,所有进行的工作,比如设计、仿真、下载等都是项目的一部分,所以进行的设计第一步就是建立项目。

因为 Quartus Ⅱ是对文件进行操作的,所以要做一个设计,首先应该创建一个单独的目录(文件夹),该目录的路径从根目录开始都必须是英文或数字或两者混合组成的名称,任何一级目录都不能出现中文字符,且不能包含空格,否则可能发生错误。

建立项目名称后,接着应该为本项目指定目标器件(芯片)。我们实验箱使用的是 Cyclone Ⅱ系列 EP2C5Q208C8N 芯片。

如果有必要,还可以选择所用到的第三方工具,比如 ModleSim、Synplify 等。如果没有用到,可以不选。因为我们平常实验实现的功能简单,Quartus Ⅱ本身就已经足够了,所以一般不选。

2. 输入设计文件

Quartus Ⅱ设计输入方法主要有图形设计输入和文本设计输入两种。图形设计输入是通过画出框图或逻辑原理图的方法来表达要完成的功能,其设计文件后缀名是.bdf 或.gdf。文本设计输入是通过硬件描述语音(HDL)来描述输入、输出的功能关系。Quartus Ⅱ支持的硬件描述语言有 AHDL、VHDL 和 Virelog HDL,它们的设计文件后缀名分别是.tdf、.vhd 和.v。

原理图输入法的优点如下:

(1) 可以与传统的数字电路设计法接轨,即使用传统设计方法得到电路原理图,然后在 Quartus Ⅱ平台完成设计电路的输入、仿真验证和综合,最后下载到目标芯片中。

(2) 它将传统的电路设计过程的布局布线、绘制印刷电路板、电路焊接、电路加电测试等过程取消,提高了设计效率,降低了设计成本,减轻了设计者的劳动强度。

原理图输入法的不足如下:

(1) 原理图设计方法没有实现标准化,不同的 EDA 软件中的图形处理工具对图形的设计规则、存档格式和图形编译方式都不同,因此兼容性差,难以交换和管理。

(2) 由于兼容性不好,性能优秀的电路模块的移植和再利用非常困难,难以实现用户所希望的面积、速度以及不同风格的综合优化。

(3) 不能实现真正意义上的自顶向下的设计方案,无法建立行为模型,从而偏离了电子设计自动化最本质的含义。

由于我们的课程是电路电子实验,实验内容与数字电子技术课程联系比较密切,可编程逻辑器件的开发只能处于初级水平,因此要求同学们掌握原理图输入法,对 HDL 语言不作要求。

3. 编译

Quartus Ⅱ编译是通过编译器来完成的。编译器的主要任务是对设计项目进行检查并完成逻辑综合,同时将项目最终设计结果生成器件的下载文件。编译开始前,可以先对项目的参数进行设置。

Quartus Ⅱ软件中的编译类型有全编译和分步编译两种。

选择 Quartus Ⅱ主窗口"Process"菜单下的"Start Compilation"命令,或者在主窗口的工具栏上直接点击图标 ▶ 可以进行全编译。全编译的过程包括分析与综合(Analysis & Synthesis)、适配(Fitter)、汇编(Assembler)和时序分析(Classical Timing Analysis)四个环

节,这四个环节各自对应相应的菜单命令,可以单独分步执行,也就是分步编译。

分步编译就是使用对应命令分步执行对应的编译环节,每完成一个编译环节,生成一个对应的编译报告。分步编译与全编译一样分为四步:

(1) 分析与综合。设计文件进行分析和检查输入文件是否有错误。对应的菜单命令是Quartus Ⅱ主窗口的Processing→Start→Start Analysis & Synthesis,对应的快捷图标是在主窗口的工具栏上的 。

(2) 适配。在适配过程中,完成设计逻辑器件中的布局布线、选择适当的内部互连路径、引脚分配、逻辑元件分配等。对应的菜单命令是Quartus Ⅱ主窗口的Processing→Start→Start Fitter。(注:两种编译方式的引脚分配有所区别。)

(3) 汇编。产生多种形式的器件编程映像文件,通过软件下载到目标器件中去。菜单命令是Quartus Ⅱ主窗口的Processing→Start→Start Assembler。

(4) 时序分析。计算给定设计与器件上的延时,完成设计分析的时序分析和所有逻辑的性能分析。菜单命令是Quartus Ⅱ主窗口的Processing→Start→Start Classical Timing Analyzer,对应的快捷图标是在主窗口工具栏上的 。

编译完成后,编译报告窗口"Compilation Report"会报告项目文件编译的相关信息,如编译的顶层文件名、目标芯片的信号、引脚的数目等。

全编译操作简单,适合简单的设计。对于复杂的设计,选择分步编译可以及时发现问题,提高设计纠错的效率,从而提高设计效率。

4. 仿真

仿真的目的就是在软件环境下验证电路的行为与设想中的是否一致。

FPGA/CPLD中的仿真分为功能仿真和时序仿真。功能仿真着重考察电路在理想环境下的行为和设计构想的一致性,时序仿真是在电路已经映射到特定的工艺环境后,考察器件在延时情况下对布局布线网表文件进行的一种仿真。

仿真一般需要建立波形文件、输入信号节点、编辑输入信号、波形文件的保存和运行仿真器等过程。

(1) 建立波形文件。波形文件用来为设计产生输入激励信号,利用Quartus Ⅱ波形编辑器可以创建矢量波形文件(.vwf)。创建一个新的矢量波形文件的具体步骤如下:

① 选择Quartus Ⅱ主界面"File"菜单下的"New"命令,弹出新建对话框。

② 在新建对话框中选择"Verification/Debugging Files"文件下的"Vector Waveform File",点击"OK",则打开一个空的波形编辑器窗口,主要分为信号栏、工具栏和波形栏。如图8.15所示。

(2) 输入信号节点。其添加步骤如下:

① 在波形编辑方式下,执行"Edit"菜单中的"Insert Node or Bus"命令,或者在波形编辑器左边Name列的空白处点击鼠标右键,弹出"Insert Node or Bus"对话框,或者在波形编辑器左边Name列的空白处双击左键,弹出"Insert Node or Bus"对话框。如图8.16所示。

② 点击图8.16所示对话框中的"Node Finder…",弹出"Node Finder"窗口,在此窗口中添加信号节点,如图8.17所示。

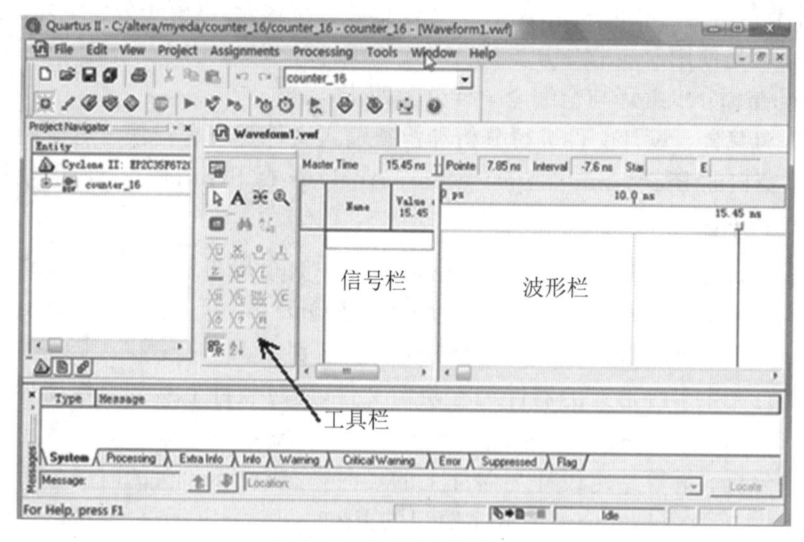

图 8.15　波形编辑器窗口

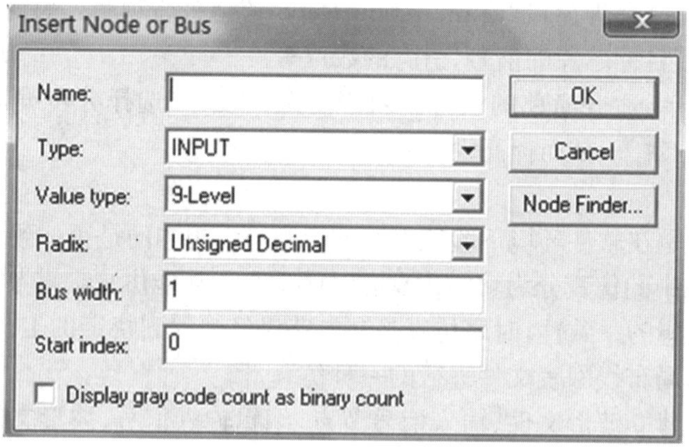

Insert Node or Bus

Name:

Type: INPUT

Value type: 9-Level

Radix: Unsigned Decimal

Bus width: 1

Start index: 0

Display gray code count as binary count

OK

Cancel

Node Finder...

图 8.16　插入节点或总线

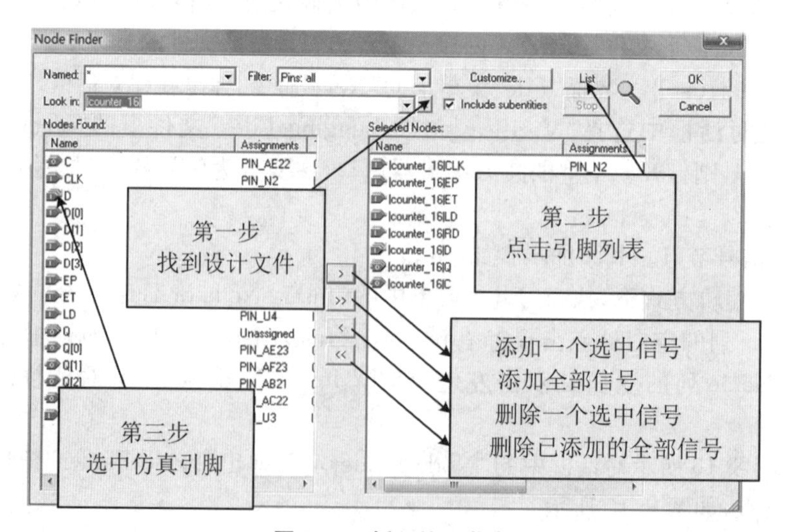

图 8.17　插入信号节点

(3) 编辑输入信号。在波形编辑器中指定输入节点的逻辑电平变化，编辑输入节点的波形。

在仿真编辑窗口的工具栏中列出了各种功能选择按钮，主要用于绘制、编辑波形，给输入信号赋值。具体功能如下。

：在波形文件中添加注释。

：修改信号的波形值，把选定区域的波形更改成原值的相反值。

：全屏显示波形文件。

：放大、缩小波形。

：在波形文件信号栏中查找信号名，可以快捷找到待观察信号。

：将某个波形替换为另一个波形。

：给选定信号赋原值的反值。

：输入任意固定的值。

：输入随机值。

：U 表示给选定的信号赋值，X 表示不定态，0 表示赋 0，1 表示赋 1，Z 表示高阻态，W 表示弱信号，L 表示低电平，H 表示高电平，DC 表示不赋值。

：设置时钟信号的波形参数。首先选中需要赋值的信号，然后鼠标右键点击此图标弹出"Clock"对话框，在此对话框中可以设置输入时钟信号的起始时间(Start Time)、结束时间(End Time)、时钟脉冲周期(Period)、相位偏移(Offset)以及占空比。

：给信号赋计数值。首先选中需要赋值的信号，然后鼠标右键点击此图标，弹出如图 8.18 和图 8.19 所示的"Count Value"对话框，最后赋值。

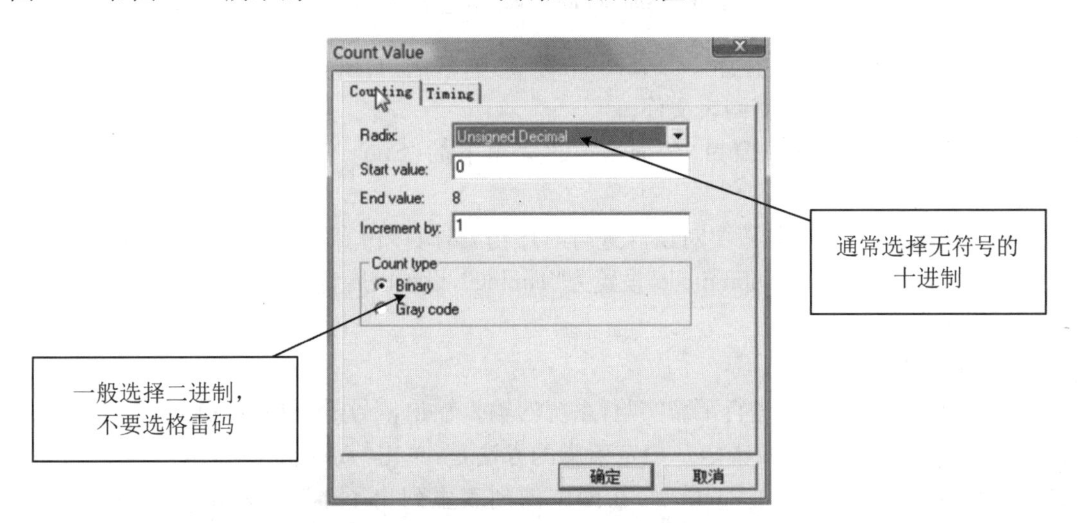

图 8.18 "Count Value"对话框的"Counting"页

(4) 仿真波形文件。Quartus Ⅱ软件中默认的是时序仿真，如果进行功能仿真，需要先对仿真进行设置。设置步骤如下：

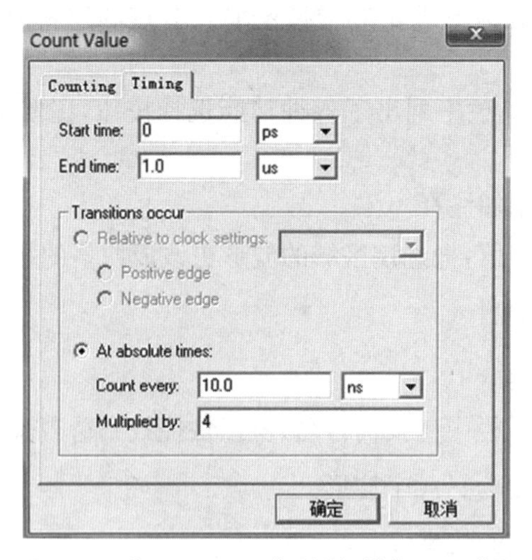

图 8.19 “Count Value”对话框的“Timing”页

① 选择 Quartus Ⅱ 主窗口“Assignments”菜单下的“Settings”命令，进入参数设置页面，如图 8.20 所示，然后单击“Simulation Settings”，在右边的对话框“Simulation mode”中选择“Functional”。

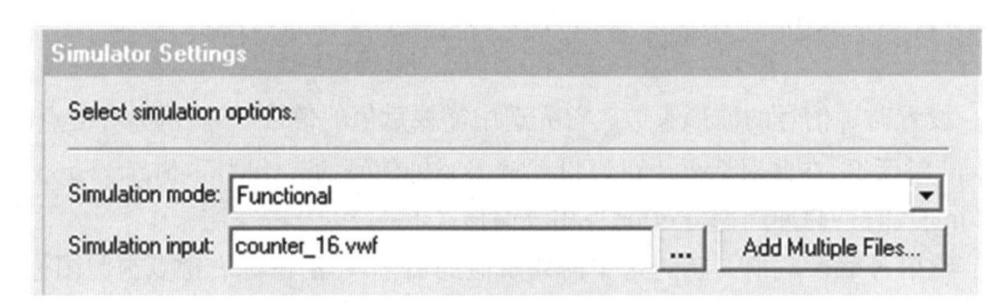

图 8.20 “Simulation mode”中选择“Function”

② 选择 Quartus Ⅱ 主窗口“Processing”菜单下的“Generate Functional Simulation Netlist”命令，生成功能仿真网表文件。

③ 选择 Quartus Ⅱ 主窗口“Processing”菜单下的“Start Simulation”命令，进行功能仿真。

功能仿真满足要求后，还要对设计进行时序仿真，时序仿真可以在编译后直接进行，但是要将图 8.20 中的“Simulation mode”设置为“Timing”，设置以后直接选择“Start Simulation”，执行时序仿真。

5. 指定引脚

为了对所设计的项目进行下载实验，系统的输入输出信号需要指定到可编程器件芯片的引脚上，此过程也叫引脚锁定。指定引脚的方法是，单击“Assignments”菜单下的“Pins”命令，弹出的对话框如图 8.21 所示，在图中的列表里列出了本项目所有的输入/输出引脚名。

需要注意的是：

(1) 指定引脚前，应该在建立项目过程中先指定芯片，否则无法指定引脚。

(2) 指定引脚必须在编译环节的“分析与综合”后进行，所以最好是编译环节采用分步

编译。进行了分析与综合后立即指定引脚,然后再进行后续的编译环节。

(3) 对于我们的实验,因为电路相对比较简单,输入、输出引脚数目不是太多,同一类引脚尽量锁定在同一个 bank 里,输入、输出锁定在不同的 bank 里,时钟输入也应该选择专用时钟引脚。我们实验箱使用的是 Cyclone Ⅱ系列的 EP2C5Q208C8N 芯片,系统时钟输入端应该指定为 23 号引脚(在 bank 1 里)。

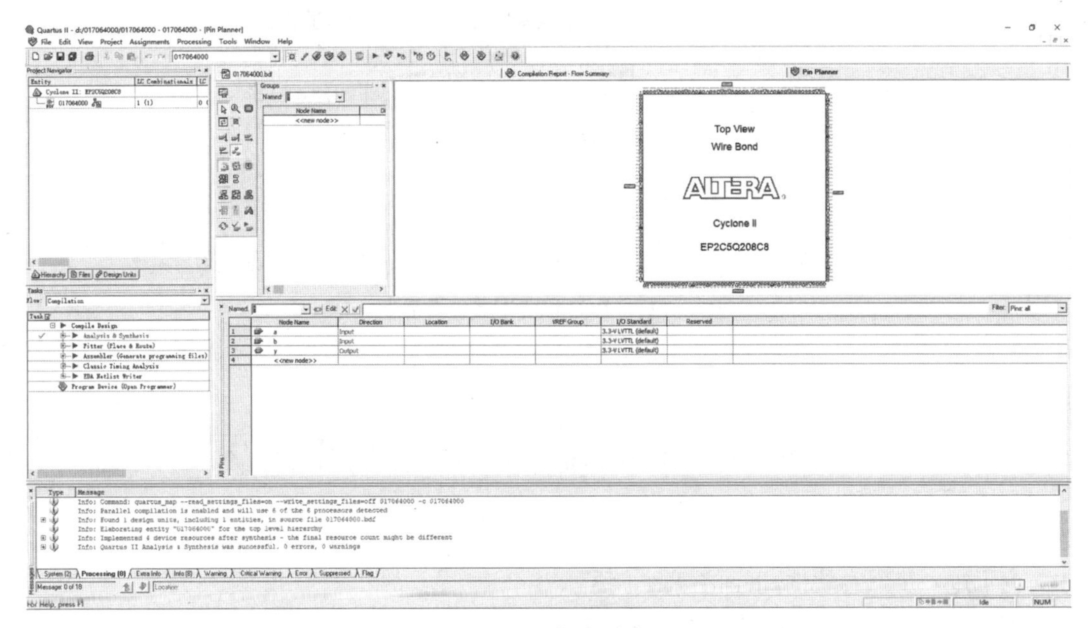

图 8.21　指定引脚

6. 下载

对设计进行验证后,即可对目标器件进行编程和配置,下载设计文件到硬件中进行硬件验证。

Quartus Ⅱ编程器 Programmer 最常用的编程模式是 JTAG 模式和主动串行编程模式 AS。JTAG 模式主要用在调试阶段,AS 模式用于板级调试无误后将用户程序固化在串行配置芯片 EPCS 中。

(1) JTAG 编程下载模式。此方式的操作步骤主要分为以下 3 步:

① 选择 Quartus Ⅱ主窗口“Tools”菜单下的“Programmer”命令,或点击图标进入器件编程和配置对话框。如果此对话框中的“Hardware Setup”后为“No Hardware”,则需要选择编程的硬件。点击“Hardware Setup”,进入“Hardware Setup”对话框,如图 8.22 所示,在此添加硬件设备。

② 配置编程硬件后,选择下载模式,在 Mode 中指定的编程模式为 JTAG 模式。

③ 确定编程模式后,单击 Add File... ,添加相应的 counter. sof 编程文件,选中 counter. sof 文件后的“Program/Configure”选项,然后点击 Start 图标下载设计文件到器件中,Process 进度条中显示编程进度,编程下载完成后就可以进行目标芯片的硬件验证。

(2) AS 主动串行编程模式。此部分内容在此不作具体介绍。

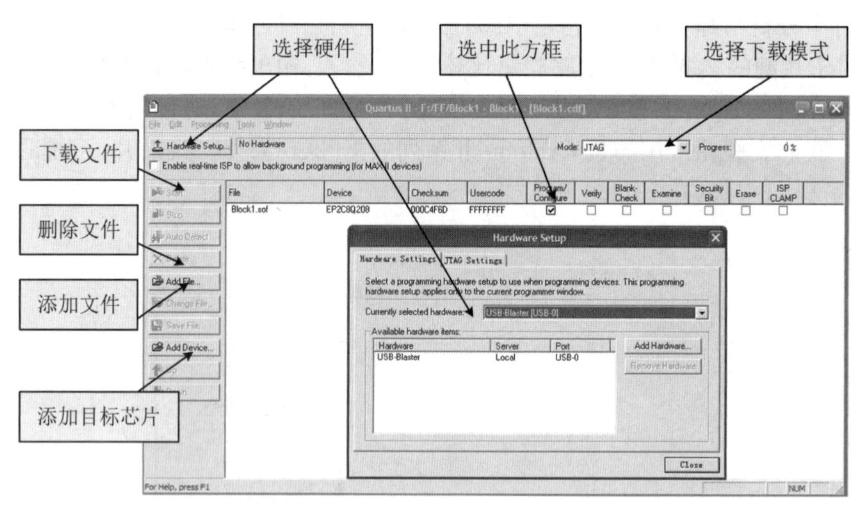

图 8.22　JTAG 模式下载设置界面

8.3　Quartus Ⅱ 9.1 的使用举例

为了进一步熟悉软件，下面举两个例子。

例 1　用两输入端与非门实现异或逻辑。

该例子是用 4 个两输入端与非门实现一个异或门的组合逻辑电路。项目名称为 017064000，文件夹建在 e 盘，名称也是 017064000。

1. 启动 Quartus Ⅱ

点击桌面图标，出现软件主界面，如图 8.23 所示。

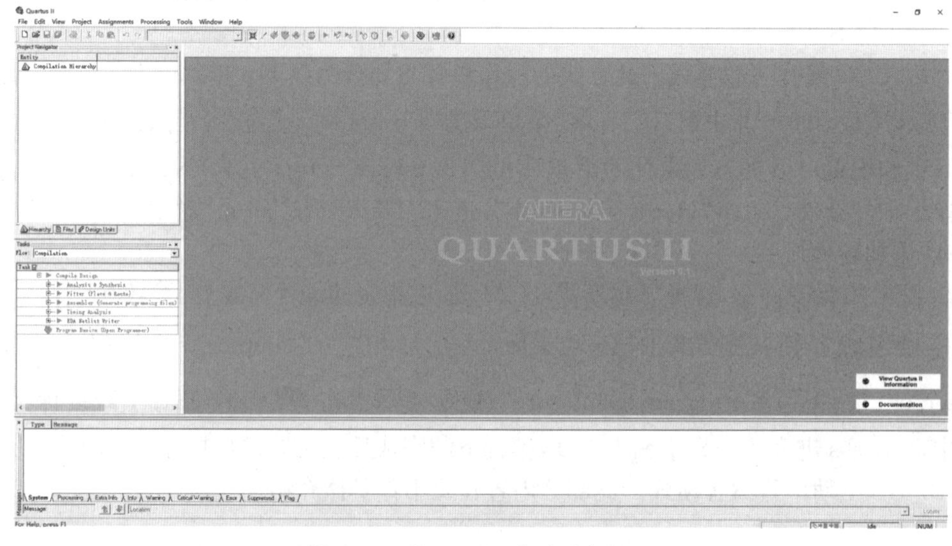

图 8.23　Quartus Ⅱ 启动后主界面

2. 建立项目

(1) 点击快捷工具“新建”，出现如图 8.24 所示的界面。

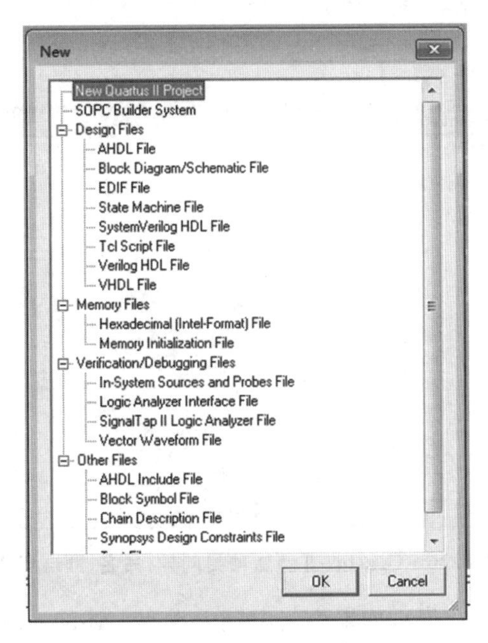

图 8.24　Quartus Ⅱ新建界面

(2) 选择“New Quartus Ⅱ Project”(新建 Quartus Ⅱ项目)，打开“New Project Wizard: Introduction”(新建项目向导:导言)，如图 8.25 所示。

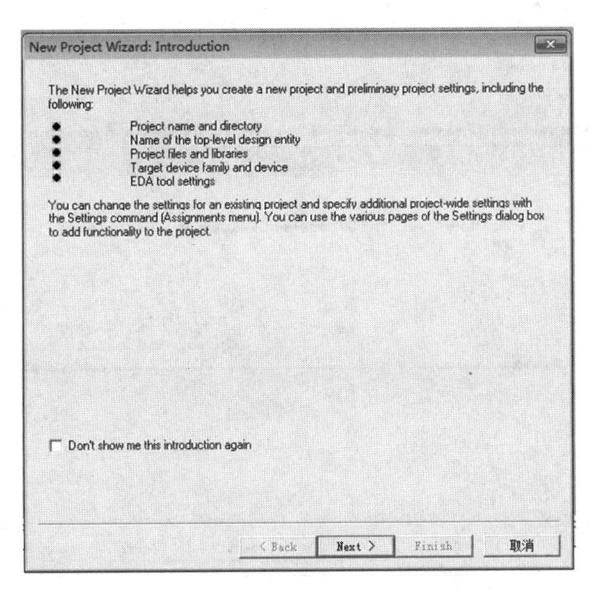

图 8.25　Quartus Ⅱ新建项目向导:导言

(3) 在图 8.25 中，点击“Next”(下一步)，出现“New Project Wizard: Directory, Name, Top-Level Entity [page 1 of 5]”(新建项目向导:命名，顶层实体(共 5 页，第 1 页))。输入项目的工作目录(文件夹)和项目名称，如图 8.26 所示。

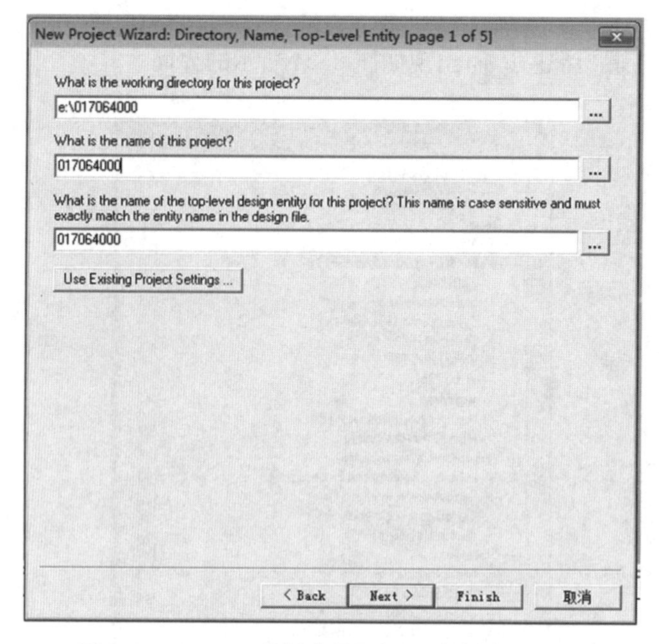

图 8.26 Quartus Ⅱ新建项目向导:命名,顶层实体

(4) 再点击“Next”(下一步),如果事先电脑上没有上述的文件夹,则会弹出对话框,确认是否要创建所命名的目录。如图 8.27 所示。

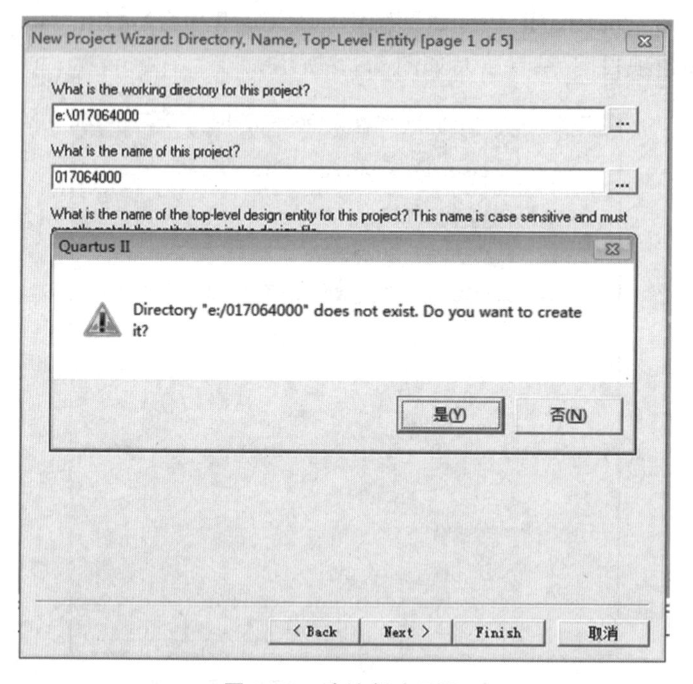

图 8.27 确认创建目录

(5) 确认后,点击“Next”(下一步),进入“New Project Wizard: Add Files [page 2 of 5]”(新建项目向导:增加文件(共 5 页,第 2 页))。如果是新建的项目,以前没有编辑过文件,可以直接点击“Next”,如图 8.28 所示。

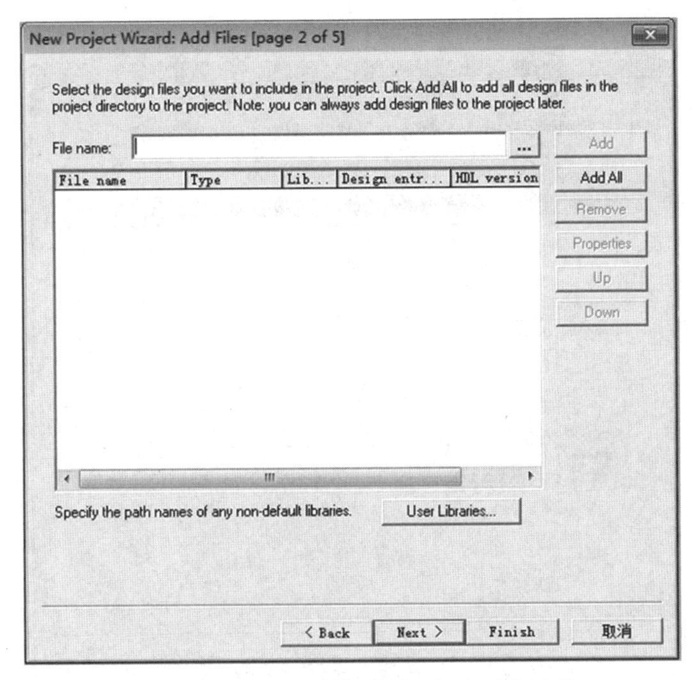

图 8.28　Quartus Ⅱ新建项目向导:增加文件

(6) 点击“Next”(下一步),进入第 3 页器件设置页面。器件系列我们选择 Cyclone Ⅱ,可用器件选择 EP2C5Q208C8。如图 8.29 所示。

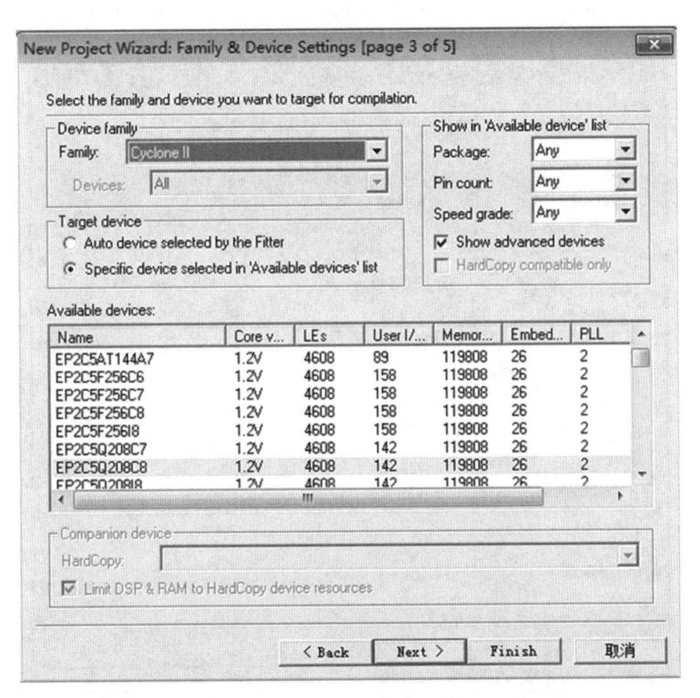

图 8.29　Quartus Ⅱ新建项目向导:器件设置

(7) 第 4 页是第三方 EDA 工具设置页面。本书所列的实验用不上,设计输入和综合工具、仿真工具和时序分析工具都选择“None”(无),然后直接点击“Next”(下一步)。如

图 8.30 所示。

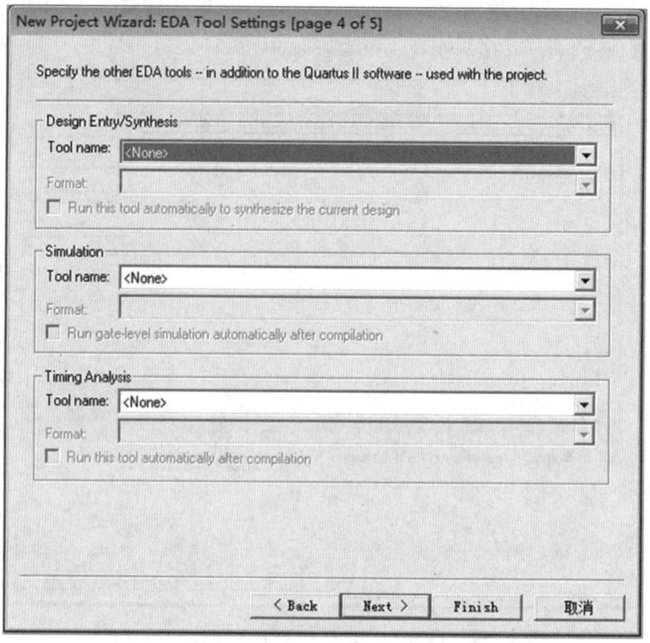

New Project Wizard: EDA Tool Settings [page 4 of 5]
Specify the other EDA tools -- in addition to the Quartus II software -- used with the project.
Design Entry/Synthesis
Tool name:
<None>
Format:
Run this tool automatically to synthesize the current design
Simulation
Tool name:
<None>
Format:
Run gate-level simulation automatically after compilation
Timing Analysis
Tool name:
<None>
Format:
Run this tool automatically after compilation
< Back
Next >
Finish
取消

图 8.30　Quartus Ⅱ 新建项目向导:EDA 工具设置

(8) 第 5 页是总览页面,此页把项目信息列出来让用户进行最后的核对。若没问题,点击“Finish”(完成),若有问题,点击“Back”(退回),返回上一页重新设置。如图 8.31 所示。

New Project Wizard: Summary [page 5 of 5]
When you click Finish, the project will be created with the following settings:
Project directory:
e:/017064000/
Project name: 017064000
Top-level design entity: 017064000
Number of files added: 0
Number of user libraries added: 6
Device assignments:
Family name: Cyclone II
Device: EP2C5Q208C8
EDA tools:
Design entry/synthesis: <None>
Simulation: <None>
Timing analysis: <None>
Operating conditions:
Core voltage: 1.2V
Junction temperature range: 0-85 癈
< Back
Next >
Finish
取消

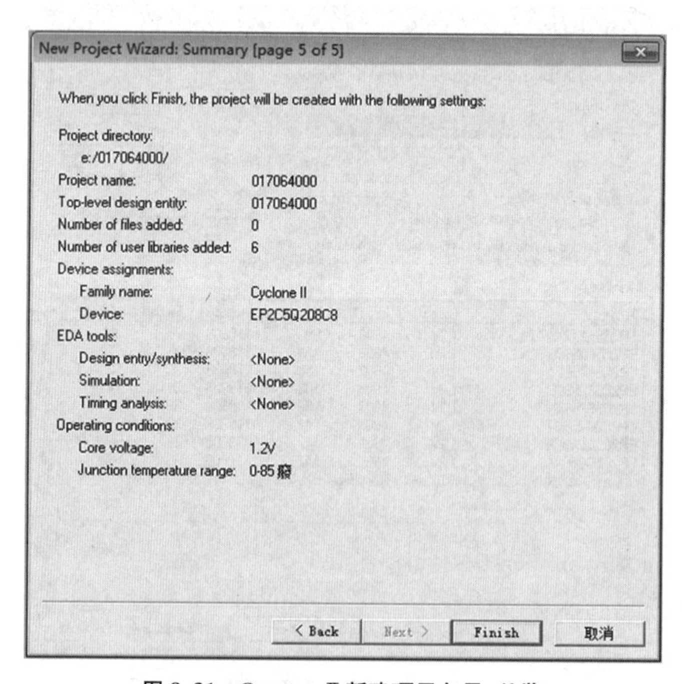

图 8.31　Quartus Ⅱ 新建项目向导:总览

(9) 点击“Finish”(完成)后,可看出软件打开的项目名和实体窗口中的实体层次图,如图 8.32 所示。

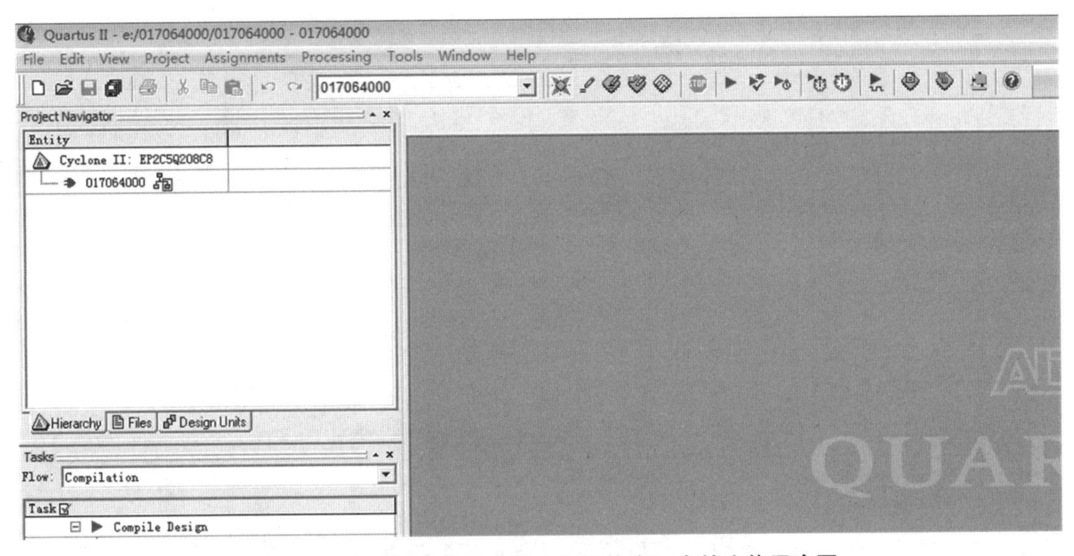

图 8.32　主窗口中的项目信息和实体窗口中的实体层次图

3. 设计

用原理图设计，需要打开图像编辑器。其操作步骤如下：

(1) 点击快捷工具“新建”，再次出现新建窗口，如图 8.33 所示，选择“Block Diagram/Schematic File”(框图/原理图文件)，点击“OK”(确定)，进入图形编辑器，如图 8.34 所示。

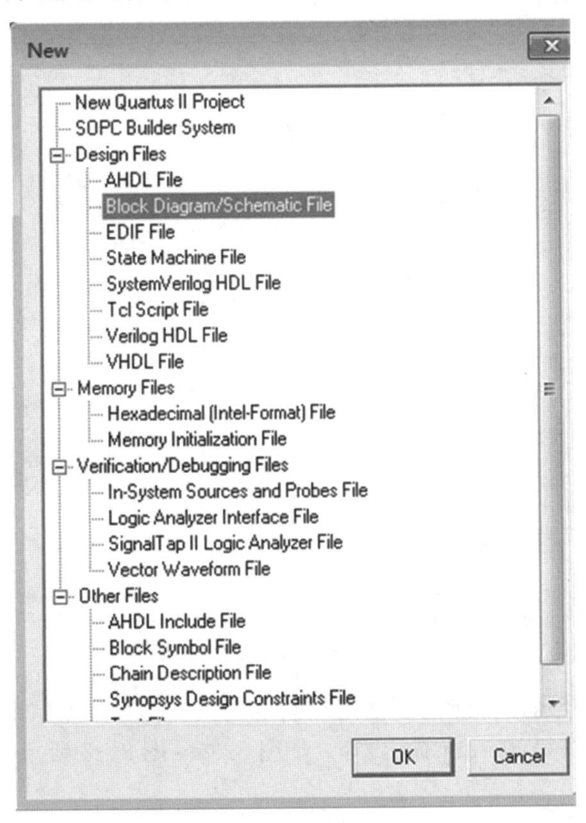

图 8.33　新建窗口选择“Block Diagram/Schematic File”

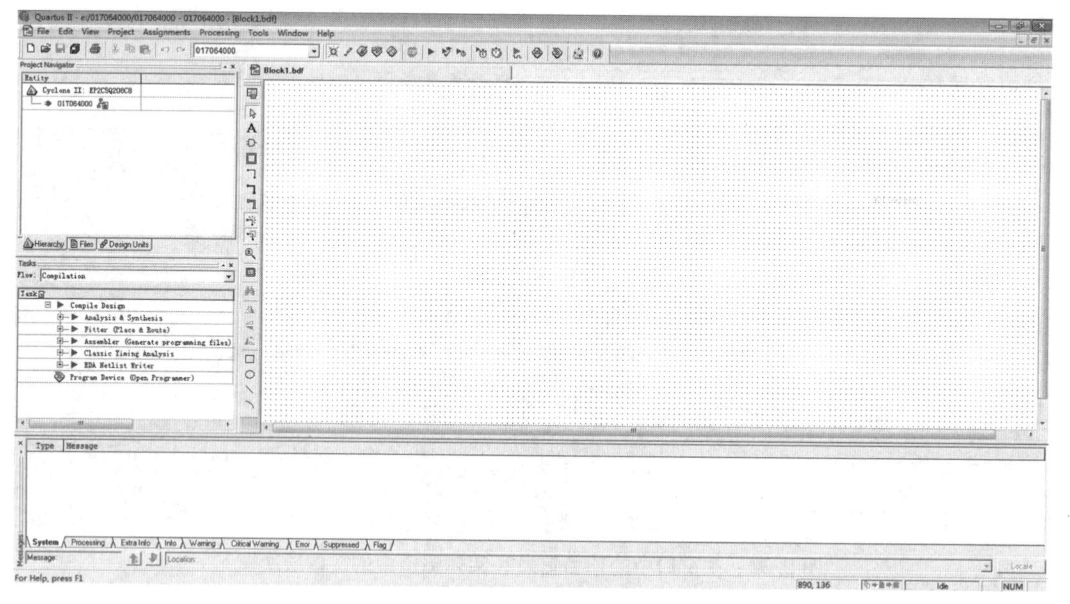

图 8.34　图形编辑器

(2) 点击编辑器窗口左侧 图标，或在图形编辑窗口的空白处双击鼠标左键，弹出“Symbol”(符号)窗口，如图 8.35 所示。

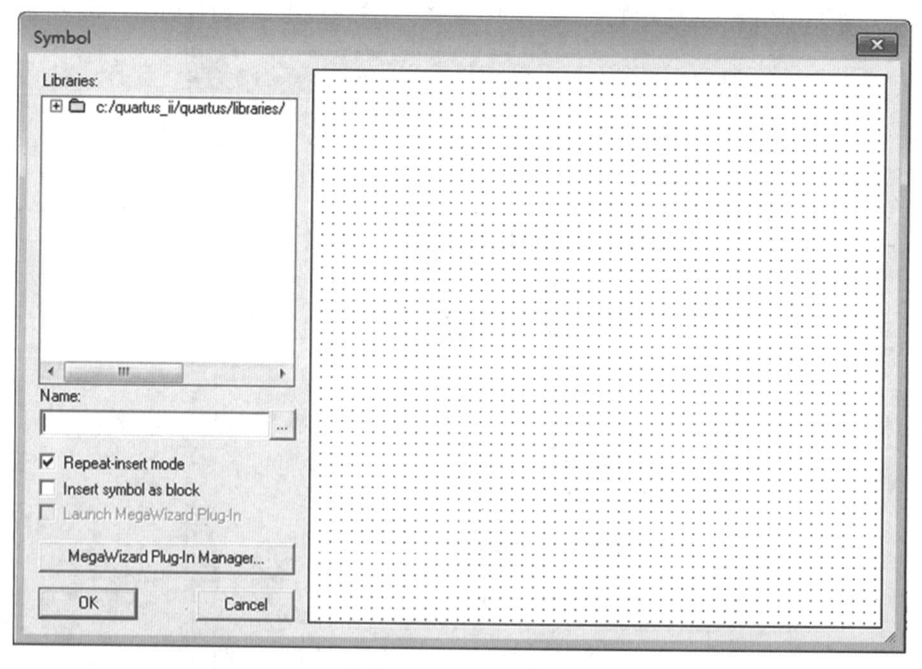

图 8.35　Symbol 窗口

(3) 在符号库里分别选择所需要的逻辑符号(如与非门 nand2、and2 等)、输入端符号(input 输入)、输出端符号(output 输出)等。如图 8.36～图 8.38 所示。

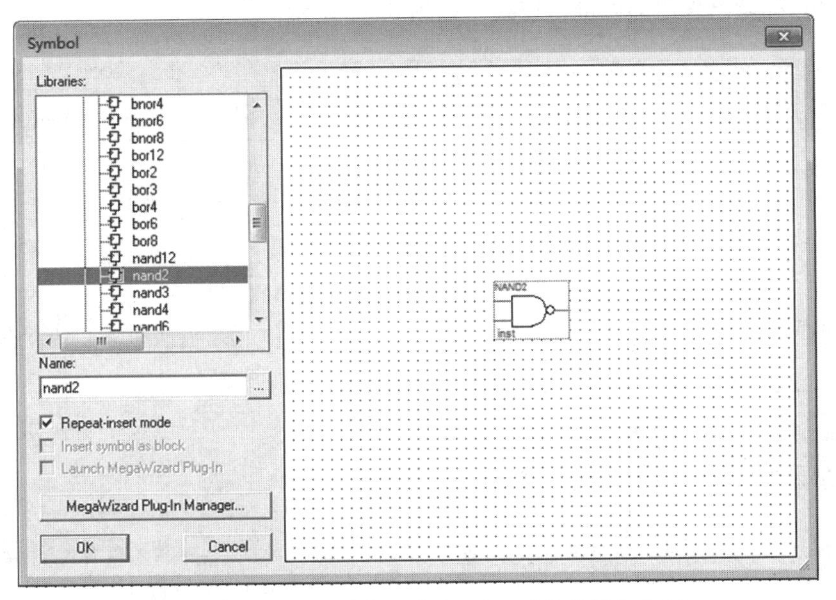

图 8.36　Symbol 库中选择符号(此处选择的是与非门)

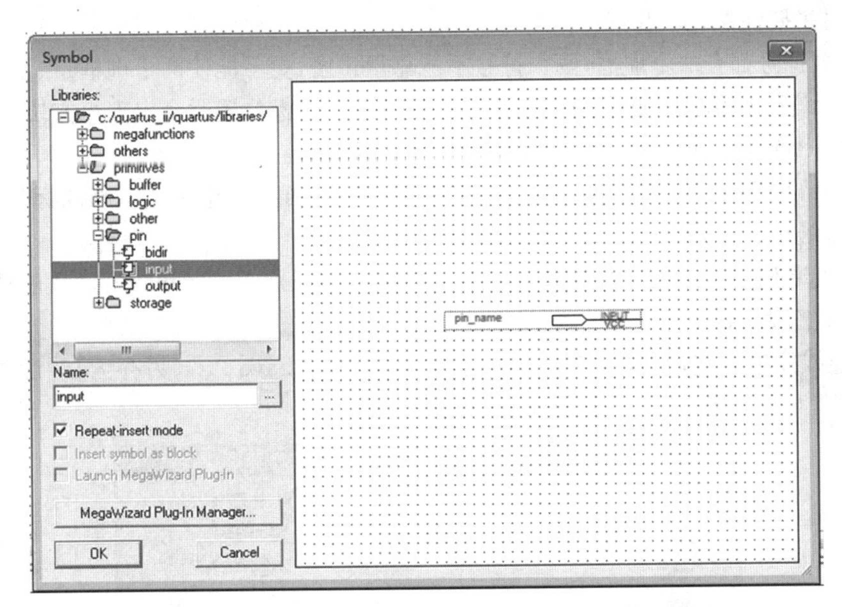

图 8.37　Symbol 库中选择符号(此处选择的是输入端)

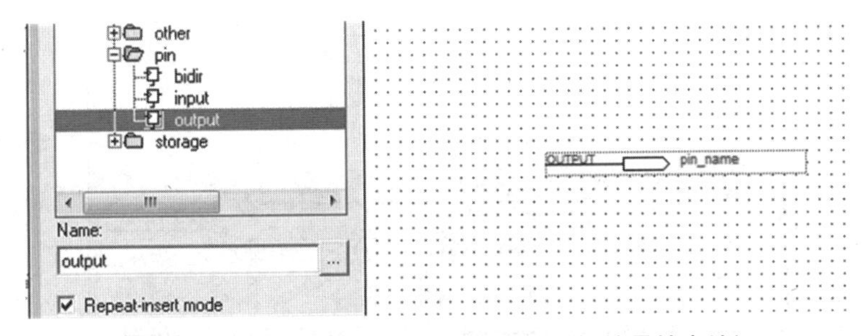

图 8.38　Symbol 库中选择符号(此处选择的是输出端)

(4) 符号都调出来后即可进行连线。如图 8.39 所示。

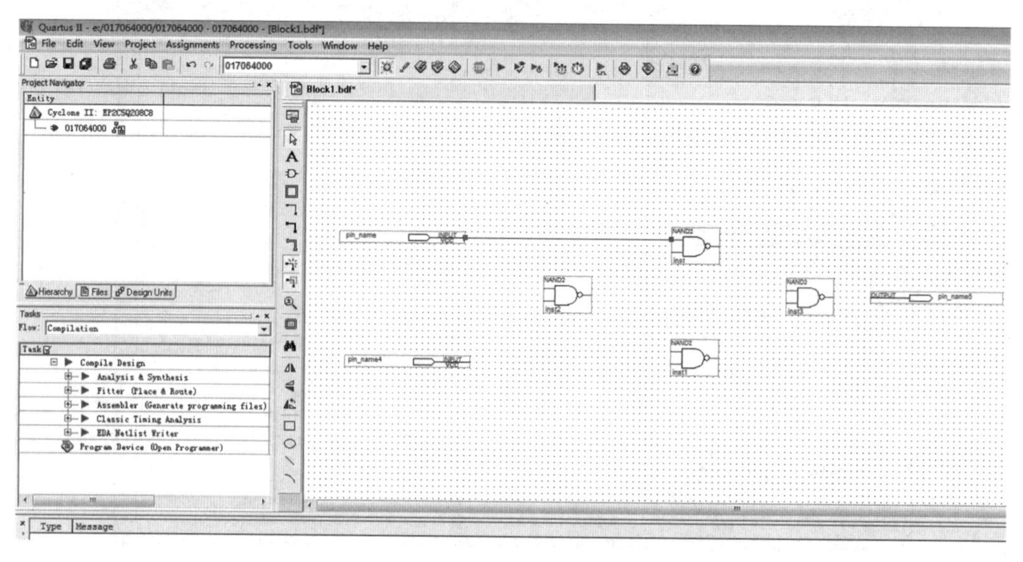

图 8.39　图形编辑器中连线

画图时需要注意以下几点:

① 每个符号都有一个虚框,两个符号不能靠得过密,更不能使两个虚框重叠。

② 每个符号的引出线必须与虚框垂直。鼠标画到目标位置时会出现小方块。

③ 导线不要穿过符号虚框,也不要贴着虚框走线。

④ 如果导线需要远距离走线,为了图形整洁、易看,可以使用标号。相同标号的两根或多根导线系统认为是相通的。

⑤ 输入端和输出端名称不要重复。因为默认名称都是 pin_name,所以一般情况下,每个输入或输出端都需要双击改名。

(5) 连线完成后进行保存。第一次保存会自动弹出“Save As”(另存为)对话框,保存为默认的名字(与项目名一致)。如图 8.40 所示。

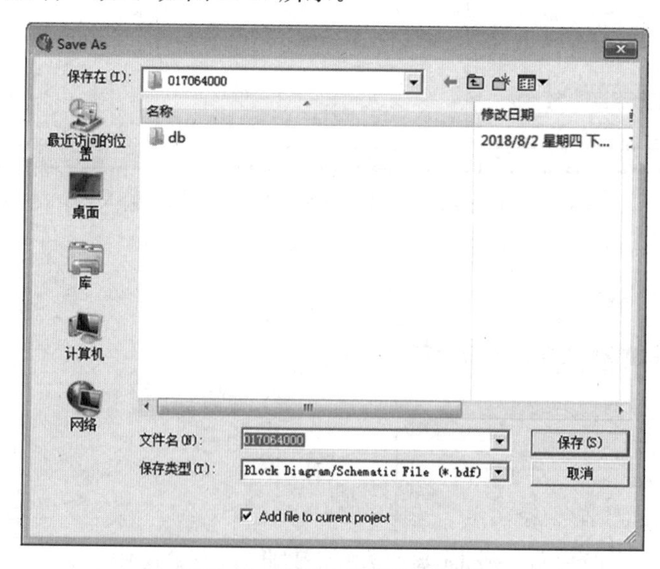

图 8.40　设计文件保存对话框

4. 编译

(1) 补充设置。编译前，还需要进行某些设置，包括在建立项目阶段漏掉的一些设置。这里补充设置一下不用的引脚(Unused Pins)、两用引脚(Dual-purpose Pins)的状态和输出端的负载电容。其实跳过这些设置(就用系统默认的)也没有多大的关系，可能会在编译时弹出警告。忽略这些警告，项目还可以继续。

从菜单“Assignments”进入“Settings…”，如图 8.41 所示。

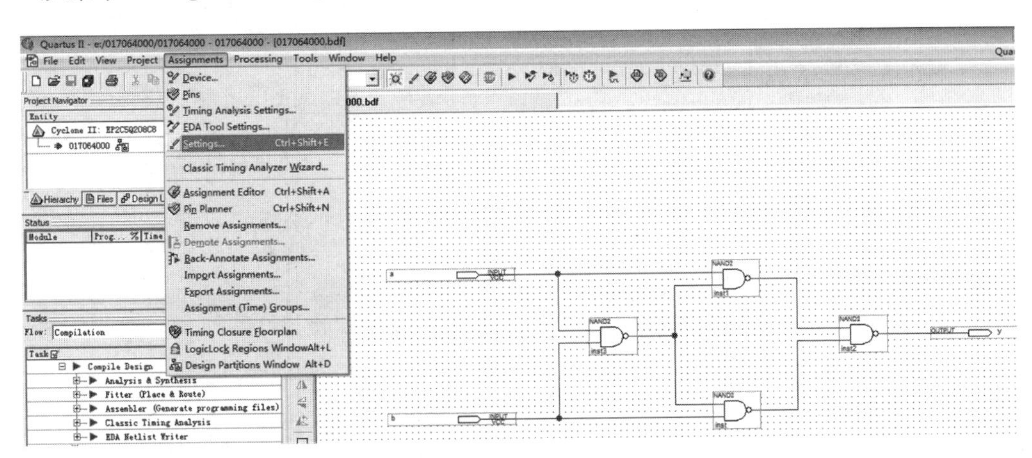

图 8.41　进入设置方法

在“Device”选项卡里点击“Device and Pin Option…”，进入“Device and Pin Options”窗口，里面有许多卡片。

① 设置“Unused Pins”卡片，将“Reserve all unused pins”选择为“As input tri-stated”，如图 8.42 所示。

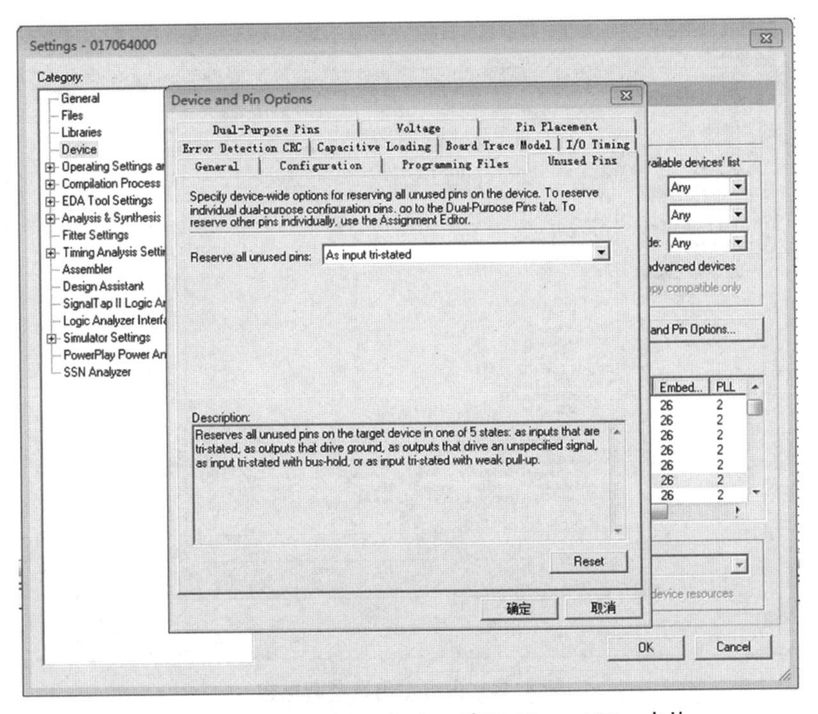

图 8.42　Device and Pin Options 窗口：Unused Pins 卡片

② 设置“Dual-Purpose Pins”卡片，将“ASDO，nCSO”设置成“As input tri-stated”，“nCEO”设置成“Use as regular I/O”，如图 8.43 所示。

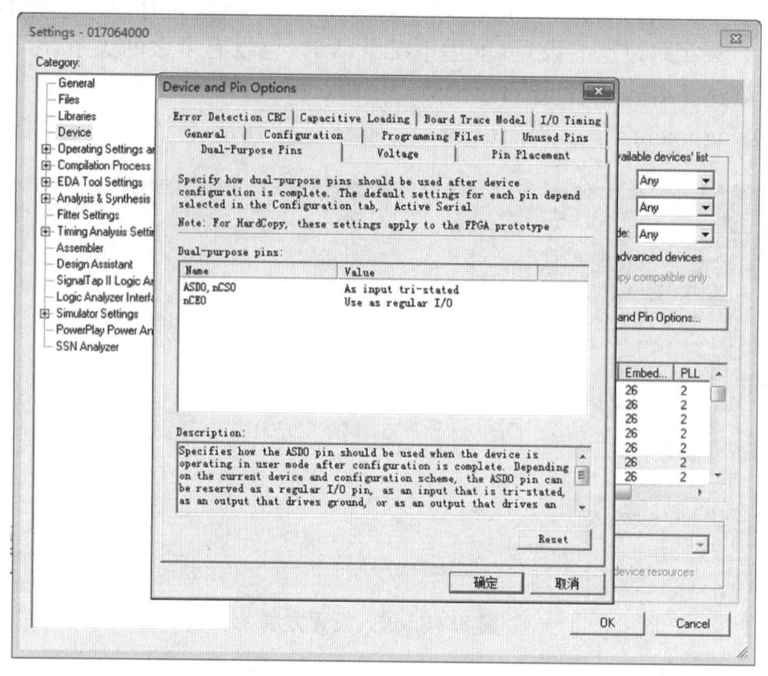

图 8.43　Device and Pin Options 窗口：Dual-Purpose Pins 卡片

③ 设置“Capacitive Loading”卡片，将“3.3-V LVTTL”的“Capacitive Loading”值由 0 改为 1。如图 8.44 所示。

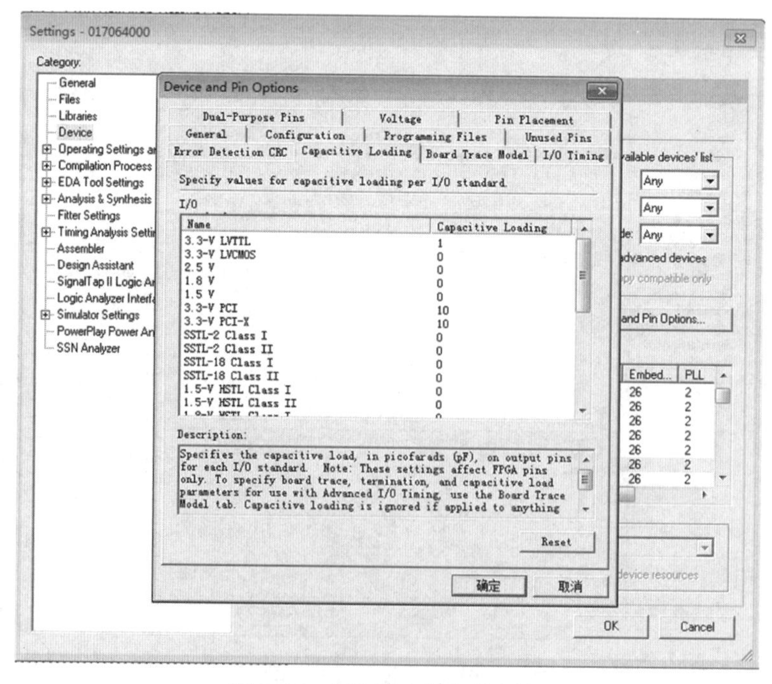

图 8.44　设置输出端负载电容

（2）分析与综合。按 进行分析与综合，完成后弹出成功对话框，如图 8.45 所示。

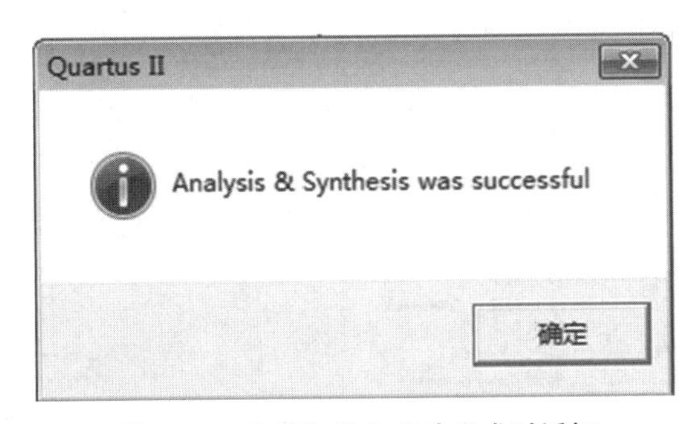

图 8.45　分析与综合成功完成对话框

（3）引脚分配。从菜单“Assignments”点击“Pins”，进入“Pin Planner”界面，如图 8.46 所示。在界面下方可以看到一个表格，里面有两个输入端 a 和 b，一个输出端 y，共 3 个节点（Node）。分别双击这 3 个节点的“Location”，分别选中 PIN_6、PIN_8 和 PIN_10，可以实现 3 个输入、输出端引脚的指定。如图 8.46 所示。

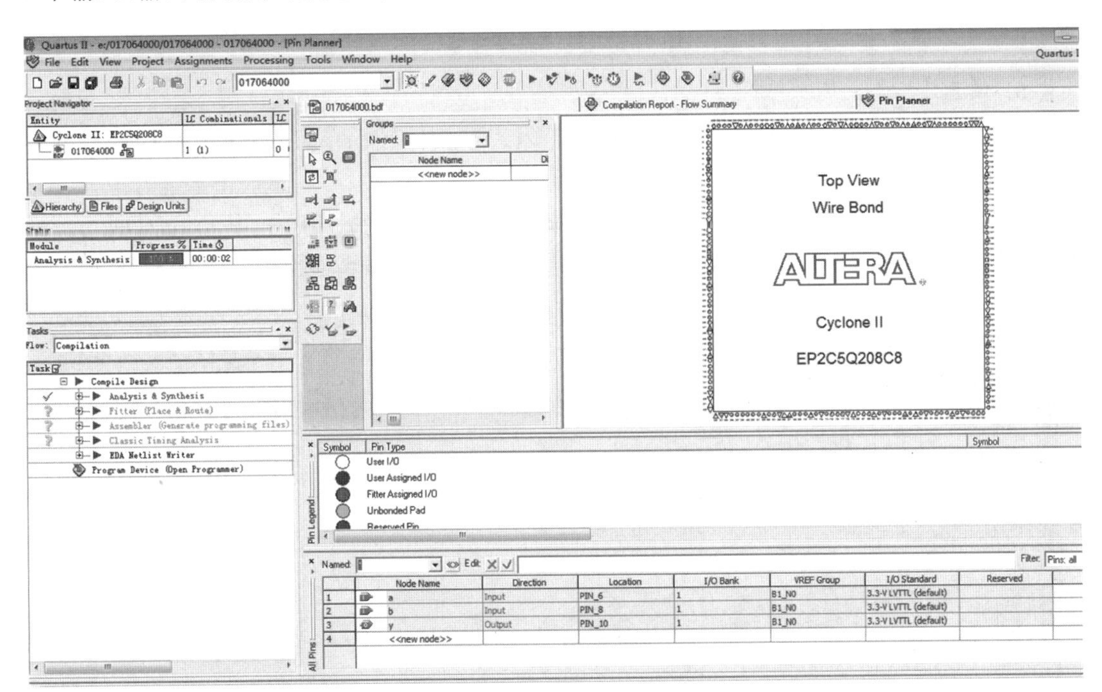

图 8.46　Pin Planner 指定引脚

（4）全编译。点击主窗口工具栏上的图标 ▶，再一次进行全编译。此时观察左侧任务栏 Tasks，会发现如果没有特别严重的错误，随着编译的进行，依次会在 Compile Design、Analysis & Synthesis、Fitter、Assembler 和 Classical Timing Analysis 前打出绿色的对钩“√”。稍等片刻，在工作区会自动出现一个编译结果报告（Compilation Report）卡片，并弹出编译成功对话框，如图 8.47 所示。如果对话框中没有错误也没有警告，则说明编译通过。

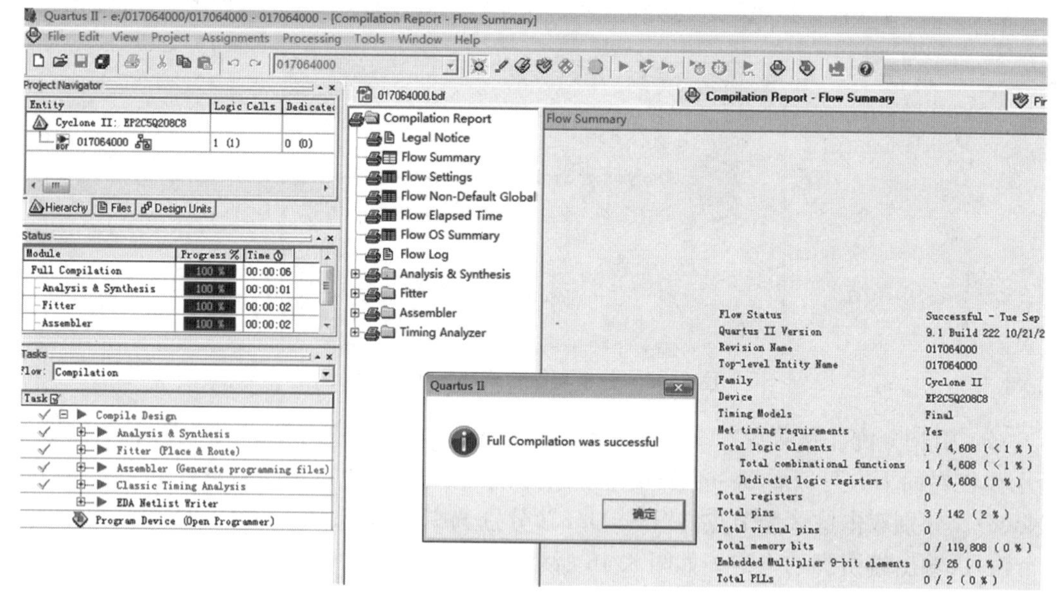

图 8.47　编译成功对话框

5. 仿真

Quartus Ⅱ有功能仿真和时序仿真两种。因为本例比较简单，所以可以直接进行软件中默认的时序仿真。

(1) 创建矢量波形文件(.vwf)。方法是：依次点击 File→New→Verification/Debugging Files→Vector Waveform File，再点击"OK"，打开一个空的波形编辑器窗口。如图 8.48 所示。

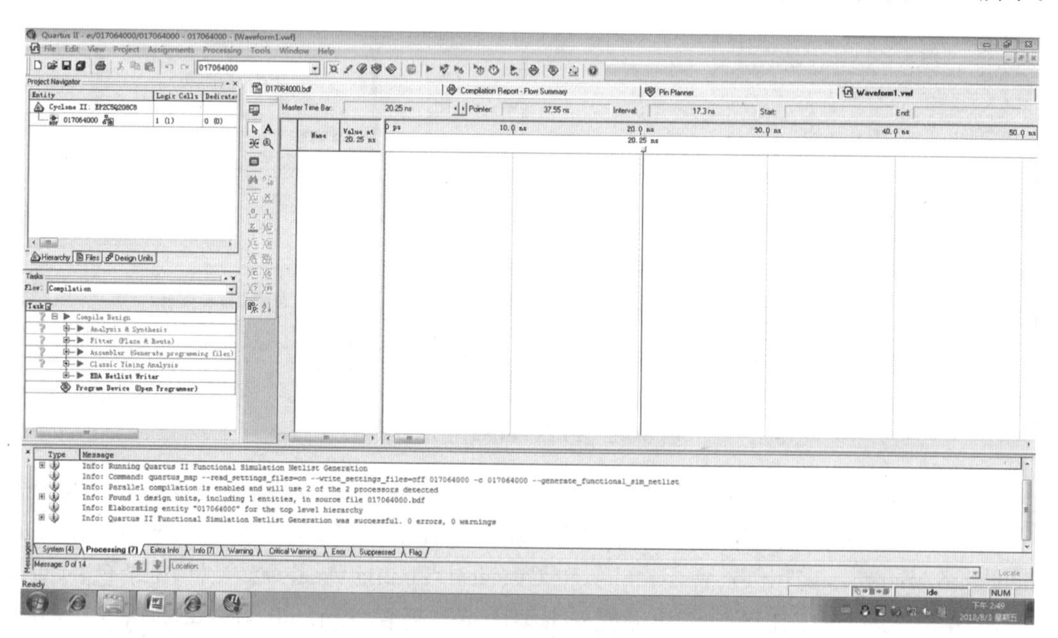

图 8.48　波形编辑器窗口

因为我们的电路频率低，无需对 FPGA 速度优化，信号的延迟也可能比较大，所以最好对波形编辑器的时间轴进行调整。方法是：通过点击 Edit→Grid Size 打开"Grid Size"窗口，

将“Time period”下的“Period”改为 100.0 ns。如图 8.49 所示。

在波形编辑器的右侧工具栏里选择 ，鼠标移到编辑器里右击若干次，直到不能缩小为止。然后鼠标点击右侧工具栏中的 ，进入正常编辑状态。波形时间轴上的缩放也可以按住键盘上的 Ctrl 键，通过调节鼠标滚轮进行放大或缩小。

(2) 修改仿真结束时间。Quartus Ⅱ 9.1 默认的仿真结束时间是 1 μs，如果需要观察更长时间的仿真结果，可依次点击 Edit→End Time… 选项，在弹出的“End Time”选择窗口中选择适当的仿真结束时间。

双击“Name”下的空白处，添加信号，出现插入节点或总线窗口，如图 8.50 所示。可以分 3 次将两个输入 a 和 b、一个输出 y 分别填入如图 8.50 所示的“Name”表框中，同时每次在 Type 表框中对应选择 INPUT 或 OUTPUT。也可以直接点击“Node Finder…”，一次性添加所有的输入、输出信号。

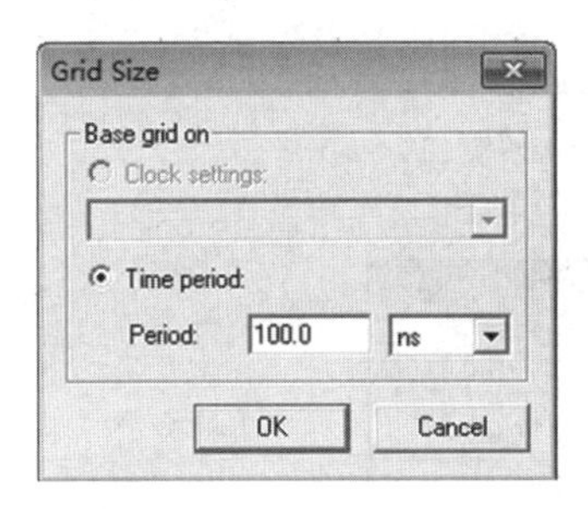

图 8.49 Grid Size 窗口

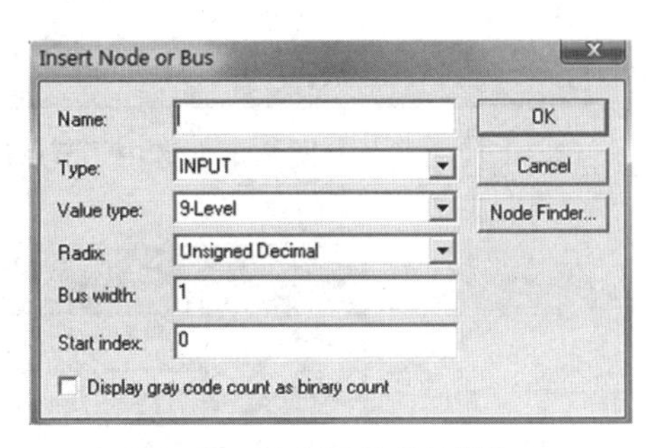

图 8.50 插入节点或总线窗口

打开“Node Finder”窗口，点击“List”后，将会看到已经列出了 a、b、y 3 个信号，如图 8.51 所示。

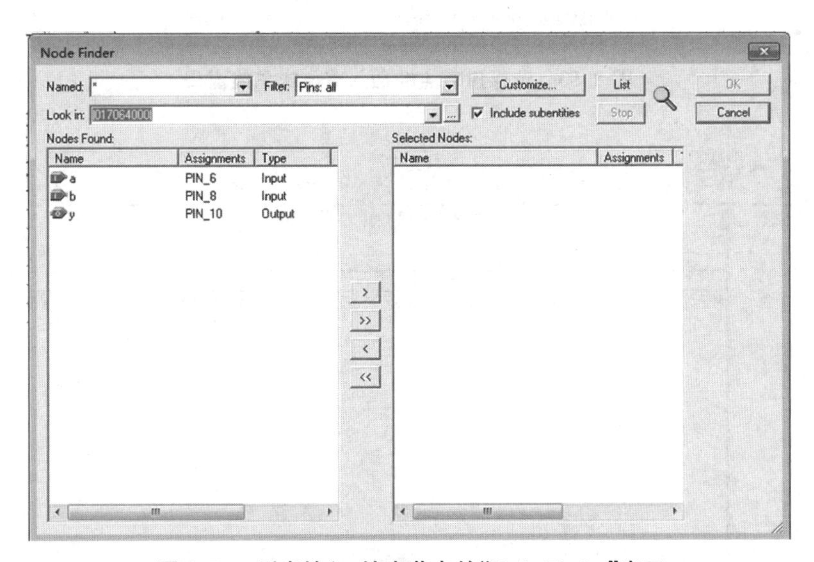

图 8.51 列出输入、输出节点的“Node Finder”窗口

点击 >> 选择所有节点信号，如图 8.52 所示。

点击“OK”出现如图 8.53 所示的窗口，再点击“OK”，出现如图 8.54 所示的波形编辑器界面。

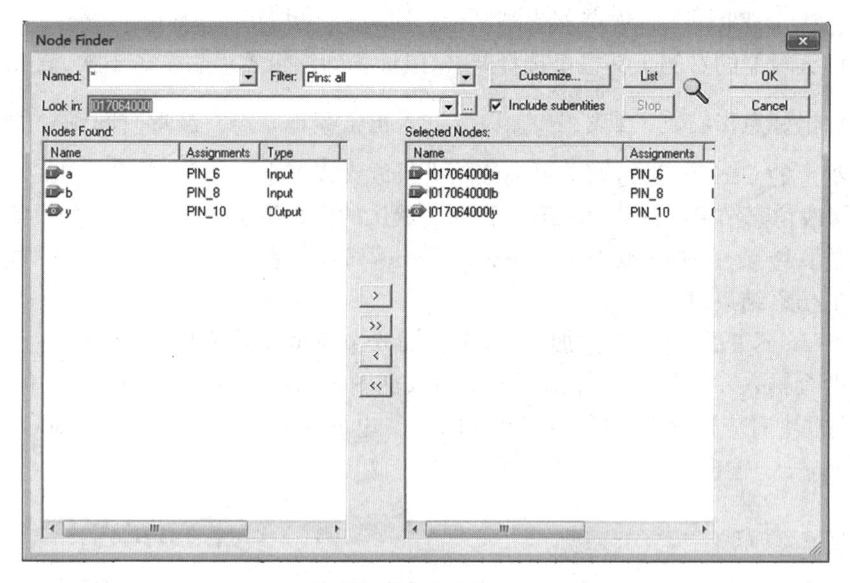

图 8.52　选中了节点的“Node Finder”窗口

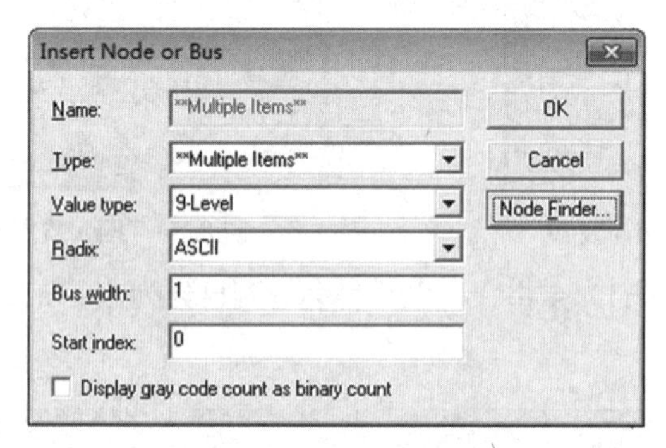

图 8.53　选择多节点的插入节点或总线窗口

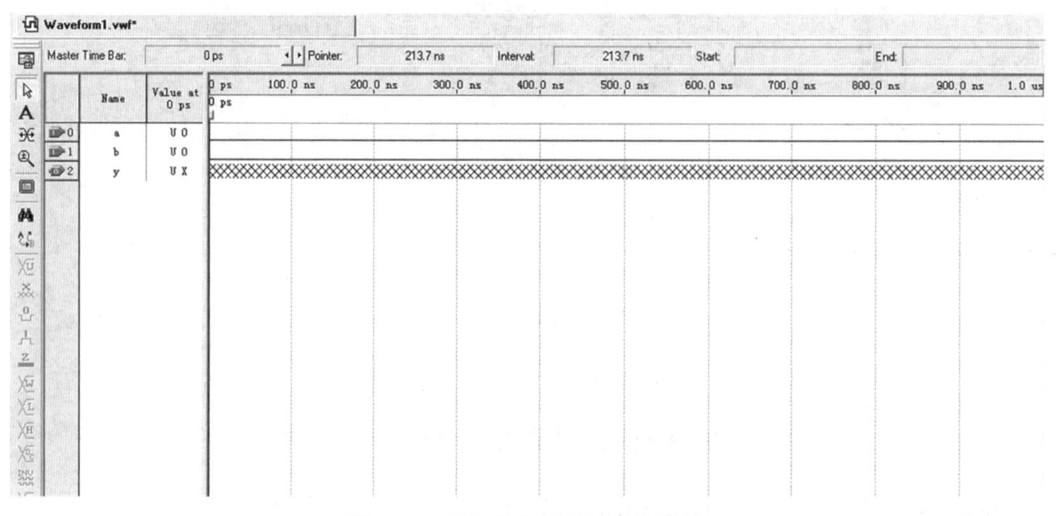

图 8.54　选择节点后的波形编辑器

在图 8.54 中，用鼠标选择节点 a 的 100～200 ns 区域，点击工具栏中的 ，将该区域置为 1。同理，把 a 和 b 的某些区域也都置为 1，另一些区域保存为 0，使得 ab 信号的 00、01、10、11 四种可能的情况都存在。如图 8.55 所示。

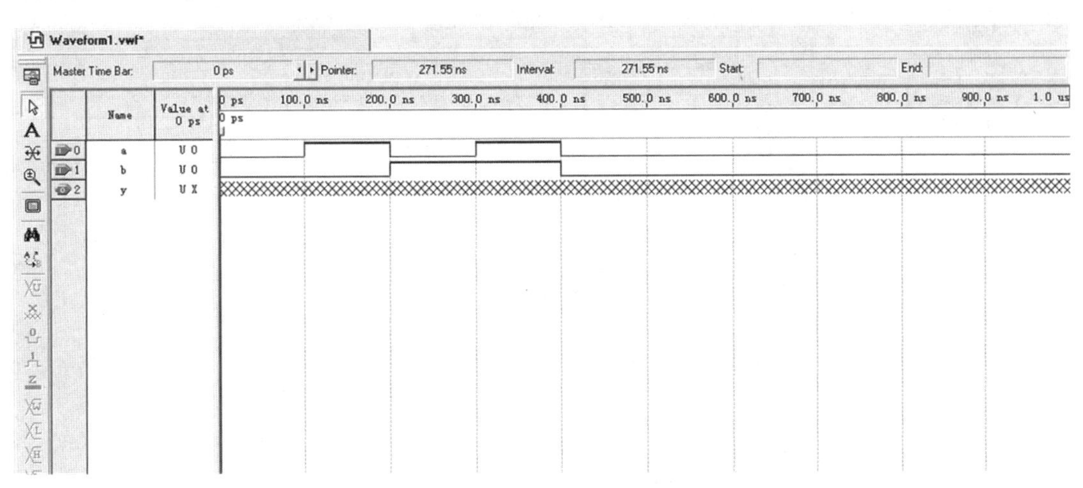

图 8.55 输入节点已赋值的波形

存盘，按默认的文件名和路径保存。

为了使仿真后在“.vwf”文件（即仿真输入文件）中能够显示仿真结果波形，需要在设置菜单里选择用仿真结果覆盖仿真输入文件。具体方法是：依次点击 Assignments→Setting…→Simulation Settings→Simulation Output Files，将“Overwrite simulation input files with simulation results”前面的方框中打上对钩“√”。

设置结束后，点击主界面上方快捷工具栏中的 进行仿真（此时默认的是时序仿真）。此时观察左侧任务栏 Tasks，会发现在 Compile Design、Analysis & Synthesis、Fitter、Assembler 和 Classical Timing Analysis 中的紫色三角形变暗。随着仿真的进行，如果没有特别严重的错误，稍等片刻三角形就会都恢复紫色，然后在工作区会自动出现一个仿真结果报告（Simulation Report-Simulation Waveforms）卡片，如图 8.56 所示。如果再点击波形编辑器卡片，会弹出对话框，告诉用户“.vwf”文件已发生变化，询问用户要不要重新加载变化过的文件。点击“是”后，仿真输入文件中的输出波形会按照仿真结果发生变化。

从仿真波形图可以看出：① 输出 y 和输入 a、b 的关系基本符合“相同为 0，相反为 1”的异或关系；② 输入变化后，过一小段时间输出才发生变化，说明输出信号有延时；③ 在 a 和 b 两信号同时发生变化的时候，输出出现毛刺（当然，输出也有延时）。这就是竞争冒险。

6. 下载

从菜单 Tool→Programmer 中打开编程器的窗口，如图 8.57 所示。第一次打开要设置下载硬件。如果已经安装下载器的驱动程序，而且下载器也已经插在电脑的 USB 口上，可以点击图 8.57 左上角的“Hardware Setup”按钮设置硬件。点击后会出现如图 8.58 所示的窗口。

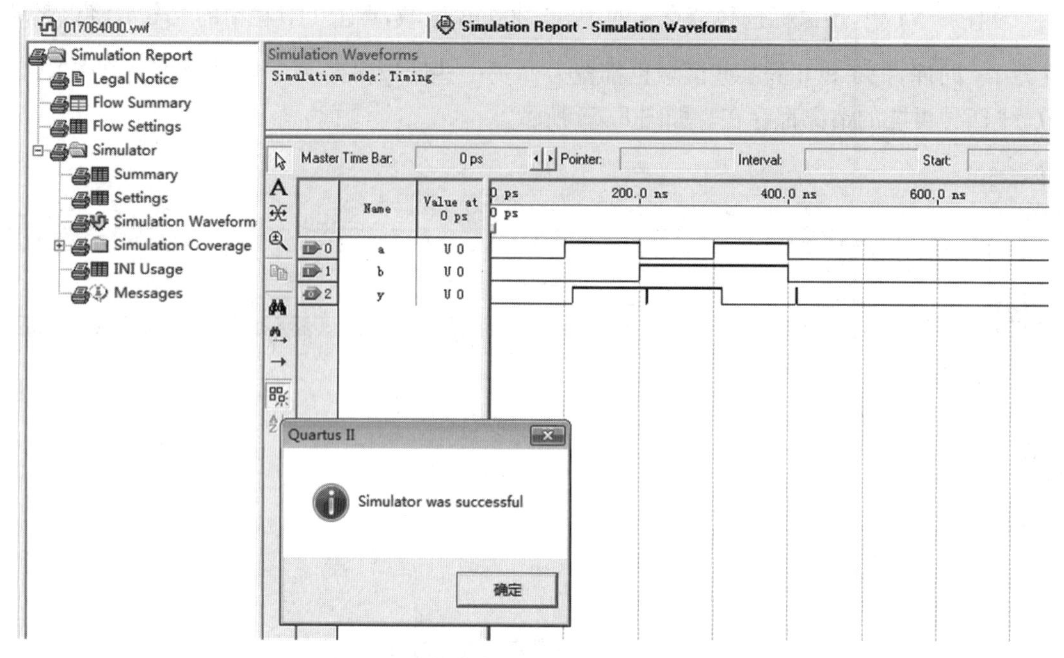

图 8.56　仿真成功提示和仿真结果波形

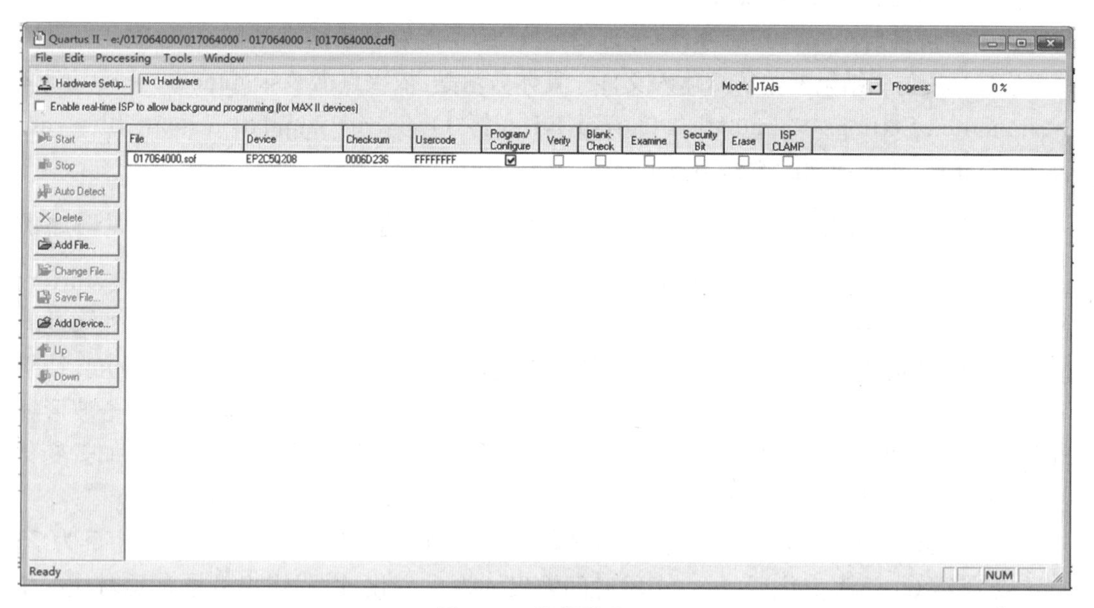

图 8.57　编程器窗口

在图 8.58 中，打开"Currently selected hardware"的下拉菜单，选择"USB-Blaster[USB-0]"，然后点击"Close"关闭窗口，会发现"Hardware Setup"按钮的右边从"No Hardware"变成了"USB-Blaster[USB-0]"，如图 8.59 所示。打开实验箱电源开关，同时确认核心板的电源开关放在"ON"的位置，再点击图 8.59 左边的"Start"按钮，进入下载过程。如果右上角的"Progress"从 0%变到 100%，主界面信息栏也没有提示错误的信息，则说明下载成功。如图 8.60 所示。

值得注意的是，编程器的窗口和 Quartus Ⅱ 的主窗口不是同一个窗口。如果下载没有

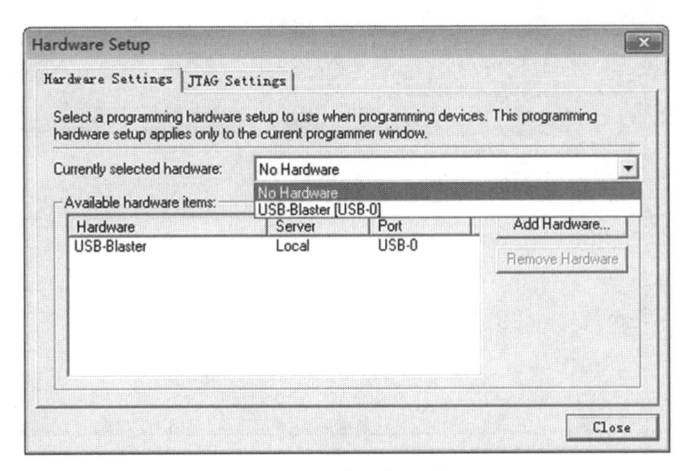

图 8.58　下载器硬件设置窗口

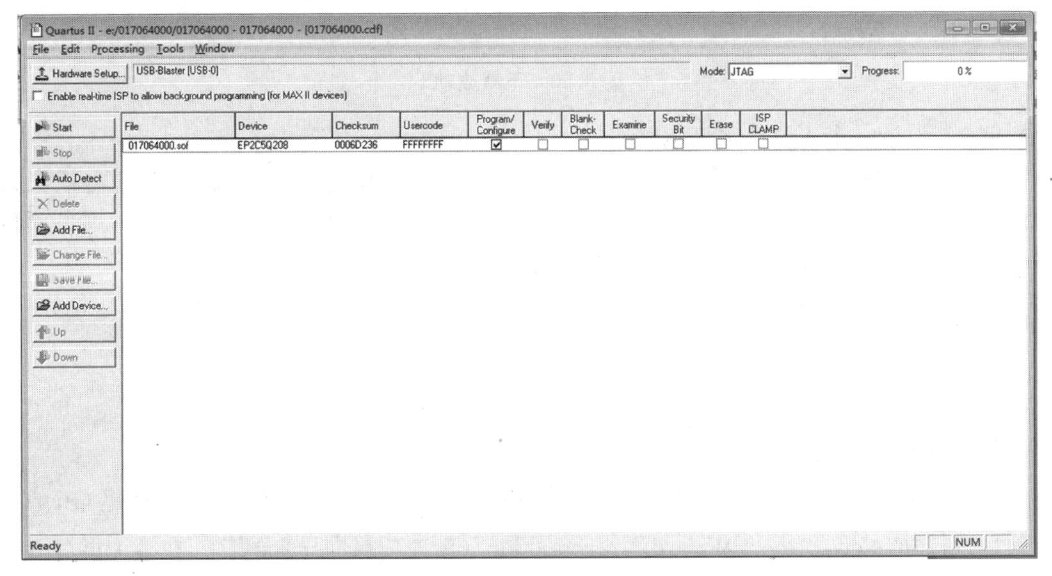

图 8.59　编程器已设置硬件

成功，或虽然下载成功但实验验证有问题，需要修改设计，编译后需要重新下载，不必通过 Tool→Programmer 重新打开编程器的窗口。该窗口只要没有关闭，就还在电脑桌面后台，只需在任务栏上把它点击到前台即可继续使用。

7. 实验验证

根据图 8.46 中的 Pin Planner 指定的引脚，在实验箱的核心板上分别找到两个输入端（本例是 6 号插孔和 8 号插孔），并分别用导线接到实验箱的两个数据开关的插孔里。再从核心板的输出端（本例是 10 号插孔）引一根导线接到实验箱的电平指示区的某个插孔里。改变两个输入的逻辑值，观察输出灯的亮灭，检查是否满足设计的异或逻辑。

值得指出的是，上面所有过程都没有错误和警告，并不意味着设计就完全正确。因为如果电路图的逻辑关系画错了，但没有违反 Quartus Ⅱ的规则，软件系统也不会报错，甚至连警告都没有。所以最终电路设计是否成功，还需要下载到实验箱上进行验证。

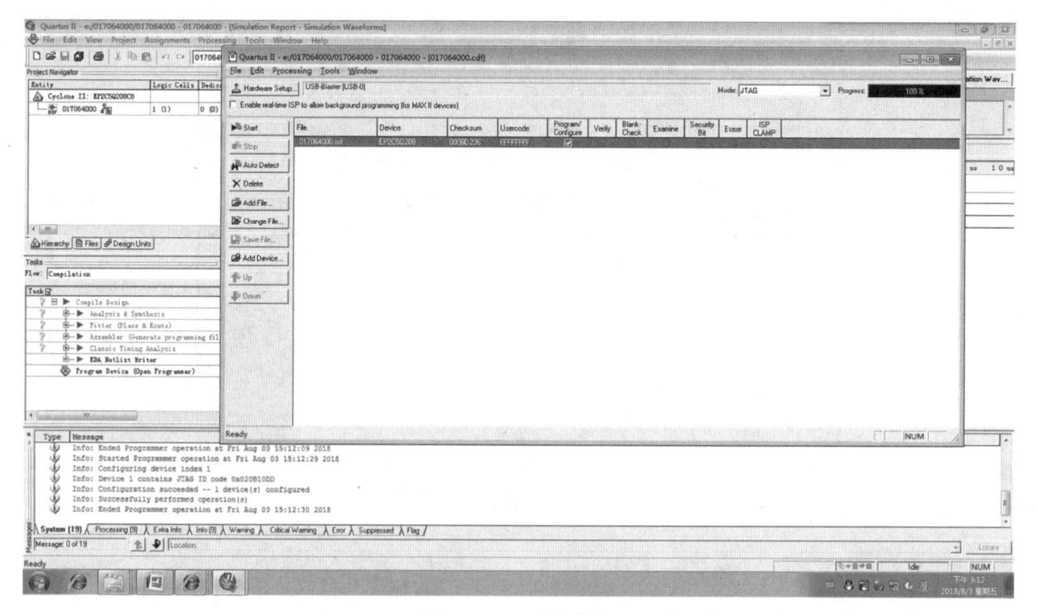

图 8.60　下载成功

例 2　设计一个 4 位流水灯电路。

流水灯,俗称跑马灯。本例要求 4 个灯从左到右依次亮起来,然后再从左到右依次灭掉,循环往复不停。因为有前面例子的基础,所以本例有的步骤就不再详细叙述。准备项目名称为 189064000,文件夹建在 e 盘,名称也是 189064000。

1. 启动 Quartus Ⅱ

点击桌面图标,出现软件主界面。

2. 建立项目

按快捷工具"新建",出现"New"界面;选择"New Quartus Ⅱ Project"(新建 Quartus Ⅱ项目),打开"New Project Wizard: Introduction"(新建项目向导:导言)。在第 1 页对话框输入项目的工作目录(文件夹)"e:\189064000"和项目名称"189064000"。第 2 页添加文件,因为是新建的项目,没有文件可加,所以点击"Next"(下一步)跳过。第 3 页是器件设置页面,器件系列我们选择 Cyclone Ⅱ,可用器件选择 EP2C5Q208C8。第 4 页是第三方 EDA 工具设置页面。我们实验用不上第三方工具,因此设计输入和综合工具、仿真工具和时序分析工具都按默认选择"None"(无),然后点击"Next"(下一步)跳过。第 5 页是总览页面,核对项目信息无误后,直接点击"Finish"(完成)。至此,项目建立完毕。可看出软件打开的项目名和实体窗口中的实体层次图,如图 8.61 所示。

3. 设计

首先,按左上角快捷工具"新建",出现新建窗口,选择"Block Diagram/Schematic File"(框图/原理图文件),点击"OK"(确定),进入图形编辑器界面,如图 8.62 所示。

然后,按编辑器窗口左侧 图标或在图形编辑窗口的空白处双击鼠标左键,弹出 Symbol(符号)窗口,在"Name"输入框里输入 74194,点击"OK",调出移位寄存器 74194 的符号,放置在图形编辑器中合适的位置。依照同样的方法依次调出 Not(反相器)、VCC(电

源)、GND(接地)、Input(输入端)、4 个 Output(输出端),并把反相器旋转 180°或水平翻转。根据电路逻辑要求连线完成后,双击输入端名称,修改为“CP”。再分别双击 4 个输出端名称,依次修改为“Q0”“Q1”“Q2”“Q3”。

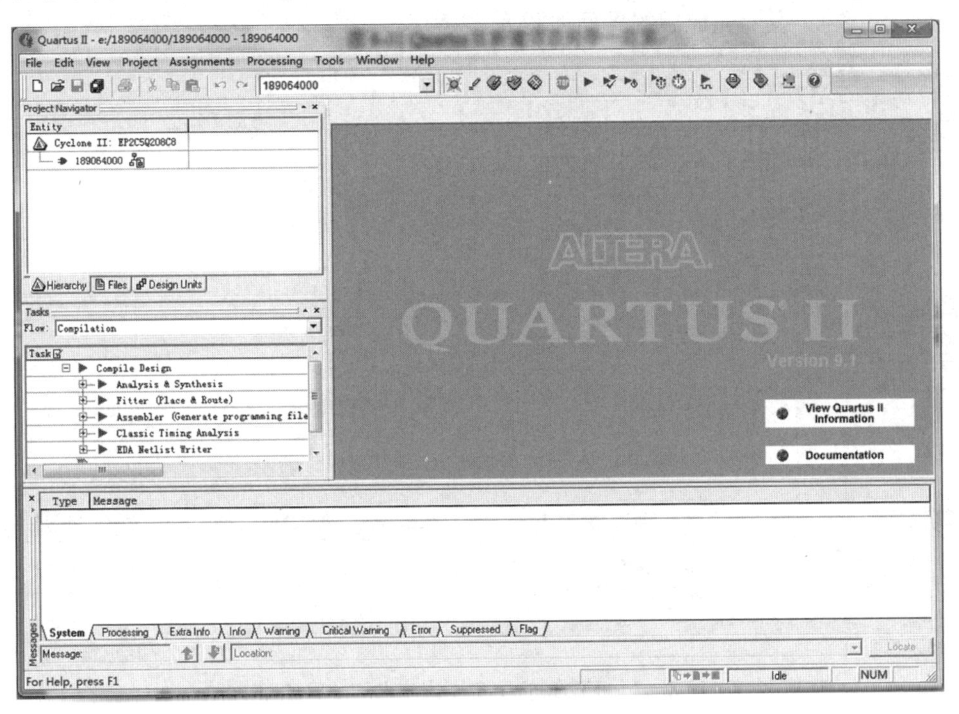

图 8.61　软件主窗口界面

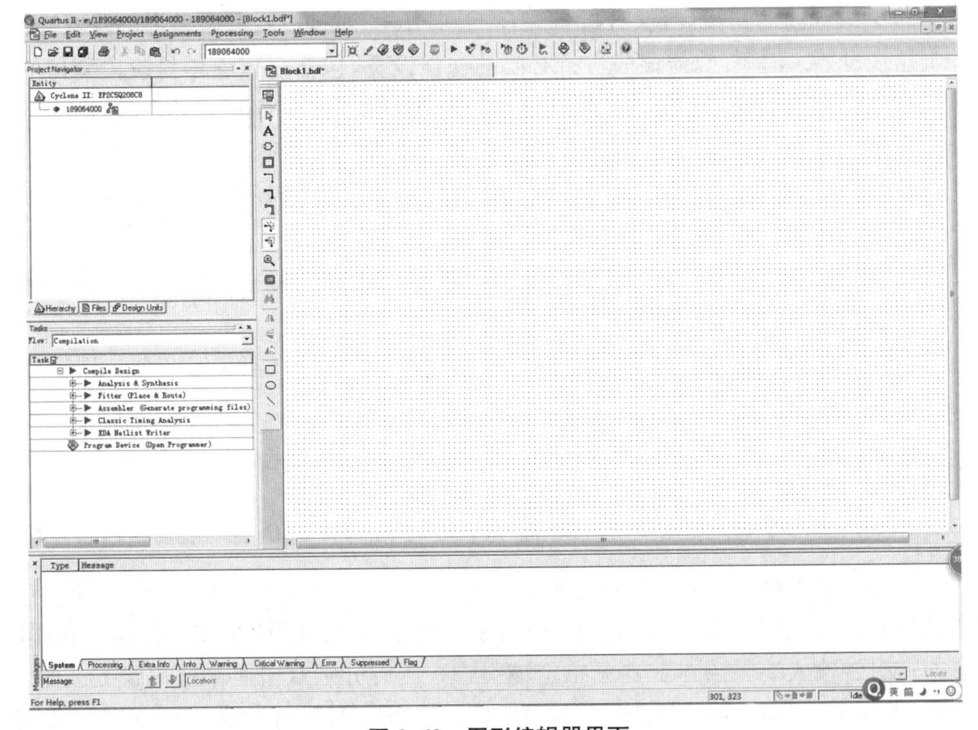

图 8.62　图形编辑器界面

连线结束后,在空白的地方点击鼠标,用中文输入自己的姓名、学号、组号和题目等注释信息。注释信息默认绿色字体,可以是中文。

最后保存文件。第一次保存自动弹出的是“Save As”(另存为)对话框,按默认的名字保存(项目名一致)。设计完成后的界面如图 8.63 所示。

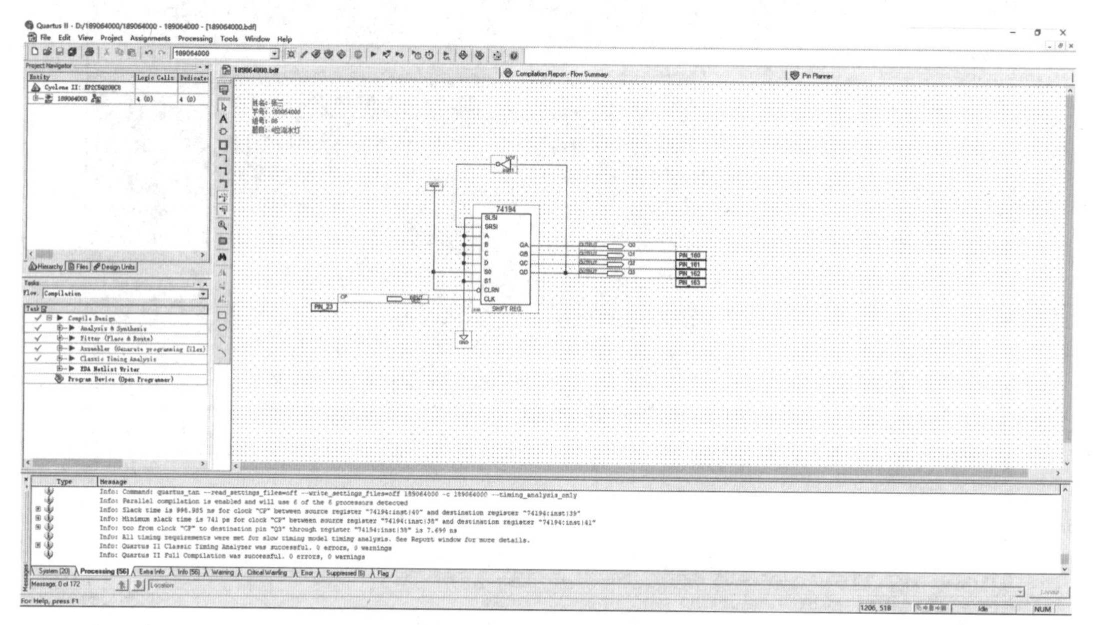

图 8.63　图形编辑器中 4 位流水灯的原理图

4. 编译

编译包括编译前的初步设置、分析与综合、引脚分配、时钟设置和全编译等步骤。

(1) 初步设置。编译前,应该先进行必要的初步设置,包括在建立项目阶段漏掉的一些设置。具体办法是:通过菜单 Assignments→Setting … →Device 点击“Device and Pin Option…”,进入“Device and Pin Options”窗口,设置有关卡片内容。

① 设置“Unused Pins”卡片,将“Reserve all unused pins”选择为“As input tri-stated”,如图 8.42 所示。

② 设置“Dual-Purpose Pins”卡片,将“ASDO,nCSO”设置成“As input tri-stated”,“nCEO”设置成“Use as regular I/O”,如图 8.43 所示。

③ 设置“Capacitive Loading”卡片,将“3. 3-V LVTTL”的“Capacitive Loading”值由 0 改为 1。如图 8.44 所示。与例 1 完全一样。

(2) 分析与综合。按 进行分析与综合,完成后弹出成功对话框。

(3) 引脚分配。按 或从菜单 Assignments→Pins 进入“Pin Planner”界面。在界面下方可以看到一个表格,里面有 1 个输入端 CP,4 个输出端 Q0、Q1、Q2、Q3,共 5 个节点。双击输入端 CP 对应的“Location”,出现一个下拉菜单,选中引脚 PIN_23(本实验箱的 23 号引脚是全局时钟输入端,时钟 CP 必须指定该引脚),然后分别双击 4 个输出端 Q0、Q1、Q2、Q3 节点的“Location”,分别选中 PIN_160、PIN_161、PIN_162 和 PIN_163,实现全部输入、输出端引脚的指定。

(4) 时钟设置。和例 1 不一样的是，因为本例是时序电路，所以还需要进行时序参数的设置。本例比较简单，故只介绍时钟设置。

首先，通过菜单 Assignments→Setting…→Timing Analyzer Settings→Classic Timing Analyzer Settings 进入设置界面，如图 8.64 所示。

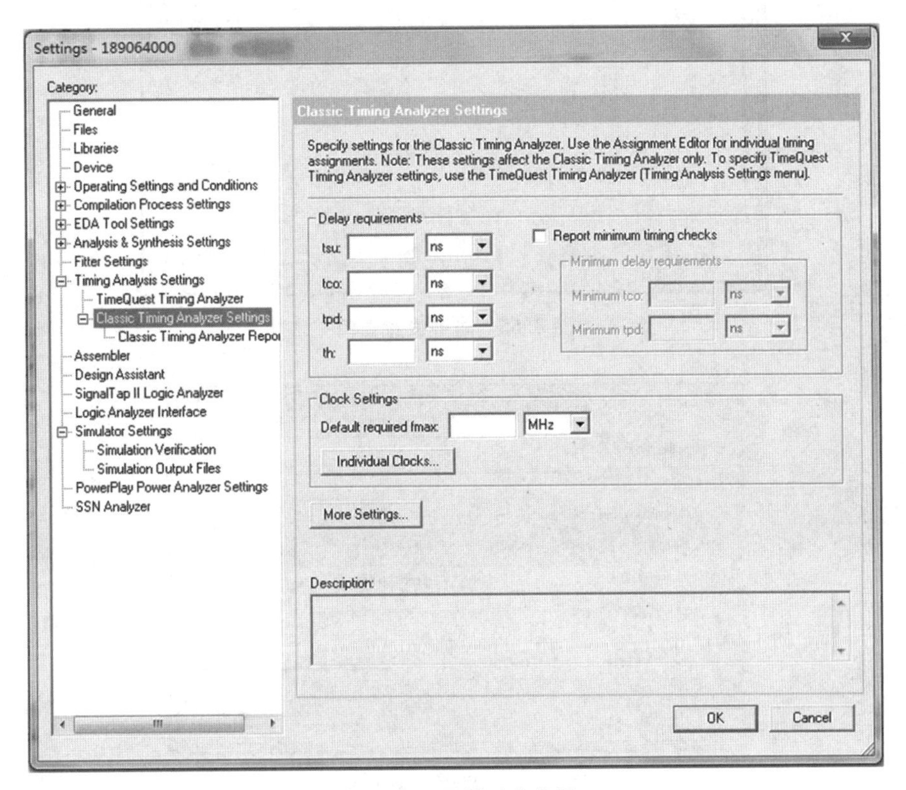

图 8.64 设置时序参数

然后，点击“Clock Settings”中的“Individual Clocks…”进入“Individual Clock”设置时钟。因为还没有定义时钟，所以该界面中还是空白。如图 8.65 所示。

最后，在图 8.65 时钟设置窗口中点击“New…”，弹出“New Clock Settings”(新时钟设置)窗口，如图 8.66 所示。

在“Clock settings name”中给要定义的时钟起个名字，比如 CP、CP1、CP2 等，本例命名为 CP。点击“Applies to node”(指定到具体节点)右边的“…”，在“Nodes Finder”(节点查找器)里的“Filter”选择“Pins:input”，点击“List…”。选中引脚 CP，点击 [>] 及“OK”后，在“Independent of other clock settings”(独立于其他时钟设置)里的“Required fmax”(所需频率最大值)处填 1.0 MHz、“Duty cycle(%)”占空比填 50，然后连续点击“OK”回去即可。如图 8.67 所示。

(5) 全编译。点击主窗口工具栏上的图标 ▶ ，再一次进行全编译。此时观察左侧任务栏 Tasks，会发现如果没有特别严重的错误，随着编译的进行，依次会在 Compile Design、Analysis & Synthesis、Fitter、Assembler 和 Classical Timing Analysis 前打出绿色的对钩“√”。稍等片刻，在工作区会自动出现一个编译结果报告卡片，并弹出编译成功对话框。如果对话框中没有错误也没有警告，则说明编译通过。

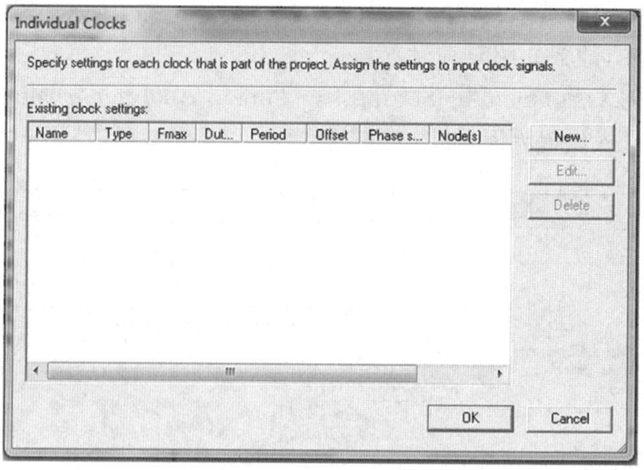

图 8.65　时钟设置窗口

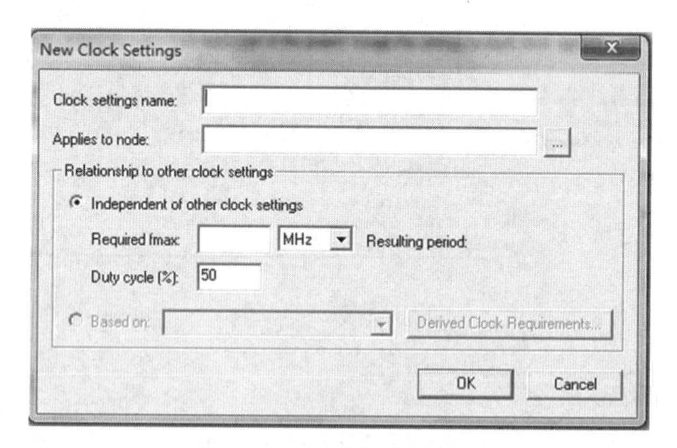

图 8.66　新时钟设置窗口

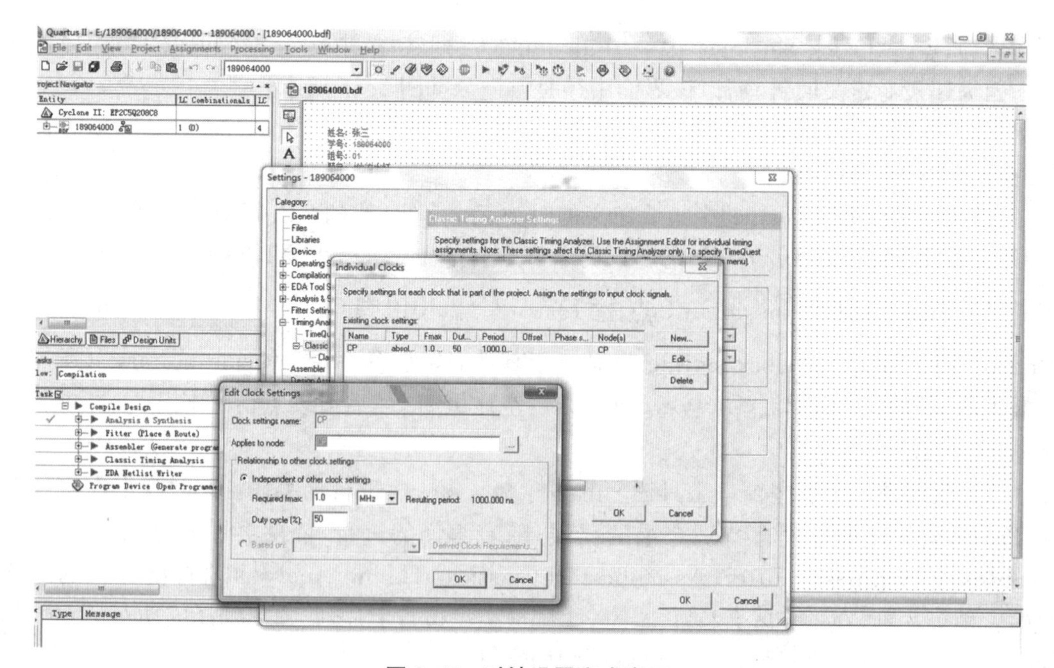

图 8.67　时钟设置完成窗口

5. 仿真

本例虽然是时序电路,但也比较简单,可以直接进行软件中默认的时序仿真。

(1) 创建矢量波形文件(. vwf)。方法是:依次点击 File→New→Verification/Debugging Files→Vector Waveform File,再点击“OK”,打开一个空的波形编辑器窗口。如图 8. 68 所示。

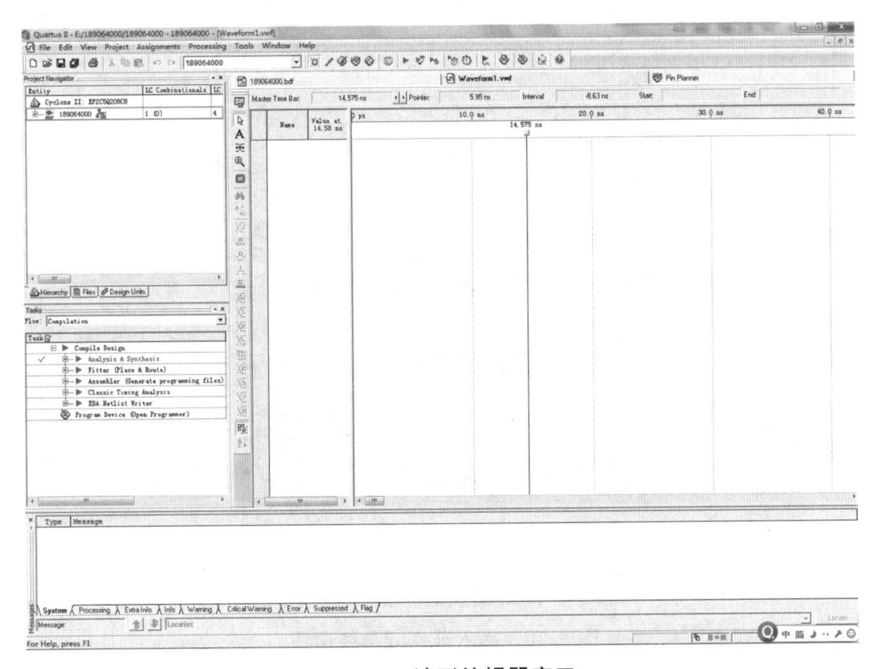

图 8. 68　波形编辑器窗口

因为我们的电路频率不高,无需对 FPGA 速度优化,信号的延迟也可能比较大,所以应该对波形编辑器的时间轴进行调整。方法是:通过点击 Edit→Grid Size 打开“Grid Size”窗口,将“Time period”下的“Period”改为 100. 0 ns。

(2) 修改仿真结束时间。Quartus Ⅱ 9. 1 默认的仿真结束时间是 1 μs,但本例我们准备将仿真时钟周期设定为 200 ns,而本例流水灯的一个循环需要 8 个周期,因此最少需要观察 10 个周期时钟,即 2 μs 的仿真结果。方法是:执行 Edit→End Time… 选项,在弹出的“End Time”窗口中选择仿真结束时间为 2 μs。如图 8. 69 所示。

在波形编辑器的右侧工具栏里选择 ,鼠标移到编辑器里右击若干次,直到不能缩小为止。然后鼠标点击右侧工具栏的 ,进入正常编辑状态。波形时间轴上的缩放也可以按住键盘上的 Ctrl 键,通过调节鼠标滚轮进行放大或缩小。

在波形编辑器里双击“Name”下面的空白处,添加信号,出现插入节点或总线窗口,如图 8. 70 所示。

可以分 5 次将 1 个输入 CP 和 4 个输出 Q0、Q1、Q2、Q3 分别填入如图 8. 70 所示的 Name 表框中,同时每次在 Type 表框中对应选择 Input 或 Output。也可以直接点击“Node Finder…”(节点查找器),一次性添加所有的输入、输出信号。打开“Node Finder”窗口,在“Filter”中选择“Pins: all”,再点击“List”后,列出查找到的节点“Nodes Found”有 CP、Q0、Q1、Q2、Q3,点击 >> ,选中所有节点到右边的“Selected Nodes”里。如图 8. 71 所示。

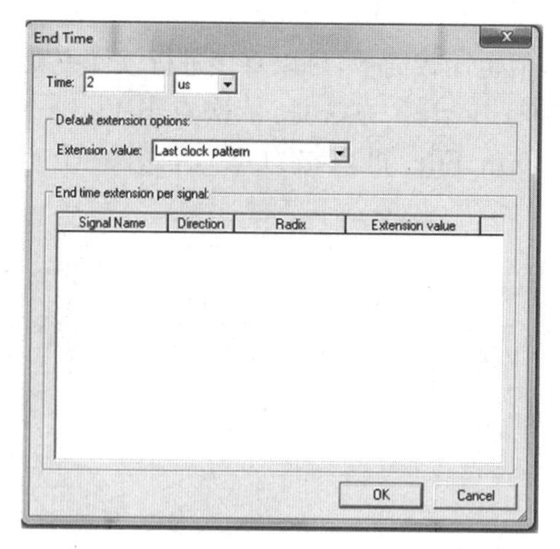

图 8.69　仿真结束时间 End Time 的设置

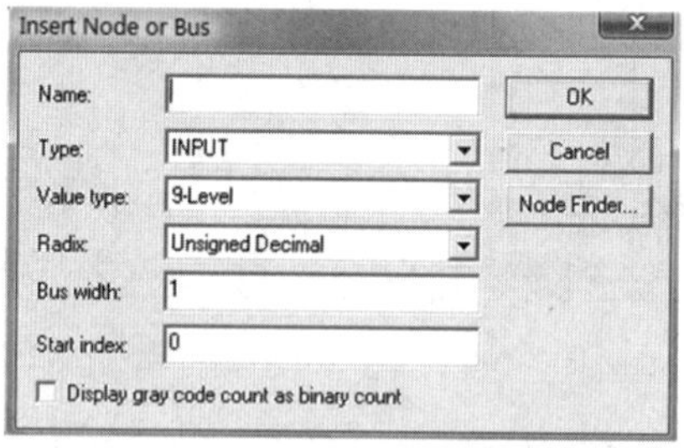

图 8.70　插入节点或总线窗口

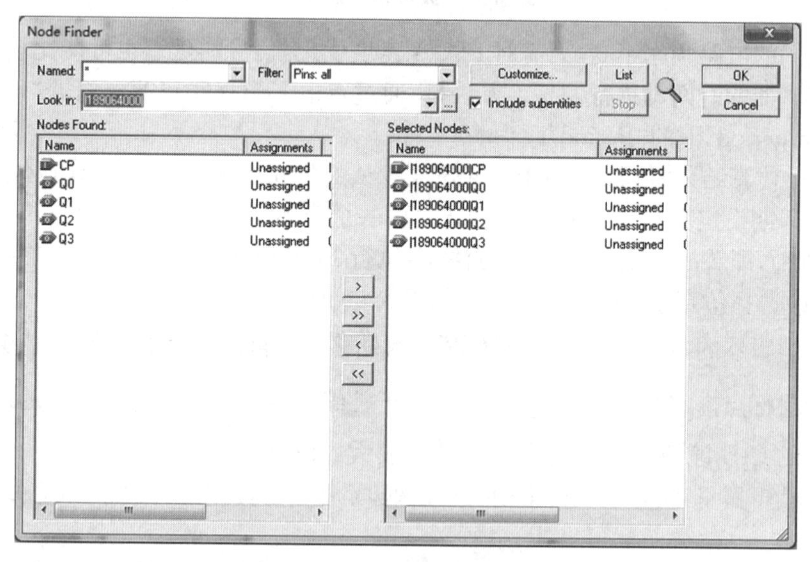

图 8.71　节点查找器插入节点

再点击“OK”，将回到如图 8.72 所示的选择节点后的波形编辑器窗口。

在图 8.72 中，选中节点名称 CP，点击工具栏中的  图标（覆盖时钟 Overwrite Clock），在弹出的对话框中将周期修改为 200 ns，如图 8.73 所示。

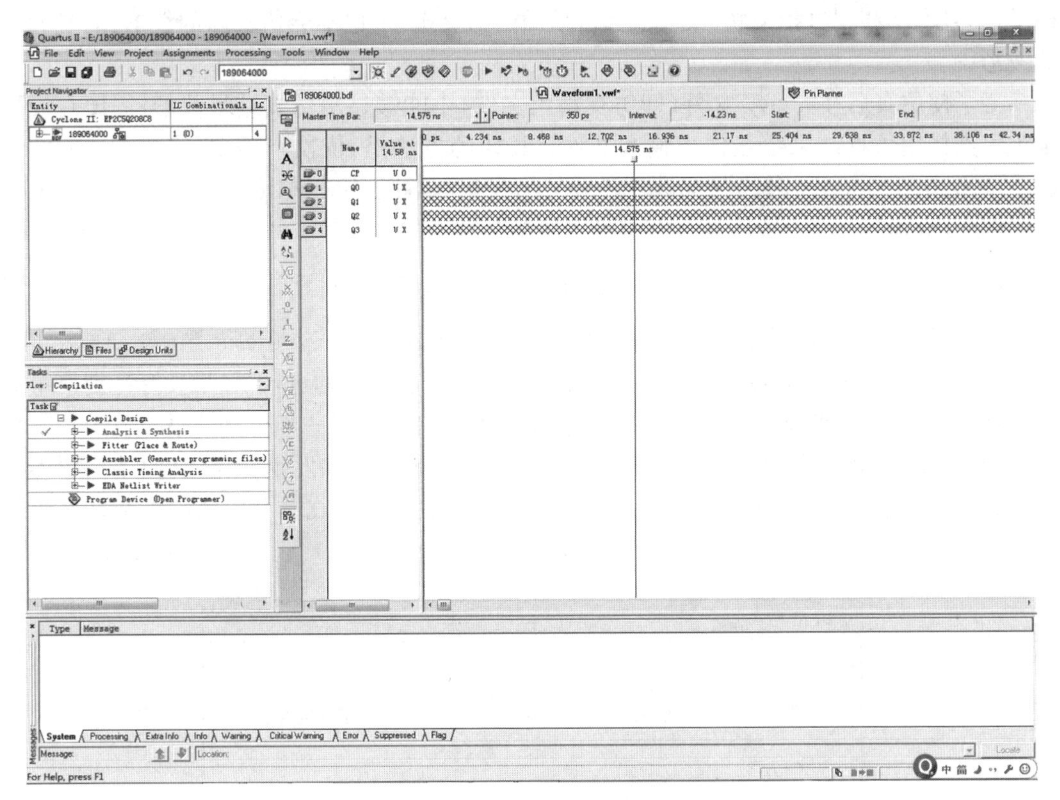

图 8.72　选择节点后的波形编辑器窗口

Clock
Time range
Start time: 0 ps
End time: 2.0 us
Base waveform on
Clock settings:
CP
Time period:
Period: 200 ns
Offset: 0.0 ns
Duty cycle (%): 50
OK　Cancel

图 8.73　覆盖时钟对话框

点击“OK”，回到波形编辑器，按住键盘中的 Ctrl 键，回拨滚轮，缩小波形，直至能看出完整的 CP 波形。

点击 ，保存波形文件。和例 1 一样，因为是第一次保存，所以默认为“另存为”，默认保存的文件名是项目名称(我们这里是 189064000)。值得注意的是，如果通过按 新建一个波形编辑器，重新画了仿真波形后再保存时，点击 就不再默认保存的文件名是项目名称了，而且也不和项目相关联。也就是说，后面的仿真操作，也不会仿真新的波形，而是原来的波形。

为了使仿真后在“. vwf”文件（即仿真输入文件）中能够显示仿真结果波形，需要在设置菜单里选择用仿真结果覆盖仿真输入文件。具体的方法是：依次点击 Assignments→Setting...→Simulation Settings→Simulation Output Files，将“Overwrite simulation input files with simulation results”前面的方框中打上对钩“√”。

设置结束后，按主界面上方工具栏中的 进行仿真（此时默认的是时序仿真）。此时观察左侧任务栏 Tasks，会发现在 Compile Design、Analysis & Synthesis、Fitter、Assembler 和 Classical Timing Analysis 中的紫色三角形变暗。随着仿真的进行，如果没有特别严重的错误，稍等片刻三角形就都恢复紫色，然后在工作区会自动出现一个仿真结果报告卡片。如果点击波形编辑器卡片，则会弹出对话框，告诉用户“. vwf”文件发生变化，询问用户要不要重新加载变化过的文件。点击“是”后，仿真输入文件中的输出波形会按照仿真结果发生变化。如图 8. 74 所示。

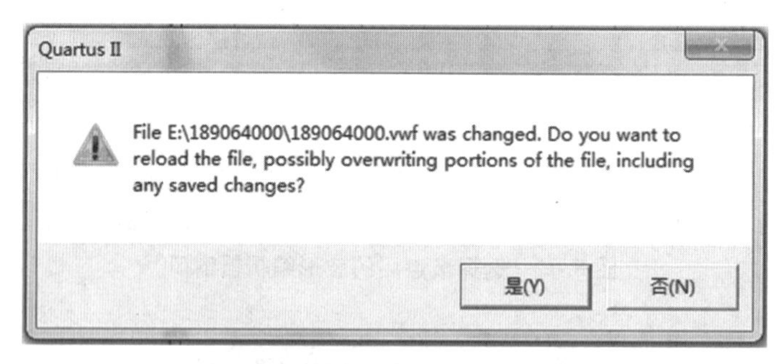

图 8. 74　覆盖仿真输入文件对话框

在仿真输入文件对话框中点击“是”后，自动重新加载“. vwf”波形，如图 8. 75 所示。

从仿真波形图可以看出：随着 CP 脉冲的到来，Q0、Q1、Q2、Q3 从全 0 开始依次变成 1，等全为 1 后，再依次变成 0，循环往复，满足题目要求。

6. 下载

点击上方快捷工具栏中的 ，或从菜单 Tool→Programmer 中打开编程器窗口。与例 1 一样的是，点击其左上角的“Hardware Setup”按钮设置硬件，在弹出的下载器硬件设置窗口中打开“Currently selected hardware”的下拉菜单，选择“USB-Blaster”（前提是下载器的驱动程序已经完成安装，而且下载器也已经插在电脑的 USB 口上）。然后点击“Close”关闭下载器硬件设置窗口，会发现“Hardware Setup”按钮的右边从“No Hardware”变成“USB-Blaster[USB-0]”。打开实验箱电源开关，同时确认核心板的电源开关放在“ON”的位置，再点击编程器窗口左边的“Start”按钮，进入下载过程。如果右上角的“Progress”从 0%变到 100%，且主界面信息栏也没有提示错误的信息，则说明下载成功。

值得注意的是，在编程器的默认配置中点击“Start”按钮进入下载过程后，编程器窗口会自动转入后台，所以下载过程可能容易忽略。如果需要重新下载，往往有的同学又重新点击 ，或从菜单中重新打开编程器，以致最后电脑上打开了很多编程器窗口，造成电脑速度减慢。为了使编程器窗口不自动转入后台，可以在编程器窗口内进行设置。方法是：在编程

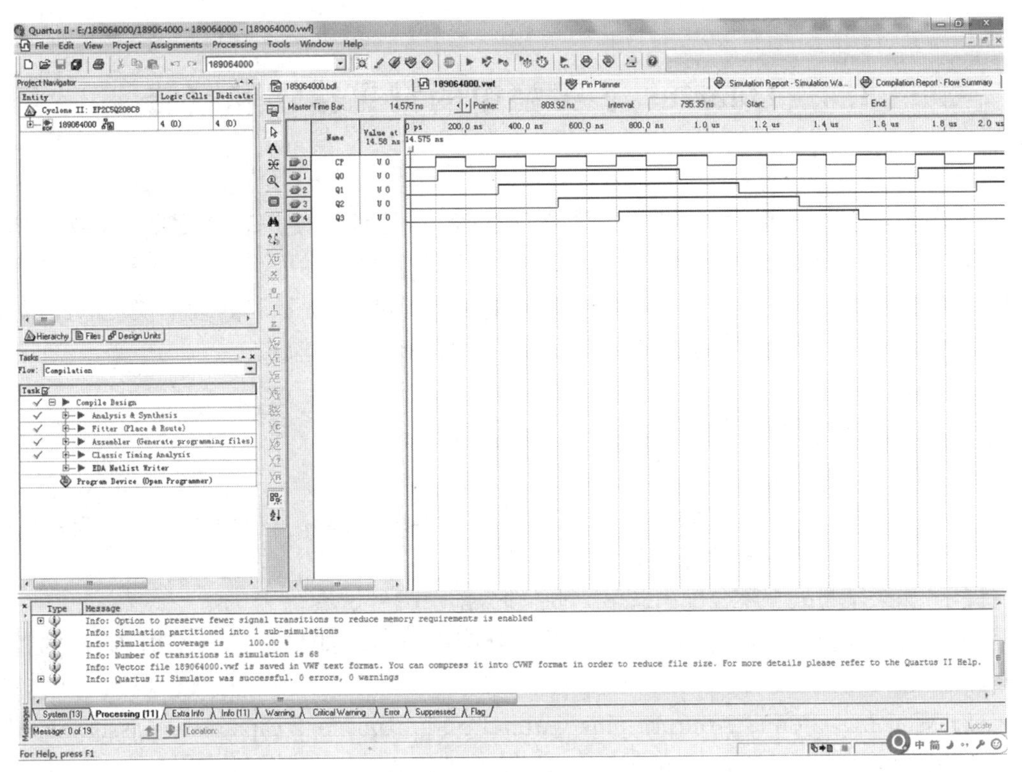

图 8.75　覆盖后的仿真文件波形图

器窗口点击“Start”按钮之前，先点击菜单中的 Tools→Options，将“Display message when programming finishes”前面的方框中打上对钩“√”。如图 8.76 所示。

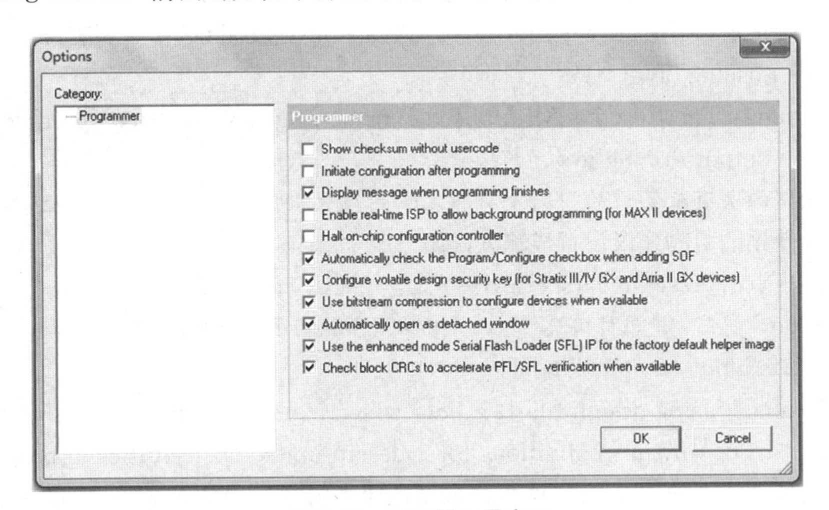

图 8.76　编程器设置窗口

7. 实验验证

根据 Pin Planner 指定的引脚，在实验箱的核心板上找到 CP 输入端(本例为 23 号插孔)，引出一根导线接到实验箱的 1 Hz 方波信号源。再分别用导线把实验箱的 4 个电平指示灯插孔和核心板的 4 个输出插孔(本例分别是 160、161、162 和 163)对应相连。打开实验箱电源，观察指示灯是否按题意从左到右先依次亮起来，再依次灭掉。

8.4 Quartus Ⅱ实验中的常见错误和警告

由于我们是初学者，对电路的设计不尽合理，对软件的使用也不尽熟悉，故在使用Quartus Ⅱ进行实验的过程中难免会出现报错或警告。本节将从编译、仿真和下载三个过程把一些常见的错误或警告信息列举出来，并给出参考翻译、提示和处理建议。除此以外，还将把软件界面容易遇到的问题列举出来，并给出提示和处理建议。

8.4.1 编译过程中的常见错误和警告

(1) Critical Warning: No exact pin location assignment(s) for 3 pins of 3 total pins.

严重警告：有3个引脚没有分配引脚号。

提示：如果不是故意不分配引脚号，则必须分配引脚号。

处理建议：检查是否有输入、输出端没有分配引脚号。如果无需分配引脚号，则可以忽略。

(2) Warning: Found 1 output pins without output pin load capacitance assignment.

警告：发现1个输出引脚没有指定输出引脚负载电容。

提示：输出引脚加负载电容的目的是防止意外高频振荡，这属于输出引脚补偿，以提高输出稳定性。

处理建议：点击 Assignments→Device…，点击“Device and Pin Options…”进入“Device and Pin Options”窗口，里面有许多卡片。选择“Capacitive Loading”卡片，将“3.3-V LVTTL”的“Capacitive Loading”值由0改为1即可。

(3) Warning: The Reserve All Unused Pins setting has not been specified, and will default to “As output driving ground”.

警告：预留的所有未使用的引脚没有指定如何设置，将默认为“作为输出驱动接地”。

提示：未使用的引脚建议设置成输入高阻态。

处理建议：点击 Assignments→Device…，点击“Device and Pin Options…”进入“Device and Pin Options”窗口，里面有许多卡片。选择“Unused Pins”卡片，将“Reserve all unused pins”选择为“As input tri-stated”即可。

(4) Warning: Using design file 123.bdf, which is not specified as a design file for the current project, but contains definitions for 1 design units and 1 entities in project.

警告：使用设计文件123.bdf，该文件未指定为当前项目的设计文件，但包含项目中的1个设计单元和1个实体。

提示：正确的操作步骤是，设计文件应该在项目建立之后建立，并按默认名称存盘(与项目名称同名)。如果操作顺序错误，必须要在项目里指定关联的设计文件，否则即使同名也可能出现这样的警告。这个警告必须处理，否则即使编译成功也不会正确。

处理建议：点击 Project→Add/Remove Files in Project…，点击“Add All”增加“.bdf”文件，再点击“OK”。然后重新编译。

(5) Error: Top-level entity name "练习" specified for revision "练习" contains illegal characters.

Error: Can't compile—can't find Quartus Ⅱ Settings File 练习.

错误：顶层实体名称“练习”包含非法字符。

错误：无法编译——找不到 Quartus Ⅱ设置文件“练习”。

提示：设计文件名使用了中文字符“练习”。在 Quartus Ⅱ中，不管是项目名、设计文件名还是仿真文件名，都建议使用英文字母或阿拉伯数字，不要使用汉字、希腊字母、标点符号等特殊字符。

处理建议：查找路径、项目名和文件名中有没有使用汉字等特殊字符。如果有，修改之。

(6) Warning: Found pins functioning as undefined clocks and/or memory enables.

警告：发现有引脚具备时钟和/或存储器允许的功能，而这些引脚却没有定义。

提示：对于时序电路，必须在时序设置里定义时钟引脚。

处理建议：打开经典时序分析设置“Classic Timing Analyzer Settings”界面，进行时钟设置。设置主时钟的具体步骤是：依次点击 Assignments→settings→Timing Analyzer Settings→Classic Timing Analyzer Settings，在“Clock Settings”里点击“Individual Clock…”，进入后点击“New…”，在“New Clock Settings”窗口里命名时钟名(Clock Settings Name)，点击“Applies to nodded”右边的“…”，在节点查找器(Nodes Finder)里的“Filter”中选择“Pins:input”，点击“List…”。选中引脚点击“OK”后，在“Independent of other clock Settings”里的频率“Required fmax”处填 1 MHz、占空比(duty cycle(%))填 50，然后连续点击“OK”即可。

(7) Warning: Found 1 node(s) in clock paths which may be acting as ripple and/or gated clocks—node(s) analyzed as buffer(s) resulting in clock skew.

Info: Detected ripple clock "inst" as buffer.

警告：在时钟路径中发现了 1 个节点可能充当行波和/或门控时钟——分析出节点为缓冲器，导致时钟偏移。

进一步信息：检测到行波时钟“inst”作为缓冲器。

提示：使用了行波时钟或门控时钟。将触发器的输出当作时钟使用，就会报行波时钟 ripple clock；将组合逻辑的输出当作时钟使用，就会报门控时钟 gated clock。一般情况下，不建议设计成异步时序电路。不要把触发器的输出当作时钟，也不要将组合逻辑的输出当作时钟，而应该使用完整的同步时序。如果本身如此设计，则无需理会该警告。

处理建议：处理“警告”的方法：修改设计，将异步时序电路修改成同步时序电路。处理“进一步信息”的方法：设置衍生时钟。方法是：依次点击 Assignments→settings→Timing Analyzer Settings→Classic Timing Analyzer Settings→Clock Settings→Individual Clock…→New…命名时钟，指定到具体节点(因为不是输入、输出引脚，所以应该从“Filter”中的“design entry(all names)”寻找)，然后再从关联其他时钟设置(relationship to other clock setting)中选择主时钟名(base on)，点击“Derived Clock Requirements”设置衍生时钟与主时钟的频率关系、占空比等。

(8) Warning: Can't achieve minimum setup and hold requirement CP along 3 path(s). See Report window for details.

警告：CP 沿 3 个路径无法满足最小建立时间(setup time)和保持时间(hold time)的时

序要求。有关详细信息,请参见报告窗口。

提示:时序分析发现一定数量的路径违背了最小的建立时间和保持时间,与时钟偏移有关,一般是由多时钟引起的。

处理建议:参见第7条。

(9) Critical Warning: Timing requirements for slow timing model timing analysis were not met. See Report window for details.

严重警告:慢配时模型的时序要求不满足。有关详细信息,请参见报告窗口。

提示:原因与第8条类似。

处理建议:参见第7条。

(10) Warning: Found invalid Fitter assignments. See the Ignored Assignments panel in the Fitter Compilation Report for more information.

警告:发现无效的适配。有关详细信息请参阅"编译报告"(Compilation Report)→"适配"(Fitter)→"被忽略的分配"(Ignored Assignments)条目。

提示:项目中存在没有删除完全的引脚。比如在设计图中删除了引脚,但没有在引脚规划器(Pin Planner)中删除。

处理建议:打开引脚规划器,将里面打问号的引脚通过右击菜单 Edit→Delete 删除。

(11) Warning: Ignored locations or region assignments to the following nodes.

Warning: Node "pin_name1" is assigned to location or region, but does not exist in design.

警告:忽略以下节点的位置或区域分配。

警告:节点"pin_name1"分配给了位置或区域,但在设计中不存在该节点。

提示:项目中存在没有删除完全的引脚。比如在设计图中删除了引脚,但没有在引脚规划器中删除。

处理建议:打开引脚规划器,将里面打问号的引脚通过右击菜单 Edit→Delete 删除。

(12) Warning: Primitive "NOT" of instance "inst1" not used.

警告:标号为"inst1"的基本逻辑单元"NOT"(非门)没有起作用。

提示:有个标号为"inst1"的非门输出可能没有接入电路。

处理建议:在原理图中查找标号为"inst1"的非门,看看是否输出悬空,或者它无论在什么状态下都不影响电路输出。

(13) Error: Node "inst" is missing source.

错误:节点"inst"缺少源。

提示:标号为"inst"的器件有输入端悬空。

处理建议:在原理图中查找标号为"inst"的器件,看看是否有输出端悬空,然后把它接到正确的信号上。

(14) Error: Illegal name "A"—pin name already exists.

错误:非法的名称"A"——引脚名已经存在。

提示:起码有两个引脚起了"A"这个名称。

处理建议:找出所有引脚名为"A"的输入、输出端,重新命名。

(15) Error: Can't elaborate top-level user hierarchy.

错误:无法详细说明顶级用户层次结构。

提示:层次结构发生了混乱。引起这种情况的原因很多,比如第 11 条也有可能报出这个错误。

处理建议:先解决其他错误,可能这个错误也就自然解决了。

(16) Warning: Tri-state node(s) do not directly drive top-level pin(s).

Warning: Converted tri-state buffer "74257:inst2|29" feeding internal logic into a wire.

Warning: Converted tri-state buffer "74257:inst2|26" feeding internal logic into a wire.

Warning: Converted tri-state buffer "74257:inst2|22" feeding internal logic into a wire.

Warning: Converted tri-state buffer "74257:inst2|20" feeding internal logic into a wire.

警告:三态节点没有直接驱动顶层引脚。

警告:已转换的三态缓冲器"74257:inst2_29"将内部逻辑布入线中。

警告:已转换的三态缓冲器"74257:inst2_26"将内部逻辑布入线中。

警告:已转换的三态缓冲器"74257:inst2_22"将内部逻辑布入线中。

警告:已转换的三态缓冲器"74257:inst2_20"将内部逻辑布入线中。

提示:FPGA 内部信号不能出现被赋值为高阻态,只有顶层引脚可以。

处理建议:在". bdf"中将具有三态输出的 74LS257 换成不具有三态输出的 74LS157。

(17) Warning: Output pins are stuck at V_{CC} or GND.

Warning (13410): Pin "Q[3]" is stuck at GND.

警告:输出引脚固定接到了 V_{CC}或 GND。

警告(13410):引脚 Q[3]一直是 0。

提示:输出端一直是 1 或 0。往往是由电路中的逻辑设计造成的,有可能电路中有错误,也有可能没有错误,Q[3]就应该等于 0 不变。

处理建议:分析实际设计,检查是不是 Q[3]输出确实应该一直为 0。如果是,可以忽略;如果不是,查找原因。例如,六进制计数器输出 Q[3]Q[2]Q[1]Q[0]=0000~0101,此时 Q[3]一直为 0 就是正常的。

(18) Error: Net "gdfx_temp0", which fans out to "y", cannot be assigned more than one value.

Error: Net is fed by "inst2".

Error: Net is fed by "V_{CC}".

错误:网络"gdfx_temp0"(输出到 y)不能被赋予一个以上的值。

错误:网络由"inst2"提供输出。

错误:网络由"V_{CC}"提供输出。

提示:输出端 Y 与电源 V_{CC}短路。

处理建议:查看电路,输出端 Y 本来是由"inst2"提供的,结果是不是同时又接到了 V_{CC}上。

(19) Warning: Design contains 1 input pin(s) that do not drive logic.

Warning (15610): No output dependent on input pin "A".

警告:设计包含一个输入引脚,但没有驱动任何逻辑。

警告(15610):没有输出端受输入端"A"控制。

提示:输入端"A"不起作用,往往是因为电路中有设计逻辑错误,造成输入端"A"控制不了输出。

处理建议:仔细查看电路,检查输入端"A"分别在 0 和 1 时对电路有什么影响。

(20) Warning: Clock Setting "cp" is unassigned.

Warning: No paths found for timing analysis.

Warning: Found invalid timing assignments—see Ignored Timing Assignments report for details.

警告:时钟设置"cp"无效定义。

警告:没有找到时序分析路径。

警告:发现一个无效的时序定义——详情请见 Ignored Timing Assignments 报告。

提示:时钟输入端不起作用,往往是因为电路中有设计逻辑错误,造成时钟输入端控制不了输出。

处理建议:仔细查看电路,分析时钟输入端来了一个脉冲后对电路有什么影响。

8.4.2 仿真过程中的常见错误和警告

(1) Warning: Waveform settings file F:/123/1jsq/db/wed. wsf at (line:105, col:15) has warning : no such channel in waveform file, ignore display line settings for this signal.

警告:波形设置文件 F:/123/1jsq/db/wed. wsf 在(105 行,15 列)有警告:波形文件中没有这样的通道,忽略此信号的显示行设置。

提示:波形文件中所有输入引脚必须设置合适的信号,如果时钟引脚需要添加连续脉冲,其他引脚也需要添加合适的高低电平。

处理建议:检查". vwf"文件,看看是否有输入端没有添加信号。

(2) Error: Can't continue timing simulation because delay annotation information for design is missing.

错误:无法继续时序仿真,因为缺少用于设计的延迟注释信息。

提示:在进行仿真之前,必须要对整个项目做一次全编译,否则无法仿真。

处理建议:先做一次全编译,然后再仿真。

(3) 编译后找不到某些内部寄存器状态,造成内部计数器的某些节点无法按要求进行仿真。

提示:这是因为这些节点在整个工作期间状态一直不变,软件在编译的时候默认忽略它们,以便提高性能和减少面积。但我们的实验电路简单,不在乎性能和面积,所以无需忽略它,保留它还可以加快编译速度。

处理建议:点击 Settings→Analysis & Synthesis Settings →More Settings…→Synthesis Effort 的 Setting,把"Auto"改为"Fast"。

8.4.3　下载过程中的常见错误和警告

(1) Error：Can't access JTAG chain.

Error：Operation failed.

错误：无法访问 JTAG 链。

错误：操作失败。

提示：下载时，项目中设置的芯片型号必须与实验箱核心板中的芯片一致(EP2C5Q208C8)；下载线必须可靠连接实验箱的 JTAG 口和 USB-Blaster，同时还要保证实验箱的电源和核心板电源打开。

处理建议：① 检查芯片设置有没有错误(容易把 EP2C5Q208C8 误设置成 EP2C8Q208C8)；② 检查实验箱的电源和核心板电源是否打开；③ 检查 JTAG 排线有没有松动。

(2) Error：JTAG Server can't access selected programming hardware.

Error：Operation failed.

错误：JTAG 服务器无法访问选定的编程硬件。

错误：操作失败。

提示：下载时，USB 下载线必须可靠连接电脑和 USB-Blaster，保证电脑与编程硬件的可靠连接。

处理建议：检查 USB 下载线是否可靠连接电脑和 USB-Blaster。

(3) Error：Unable to reset device before configuration.

Error：Configuration failed.

错误：配置前无法复位器件。

错误：配置失败。

提示：下载模式应该选择 JTAG。

处理建议：将下载界面中的模式"Mode"选择为 JTAG。

8.4.4　软件界面中的常见问题

(1) 子窗口的选项卡没有了。

提示：主界面的工程工作区在正常情况下有若干个选项卡，每个选项卡对应一个子窗口。比如，画了原理图，就有原理图的选项卡；画了仿真，就有仿真图的选项卡；做了编译，就出现了编译报告的选项卡；等等。按上方的选项卡可以很方便地切换子窗口。如果没有子窗口的选项卡，那么要切换子窗口是非常不方便的。显示、不显示子窗口的选项卡都是可以设置的。这个问题出现的原因可能是在某个选项卡上右击菜单时点击了"Hide Tabs"。

处理建议：依次点击 Tools→Options→General，将"display tabs for child windows"前面的选项打钩即可。

(2) 原理图输入法的图形编辑区建议设置方便布局的网格线。

提示：为了使电路图更清晰，建议在图形编辑器的图形编辑区设置网格线。

处理建议：设置网格线的方法是在标题栏中勾选 View→Show Guidelines 选项，这时该项前面会出现一个对钩，表明当前处于显示网格线的状态。如果要取消网格线，可再次进行上述操作,把“Show Guidelines”选项前面的对钩去掉,窗口就看不到网格线了。

(3) Pin Planner 窗口发现引脚列表找不到,无法配置引脚。

提示:Pin Planner 窗口菜单没有设置显示 All Pins。

处理建议:在 Pin Planner 窗口的菜单栏点击“View”,在“All Pins List”的前面点击打点“·”。

(4) 原理图输入法编辑时找不到左侧工具栏。

提示:通过点击菜单调出。

处理建议:点击 Tools→Customize Block Editor…,在弹出的“Customize Block Editor”对话框里勾上“Block Editor”。

(5) 仿真结束后没有自动出现选项卡为“Simulation Report”的仿真报告窗口,或者不小心关掉了该窗口。

提示:通过点击菜单调出。

处理建议:点击 Processing→Simulator Tool,在弹出的“Simulator Tool”界面的右下角点击“Report”进行查看。

(6) Quartus Ⅱ界面上左侧某些窗口,比如 Project Navigator 窗口、Tasks 窗口等不小心被关闭,影响使用。

提示:这些窗口都可以通过点击菜单打开或关闭,或者复位窗口恢复。

处理建议:① 在 View→Utility Windows 的子菜单里点击相应需要恢复的窗口;② 保存当前文件,然后点击 Tools→Customizes…,在“Customizes”界面点击右下方的“Reset All”,在弹出的对话框里点击“是”,重新启动 Quartus Ⅱ即可。

第 9 章　PLD 实验

9.1　PLD 的编程介绍及练习

【实验目的】

(1) 通过本实验,熟悉 Cyclone Ⅱ系列芯片的结构与性能。

(2) 熟悉并掌握 Quartus Ⅱ系统开发软件。

(3) 掌握 PLD 的设计、编译与编程过程。

【实验任务】

(1) 用图形输入法设计一个二选一数据选择器。

(2) 用图形输入法设计一个自选题目。

【实验设备与器材】

MDCL-Ⅱ型数字电路实验箱和下载线;

EP2C5Q208C8N 型核心板;

计算机;

Altera 公司的 Quartus Ⅱ系统开发软件。

【实验步骤与方法】

(1) 在电脑桌面上打开 Quartus Ⅱ。

(2) 启动 File→New…菜单,点击"New Quartus Ⅱ Project",在项目向导的第 1 页输入工作文件夹和设计文件的名称,在第 3 页选择器件(FPGA 器件系列选 Cyclone Ⅱ,器件名称为 EP2C5Q208C8)。

(3) 启动 File→New…菜单,点击 Design Files→Block Diagram/Schematic File,打开原理图编辑器。

(4) 原理图设计输入的方法如下:

① 元器件放置。

在空白处双击鼠标左键,在"Symbol"窗口的"Name"框中输入元器件名,或用鼠标从元件库(Libraries)中点取元器件,再点击"OK",鼠标箭头上将有相应的元件符号跟着鼠标移动。移动到合适的位置,按左键放置元件。若要继续安放相同的元器件,则再次拖动鼠标(仍然附着了该元器件符号)到另一个位置点击安放。如果想要取消安放该符号,可以右击鼠标,选择"Cancel"(取消),也可以按键盘上的"Esc"取消。

② 在元器件之间添加连线。

把鼠标移到元器件引脚附近,则鼠标光标自动由箭头变为十字形,按住鼠标左键拖动即可画出连线，参考电路如图 9.1 所示。

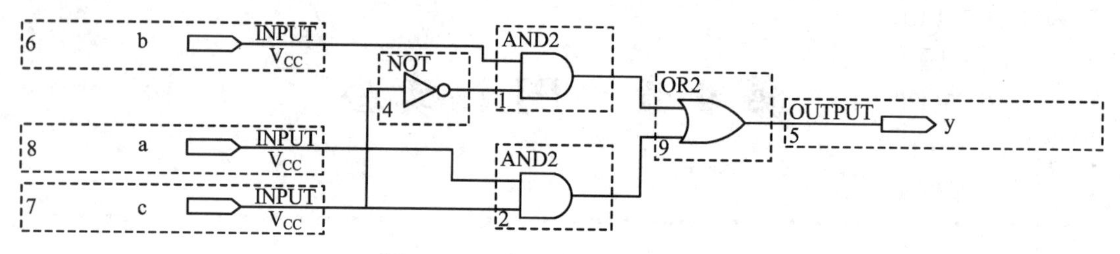

图 9.1　二选一数据选择器原理图

(5) 保存原理图。

在"File\Save"菜单下保存原理图，对于第一次输入的新原理图，会出现"Save As…"对话框，选择默认的目录、名称，保存刚才输入的原理图。原理图的扩展名为". bdf"。

(6) 编译。

适当地进行一些设置，先进行分析与综合，再从菜单"Assignments"中点击"Pins"，进入"Pin Planner"界面，指定输入、输出引脚号，参见第 8 章。点击主窗中工具栏上的图标 ▶，进行全编译。若电路中有错，则显示出错提示。若电路中无错，则编译通过，生成". sop"文件，以备硬件下载或编程时使用。

(7) 实验箱上连线。

① 点击"Assignments"→"Pins"菜单，查看引脚号。

② 按引脚号连线，输入接数据开关，输出接 LED 灯。

(8) 下载。

打开实验箱电源开关，从 Quartus Ⅱ菜单"Tools"中选择"Programmer"，则编程器窗口被打开，在编程器窗口中完成硬件设置，点击"Start"完成下载。具体方法见 8.4 节。

(9) 硬件验证。

验证二选一数据选择器功能，记录数据。

【预习要求】

(1) 预习用 Quartus Ⅱ系统软件在 PLD 上设计、开发时序电路的方法(见 7.3 节)。

(2) 设计实验任务中的电路。

【实验报告】

该实验为练习性实验，事后无需书写实验报告。

9.2　PLD 的时序电路设计

【实验目的】

(1) 了解实验箱中 6 只动态扫描显示的数码管(高电平驱动的七段 a、b、c、d、e、f、g 和小数点 h 的输入，以及 6 只数码管的 6 个低电平选通端)的工作原理，设计标准扫描驱动电路模块。

(2) 掌握时序电路的逻辑功能和设计方法。

(3) 掌握如何用 Quartus Ⅱ设计时序电路。

(4) 掌握 PLD 的设计、编译、仿真与编程过程。

【实验任务】

用 EP2C5Q208C8N 型芯片设计一个使数码管从左到右轮换显示十进制数 0、1、2、3、4、5 的电路。

【实验设备与器材】

MDCL-Ⅱ型数字电路实验箱和下载线；

EP2C5Q208C8N 型核心板；

计算机；

Altera 公司的 Quartus Ⅱ系统开发软件。

【实验要求】

(1) 设计电路。

(2) 完成设计输入、编译、仿真与编程下载全过程。

(3) 硬件验证电路功能。

【预习要求】

(1) 预习用 Quartus Ⅱ系统软件在 PLD 上设计、开发时序电路的方法(见 7.3 节)。

(2) 设计实验任务中的电路。

(3) 写一份预习报告，要求见“实验须知”中的“实验报告(预习报告)”。

【实验报告】

要求见“实验须知”中的“实验报告(预习报告)”。

9.3　PLD 的串行加法器

【实验目的】

(1) 掌握时序电路的设计方法，加深理解时序电路的结构框图。

(2) 了解串行加法器和移位寄存器的工作原理。

(3) 掌握 PLD 的设计、编译、仿真与编程过程。

【实验任务】

设计一个串行加法器(其存储器部分用 DFF 实现)，其输入为两个二进制数 A 和 B，输出为本位和 S，将设计好的串行加法器按图 9.2 连接，验证其逻辑功能。图中，K 是四位移位寄存器，H 是四位移位寄存器，用来分别存放参加运算的两个四位二进制数 A＝A3A2A1A0 和 B＝B3B2B1B0，A 和 B 分别按并行方式预置。(如何预置?) 整个电路的工作过程是：在 t_0 时刻(时钟作用前)，A 和 B 的低位 A0、B0 到达串行加法器相加，其和送至 K 移位寄存器最高位的输入端，在 t_1 时刻(第一个时钟脉冲作用后)，移位寄存器 K、H 中的数依次右移一位，此时低位运算之和移入 K 的最高位，A、B 中的次低位 A1、B1 移至 K、H 的最低位，A1、B1 同时送入串行加法器相加，其和又送至 K 的最高位输入端，依次进行，在 t_5 时刻(第五个时钟脉冲作用后)，由于 K 寄存器与前面的 D 触发器共有五位，故和数可从 K 中直接读出，最终进位信号可以从 D 触发器中读出。由于寄存器 K 起到存放累加结果的作用，所以通常把 K 称为累加寄存器。

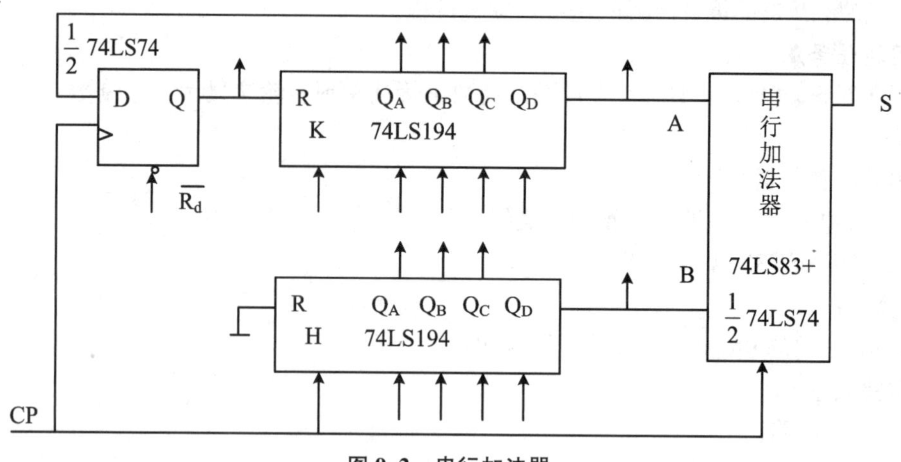

图 9.2 串行加法器

【实验设备与器材】

MDCL-Ⅱ型数字电路实验箱和下载线；

EP2C5Q208C8N 型核心板；

计算机；

Altera 公司的 Quartus Ⅱ系统开发软件。

【预习要求】

(1) 预习用 Quartus Ⅱ系统软件在 PLD 上设计、开发时序电路的方法(见第 8 章)。

(2) 设计实验任务中的电路。

(3) 回答下列思考题：

① 指出图 9.2 中何处使用了"串行码→并行码"的转换，何处使用了"并行码→串行码"的转换。

② 在实验中，为何累加器要用五位才能将两个四位二进制数 A、B 相加得到的各种结果显示出来？在预置 A、B 时，D 触发器应预置 0 还是预置 1？

③ 在实验中，某个时刻(比如 t_1 时刻)串行加法器的输出 S 与哪个时刻的输入有关？串行加法器中存储器的输出 Q 又与哪个时刻的输入有关？

④ 和下一个实验中的并行加法器相比较，本实验中的串行加法器有何优缺点？

(4) 写一份预习报告，要求见"实验须知"中的"实验报告(预习报告)"。

【实验报告】

要求见"实验须知"中的"实验报告(预习报告)"。

9.4 PLD 的计数器

【实验目的】

(1) 掌握时序电路的设计方法，掌握 74LS168(十进制同步加减计数器)集成芯片的逻辑功能。

(2) 学习使用 74LS48(BCD 译码器)和共阴极七段显示器。

(3) 掌握 PLD 的设计、编译、仿真与编程过程。

【实验任务】

设计一个 n 进制计数器，其值从 11 到 99 范围任意进制(两位)均可，输入为单次脉冲，输出为两片七段显示器显示的十进制计数值。具体要求如下：

(1) 用图形输入法(例如计数器符号可以调用 74168)实现。

(2) 显示器显示值从 0 到 $n-1$，如 60 进制显示值从 0 到 59 共 60 个状态。

(3) 两位数码显示采用动态扫描方式，即高位和低位快速(≥60 Hz)轮流显示。

(4) 完成设计输入、编译、仿真、下载与硬件验证的全过程。

【实验设备与器材】

MDCL-Ⅱ型数字电路实验箱和下载线；

EP2C5Q208C8N 型核心板；

计算机；

Altera 公司的 Quartus Ⅱ系统开发软件。

【预习要求】

(1) 复习计数、译码和显示电路的工作原理。

(2) 预习 74LS168 计数器的逻辑功能及 n 进制计数器的设计方法。

(3) 写一份预习报告，要求见“实验须知”中的“实验报告(预习报告)”。

【实验报告】

要求见“实验须知”中的“实验报告(预习报告)”。

附录A 部分TTL集成电路的引脚排列图和功能表

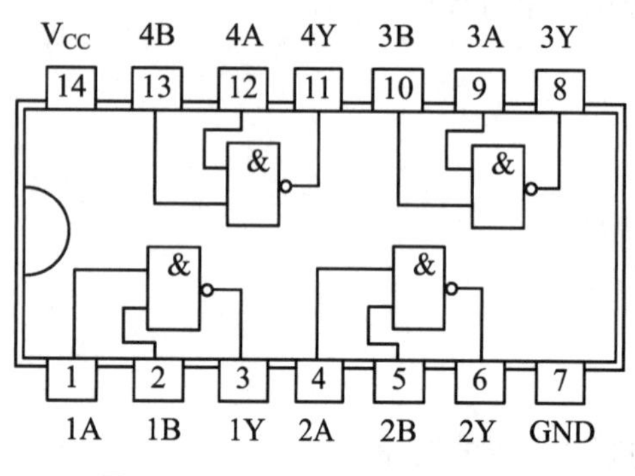

图A.1 74LS00四2输入与非门

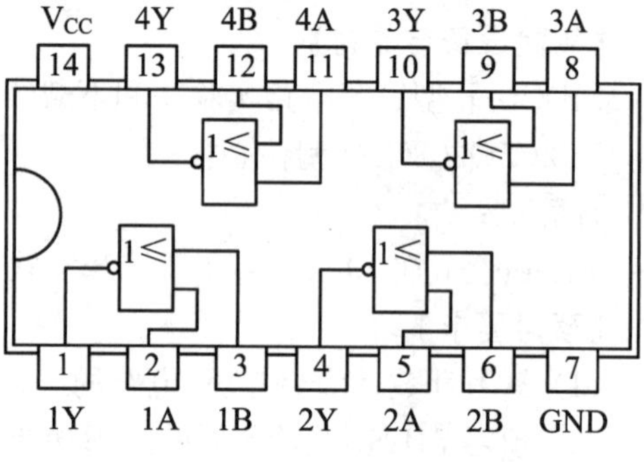

图A.2 74LS02四2输入或非门

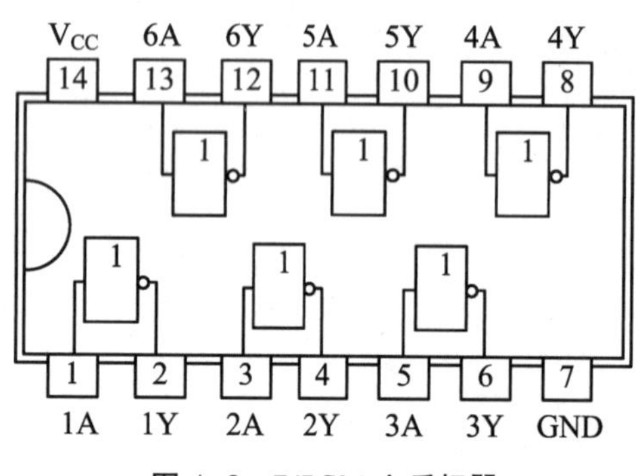

图A.3 74LS04六反相器

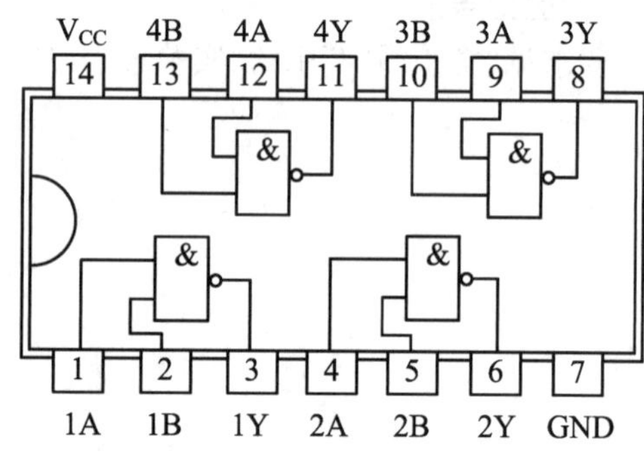

图A.4 74LS08四2输入与门

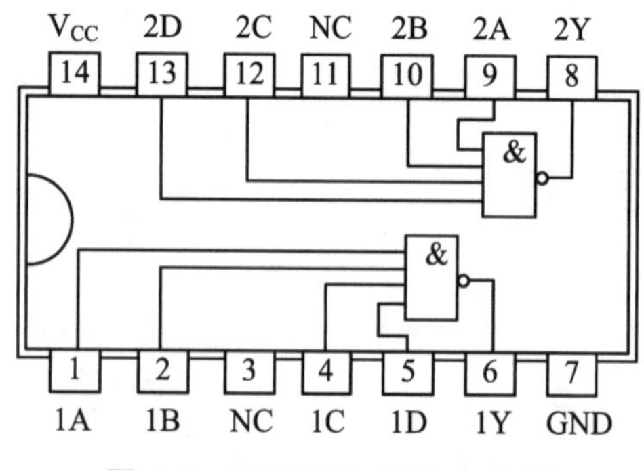

图A.5 74LS20双4输入与非门

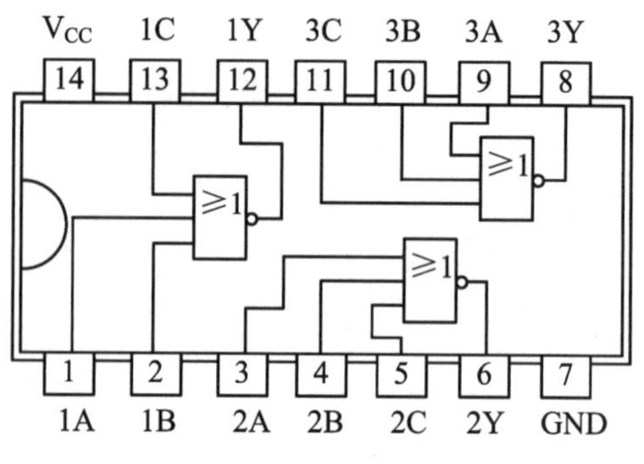

图A.6 74LS27三3输入或非门

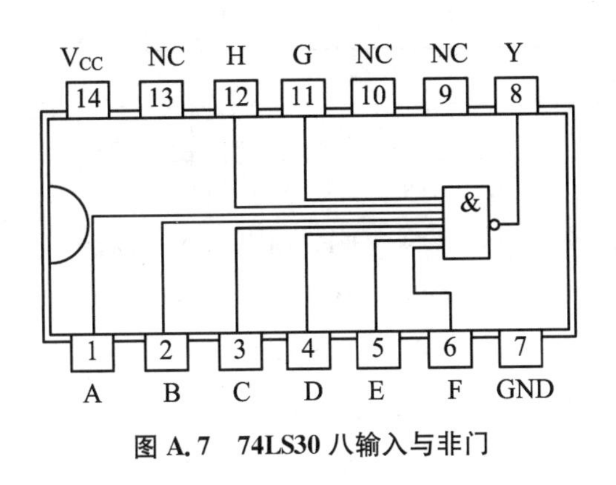

图 A.7　74LS30 八输入与非门

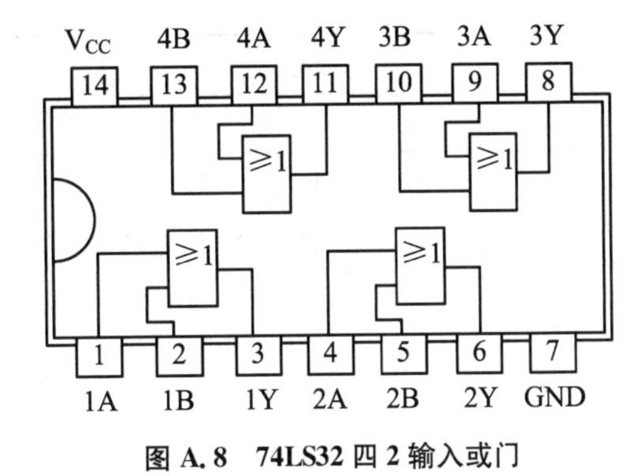

图 A.8　74LS32 四 2 输入或门

图 A.9　74LS47(低电平作用、OC 输出)

图 A.10　74LS48(内部上拉输出)

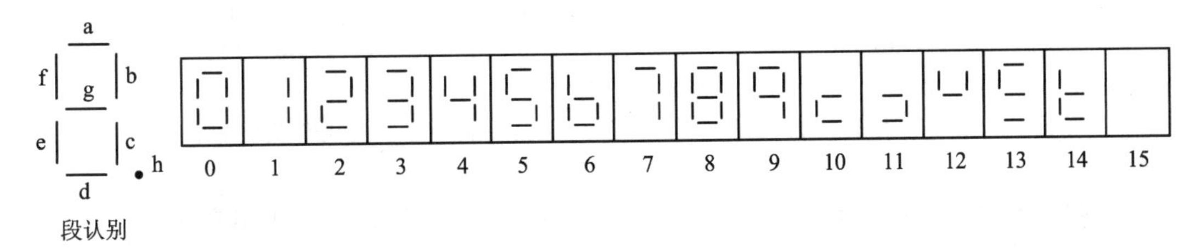

图 A.11　数字符号与最后显示

表 A.1　74LS47/48 七段译码器/驱动器功能表

十进数或功能	输入						BI/RBO*	输出							注
	LT	RBI	D	C	B	A		a	b	c	d	e	f	g	
0	H	H	L	L	L	L	H	ON	ON	ON	ON	ON	ON	OFF	1
1	H	X	L	L	L	H	H	OFF	ON	ON	OFF	OFF	OFF	OFF	
2	H	X	L	L	H	L	H	ON	ON	OFF	ON	ON	OFF	ON	
3	H	X	L	L	H	H	H	ON	ON	ON	ON	OFF	OFF	ON	
4	H	X	L	H	L	L	H	OFF	ON	ON	OFF	OFF	ON	ON	
5	H	X	L	H	L	H	H	ON	OFF	ON	ON	OFF	ON	ON	
6	H	X	L	H	H	L	H	OFF	OFF	ON	ON	ON	ON	ON	
7	H	X	L	H	H	H	H	ON	ON	ON	OFF	OFF	OFF	OFF	

续表

十进数或功能	输入						BI/RBO*	输出							注
	LT	RBI	D	C	B	A		a	b	c	d	e	f	g	
8	H	X	H	L	L	L	H	ON	ON	ON	ON	ON	ON	ON	1
9	H	X	H	L	L	H	H	ON	ON	ON	OFF	OFF	ON	ON	
10	H	X	H	L	H	L	H	OFF	OFF	OFF	ON	ON	OFF	ON	
11	H	X	H	L	H	H	H	OFF	OFF	ON	ON	OFF	OFF	ON	
12	H	X	H	H	L	L	H	OFF	ON	OFF	OFF	OFF	ON	ON	
13	H	X	H	H	L	H	H	ON	OFF	OFF	ON	OFF	ON	ON	
14	H	X	H	H	H	L	H	OFF	OFF	OFF	ON	ON	ON	ON	
15	H	X	H	H	H	H	H	OFF	OFF	OFF	OFF	OFF	OFF	OFF	
BI	X	X	X	X	X	X	L	OFF	OFF	OFF	OFF	OFF	OFF	OFF	2
RBI	H	L	L	L	L	L	L	OFF	OFF	OFF	OFF	OFF	OFF	OFF	3
LT	L	X	X	X	X	X	H	ON	ON	ON	ON	ON	ON	ON	4

注:H=高电平,L=低电平,X=不定。

(1) 要求 0～15 时,灭灯输入(BI)必须开路或保持高电平。如果不要求灭十进制数零,则动态灭零输入(RBI)必须为开路或高电平。

(2) 将一低电平直接加于灭灯输入(BI)时,则不管其他输入为何电平,所有各段输出都关闭。

(3) 当动态灭零输入(RBI)和 A、B、C、D 输入为低电平而试灯输入(LT)为高电平时,所有各段输出都关闭,并且动态灭零输出(RBO)处于低电平(响应条件)。

(4) 当灭灯输入/动态灭零输出(BI/RBO)开路或保持高电平而试灯输入(LT)为低电平时,所有各段输出都接通。

(5) BI/RBO 是线与逻辑,作灭灯输入(BI)或动态灭零输出(RBO)之用,或兼作两者之用。

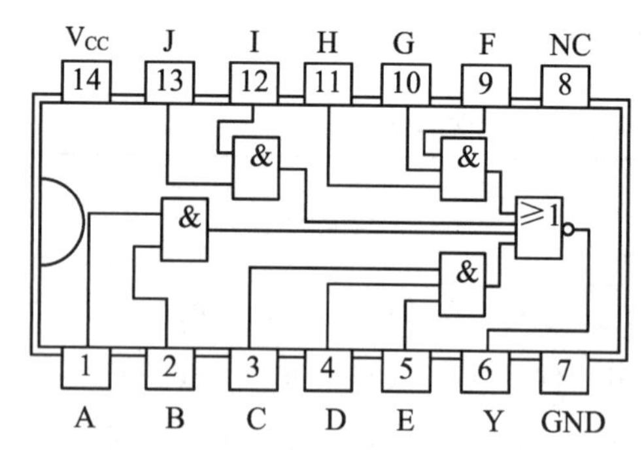

图 A.12　74LS54 2-3-3-2 输入与或非门

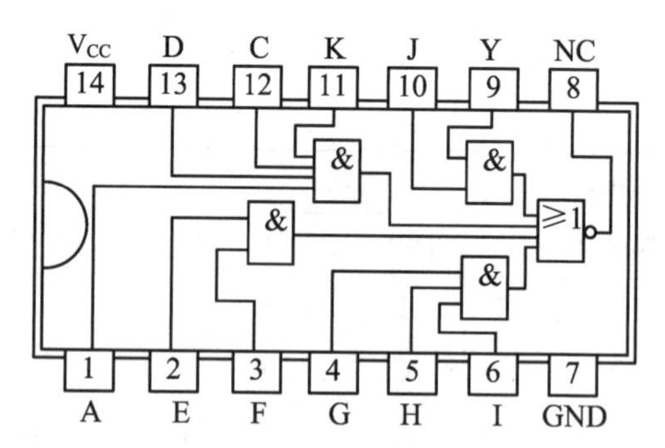

图 A.13　74LS64 与或非门推拉式输出
(74LS65 与或非门 OC 输出)

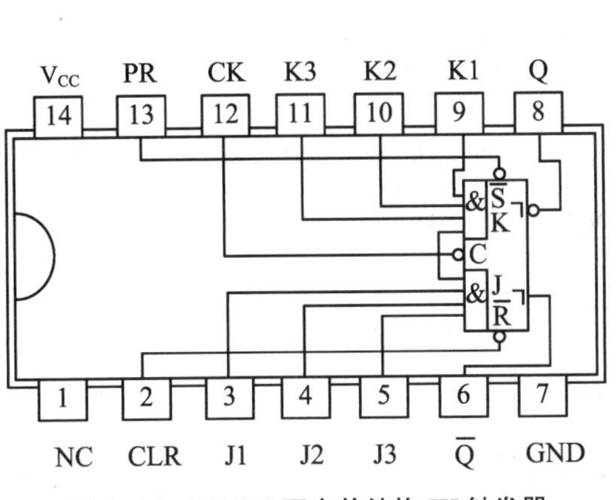

图A.14 74LS72双主从结构JK触发器

表A.2 7472功能表

输入					输出	
预置	清除	时钟	J	K	Q	$\overline{Q}$
L	H	X	X	X	H	L
H	L	X	X	X	L	H
L	L	X	X	X	H*	H*
H	H	⎍	L	L	Q_0	$\overline{Q}_0$
H	H	⎍	H	L	H	L
H	H	⎍	L	H	L	H
H	H	⎍	H	H	触发	

正逻辑 J=J1·J2·J3;K=K1·K2·K3。

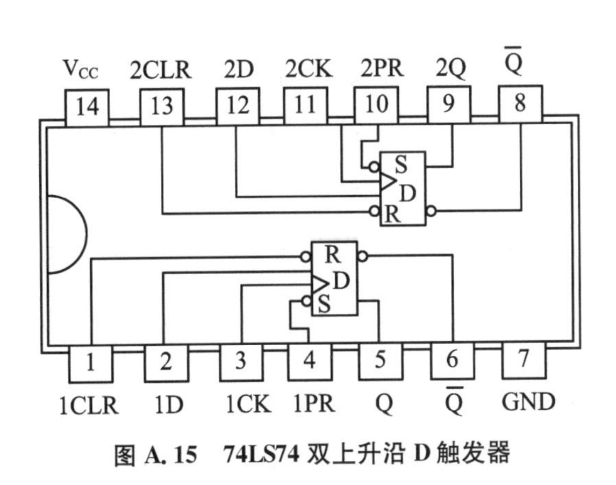

图A.15 74LS74双上升沿D触发器

表A.3 74LS74功能表

输入				输出	
预置	清除	时钟	D	Q	$\overline{Q}$
L	H	X	X	H	L
H	L	X	X	L	H
L	L	X	X	H*	H*
H	H	↑	H	H	L
H	H	↑	L	L	H
H	H	L	X	Q_0	$\overline{Q}_0$

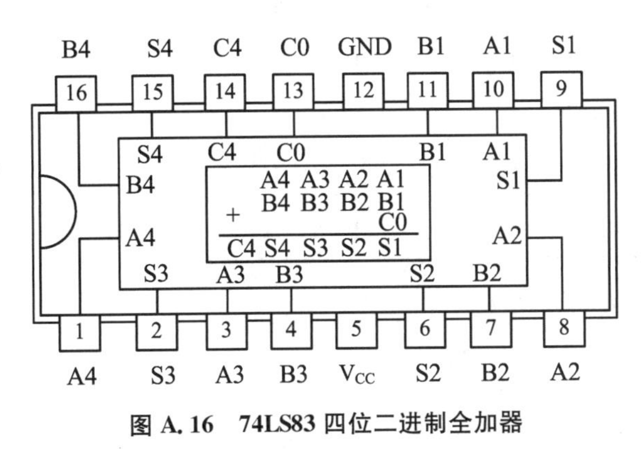

图A.16 74LS83四位二进制全加器

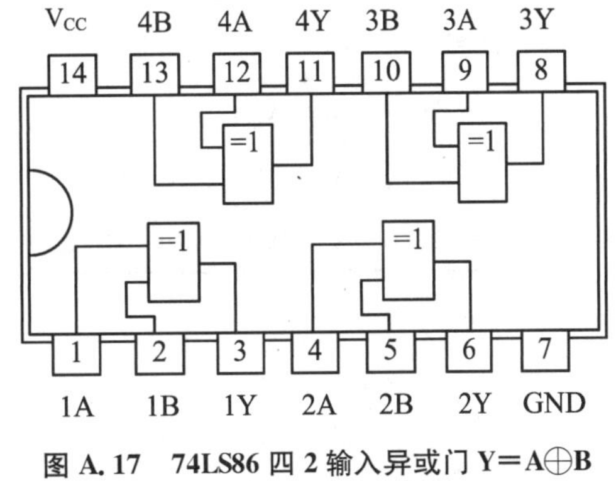

图A.17 74LS86四2输入异或门 Y=A⊕B

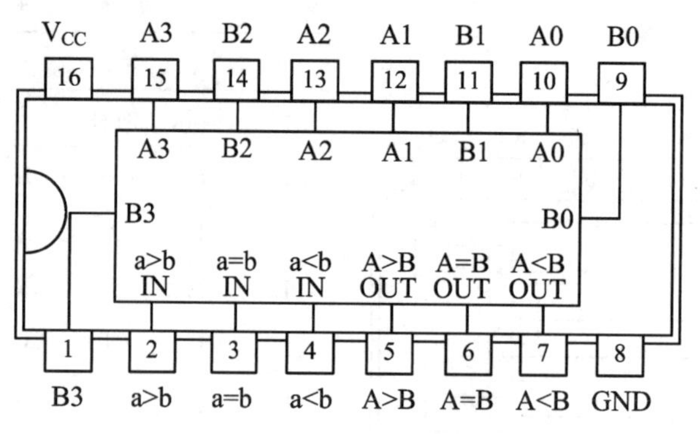

图 A.18　74LS85 四位数值比较器

表 A.4　74LS85 功能表

比较输入				级联输入			输出		
A3　B3	A2　B2	A1　B1	A0　B0	a>b	a=b	a<b	A>B	A=B	A<B
A3>B3	X	X	X	X	X	X	H	L	L
A3<B3	X	X	X	X	X	X	L	L	H
A3=B3	A2>B2	X	X	X	X	X	H	L	L
A3=B3	A2<B2	X	X	X	X	X	L	L	H
A3=B3	A2=B2	A1>B1	X	X	X	X	H	L	L
A3=B3	A2=B2	A1<B1	X	X	X	X	L	L	H
A3=B3	A2=B2	A1=B1	A0>B0	X	X	X	H	L	L
A3=B3	A2=B2	A1=B1	A0<B0	X	X	X	L	L	H
A3=B3	A2=B2	A1=B1	A0=B0	H	L	L	H	L	L
A3=B3	A2=B2	A1=B1	A0=B0	L	H	L	L	L	H
A3=B3	A2=B2	A1=B1	A0=B0	L	L	H	L	H	L
A3=B3	A2=B2	A1=B1	A0=B0	X	X	H	L	H	L
A3=B3	A2=B2	A1=B1	A0=B0	H	H	L	L	L	L
A3=B3	A2=B2	A1=B1	A0=B0	L	L	L	H	L	H

表 A.5　BCD计数时序
（见注(1)）

计数	输出			
	Q_D	Q_C	Q_B	Q_A
0	L	L	L	L
1	L	L	L	H
2	L	L	H	L
3	L	L	H	H
4	L	H	L	L
5	L	H	L	H
6	L	H	H	L
7	L	H	H	H
8	H	L	L	L
9	H	L	L	H

表 A.6　2－5混合进制计数时序
（见注(2)）

计数	输出			
	Q_D	Q_C	Q_B	Q_A
0	L	L	L	L
1	L	L	L	H
2	L	L	H	L
3	L	L	H	H
4	L	H	L	L
5	H	L	L	L
6	H	L	L	H
7	H	L	H	L
8	H	L	H	H
9	H	H	L	L

注：(1) 输出QA与输入B相接作BCD计数。
(2) 输出QB与输入A相接作2～5混合进制计数。
(3) H＝高电平，L＝低电平，X＝不定。

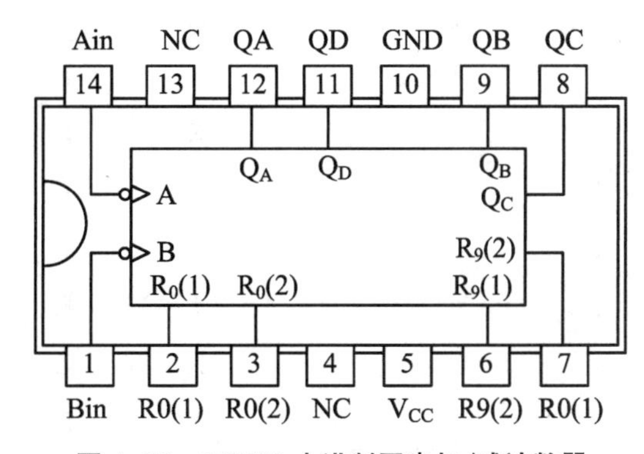

图 A.19　74LS90十进制同步加/减计数器

表 A.7　74LS90功能表

复位输入				输出			
$R_0(1)$	$R_0(2)$	$R_9(1)$	$R_9(2)$	Q_D	Q_C	Q_B	Q_A
H	H	L	X	L	L	L	L
H	H	X	L	L	L	L	L
X	X	H	H	H	L	L	H
X	L	X	L	计数			
L	X	L	X	计数			
L	X	X	L	计数			
X	L	L	X	计数			

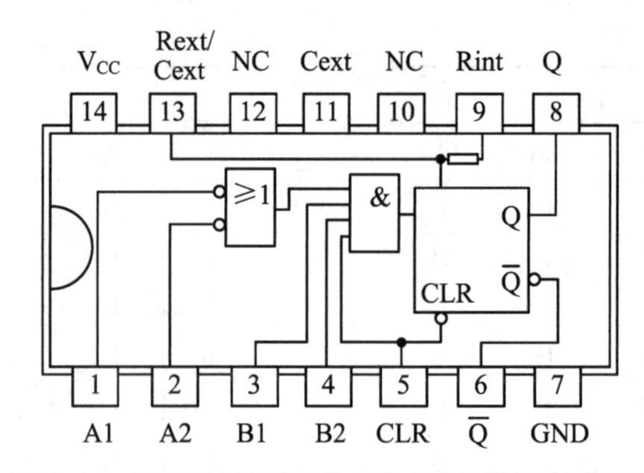

图 A.20　74LS122 可重触发单稳态触发器(有清除端)

注:(1) 外接定时电容接在 Cext 和 Rext/Cext(正)之间。

(2) 为提高脉冲宽度的精确性和重复性,可在 Rext/Cext 和 Vcc 之间外接一电阻,而将 Rint 开路。

表 A.8　74LS122 功能表

输入					输出	
清除	A1	A2	B1	B2	Q	$\overline{Q}$
L	X	X	X	X	L	H
X	H	H	X	X	L	H
X	X	X	L	X	L	H
X	X	X	X	L	L	H
H	L	X	↑	H	⎍	⊔
H	L	X	H	↑	⎍	⊔
H	X	L	↑	H	⎍	⊔
H	X	L	H	↑	⎍	⊔
H	H	↓	H	H	⎍	⊔
H	↓	↓	H	H	⎍	⊔
H	↓	H	H	H	⎍	⊔
↑	L	X	H	H	⎍	⊔
↑	X	L	H	H	⎍	⊔

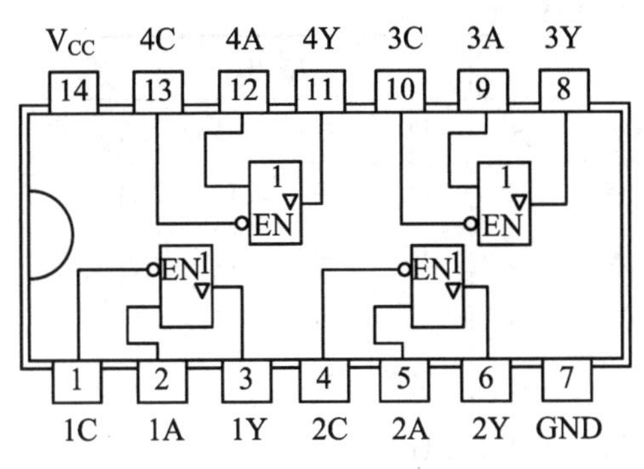

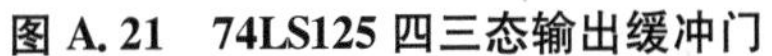

图 A.21　74LS125 四三态输出缓冲门

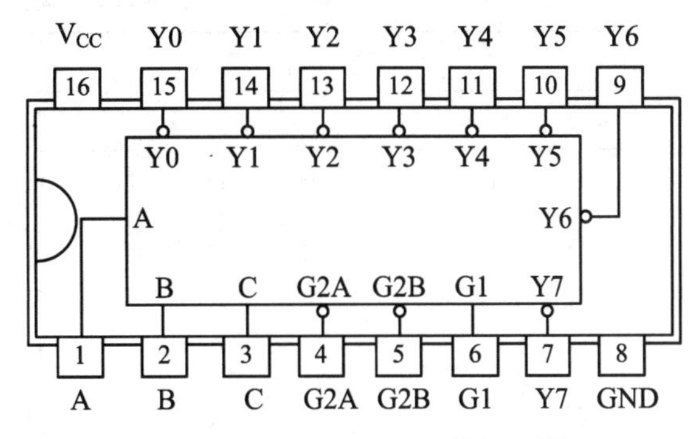

图 A.22　74LS138 3-8 线译码器

表 A.9　74LS138 功能表

输入					输出							
使能		选择										
G1	G2*	C	B	A	Y0	Y1	Y2	Y3	Y4	Y5	Y6	Y7
X	H	X	X	X	H	H	H	H	H	H	H	H
L	X	X	X	X	H	H	H	H	H	H	H	H
H	L	L	L	L	L	H	H	H	H	H	H	H
H	L	L	L	H	H	L	H	H	H	H	H	H
H	L	L	H	L	H	H	L	H	H	H	H	H
H	L	L	H	H	H	H	H	L	H	H	H	H
H	L	H	L	L	H	H	H	H	L	H	H	H
H	L	H	L	H	H	H	H	H	H	L	H	H
H	L	H	H	L	H	H	H	H	H	H	L	H
H	L	H	H	H	H	H	H	H	H	H	H	L

注：G2=G2A+G2B。
H=高电平，L=低电平，X=不定。

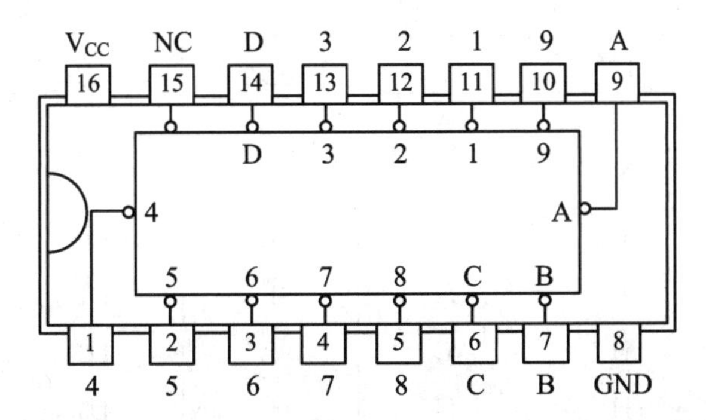

图 A.23　74LS147 10 线-4 线 8421BCD 码优先编码器

表 A.10 74LS147 功能表

输入									输出			
1	2	3	4	5	6	7	8	9	D	C	B	A
H	H	H	H	H	H	H	H	H	H	H	H	H
X	X	X	X	X	X	X	X	L	L	H	H	L
X	X	X	X	X	X	X	L	H	L	H	H	H
X	X	X	X	X	X	L	H	H	H	L	L	L
X	X	X	X	X	L	H	H	H	H	L	L	H
X	X	X	X	L	H	H	H	H	H	L	H	L
X	X	X	L	H	H	H	H	H	H	L	H	H
X	X	L	H	H	H	H	H	H	H	H	L	L
X	L	H	H	H	H	H	H	H	H	H	L	H
L	H	H	H	H	H	H	H	H	H	H	H	L

注:H=高电平,L=低电平,X=不定。

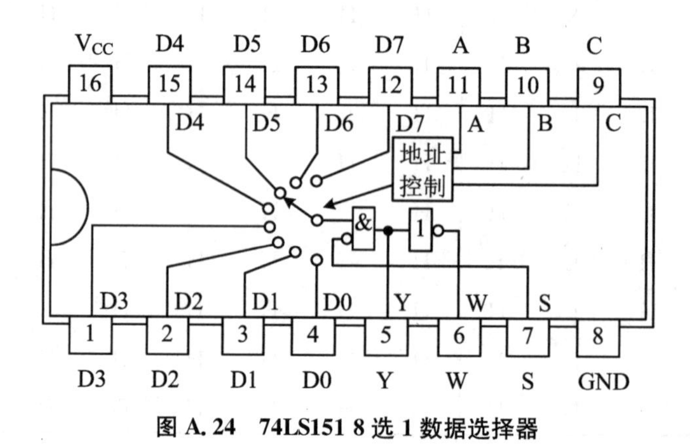

图 A.24 74LS151 8 选 1 数据选择器

表 A.11 74LS151 功能表

输入				输出	
选择			选通	Y	W
C	B	A	S		
X	X	X	H	L	H
L	L	L	L	D0	$\overline{D0}$
L	L	H	L	D1	$\overline{D1}$
L	H	L	L	D2	$\overline{D2}$
L	H	H	L	D3	$\overline{D3}$
H	L	L	L	D4	$\overline{D4}$

续表

输入				输出	
选择			选通 S	Y	W
C	B	A			
H	L	H	L	D5	$\overline{D5}$
H	H	L	L	D6	$\overline{D6}$
H	H	H	L	D7	$\overline{D7}$

注:H=高电平,L=低电平,X=不定。
D0,D1,…,D7=相应 D 的输入电平。

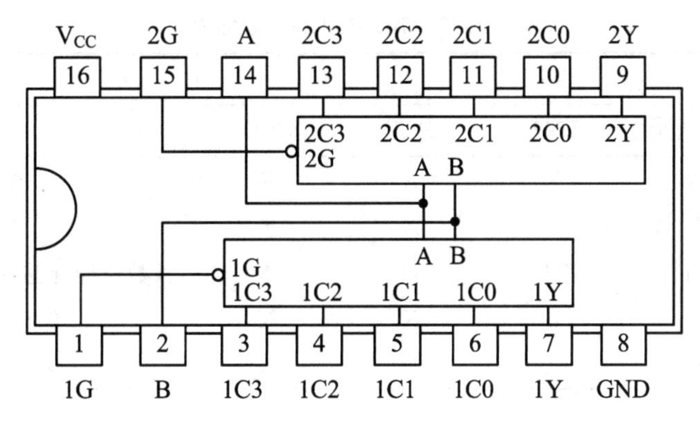

图 A.25 74LS153 双 4 选 1 数据选择器

表 A.12 74LS153 功能表

选择输入		数据输入				选通	输出
B	A	C0	C1	C2	C3	G	Y
X	X	X	X	X	X	H	L
L	L	L	X	X	X	L	L
L	L	H	X	X	X	L	H
L	H	X	L	X	X	L	L
L	H	X	H	X	X	L	H
H	L	X	X	L	X	L	L
H	L	X	X	H	X	L	H
H	H	X	X	X	L	L	L
H	H	X	X	X	H	L	H

注:选择输入 A 和 B 为两部分共用。
H=高电平,L=低电平,X=不定。

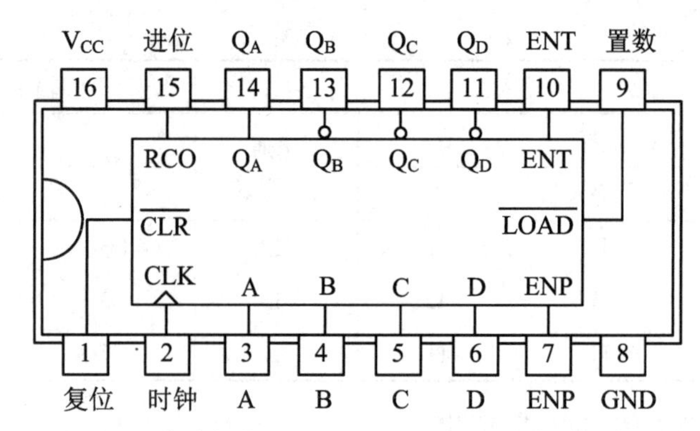

图 A.26　74LS160 十进制同步计数器/74LS161 四位二进制同步计数器(同步置数、异步清除)

表 A.13　74LS160/161 功能表

输入					工作模式
$\overline{CLR}$	$\overline{LOAD}$	ENT	ENP	CLK	
L	X	X	X	X	清零
H	L	X	X	↑	置数
H	H	H	H	↑	计数(160 十进制,161 十六进制)
H	H	L	X	X	保持(不变)
H	H	X	L	X	保持(不变)

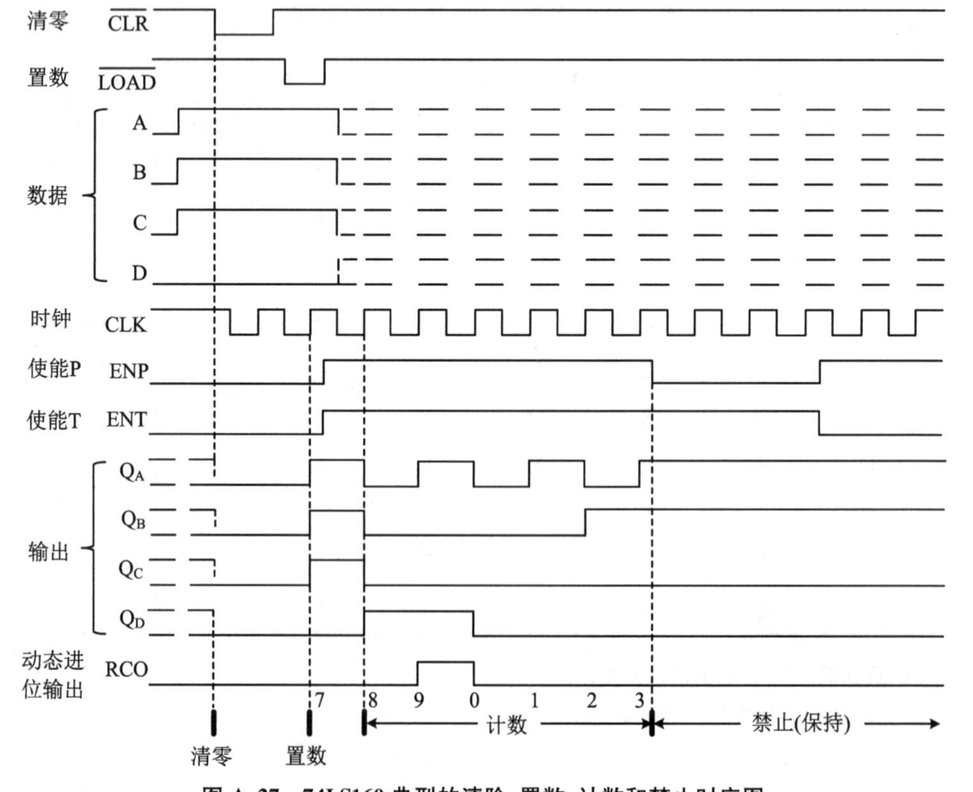

图 A.27　74LS160 典型的清除、置数、计数和禁止时序图

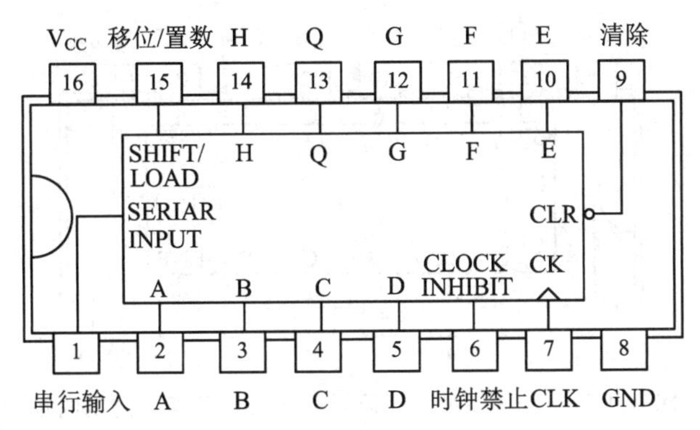

图 A.28　74LS166 8位移位寄存器(串、并行输入,串行输出)

表 A.14　74LS166 功能表

输入						内部输出		输出
清除	移位/置数	时钟禁止	时钟CLK	串行输入	并行输入 A…H	Q_A	Q_B	Q
L	X	X	X	X	X	L	L	L
H	X	L	L	X	X	Q_{A0}	Q_{B0}	Q_{H0}
H	L	L	↑	X	a…h	a	b	h
H	H	L	↑	H	X	H	Q_{An}	Q_{Gn}
H	H	L	↑	L	X	L	Q_{An}	Q_{Gn}
H	X	H	↑	X	X	Q_{A0}	Q_{B0}	Q_{H0}

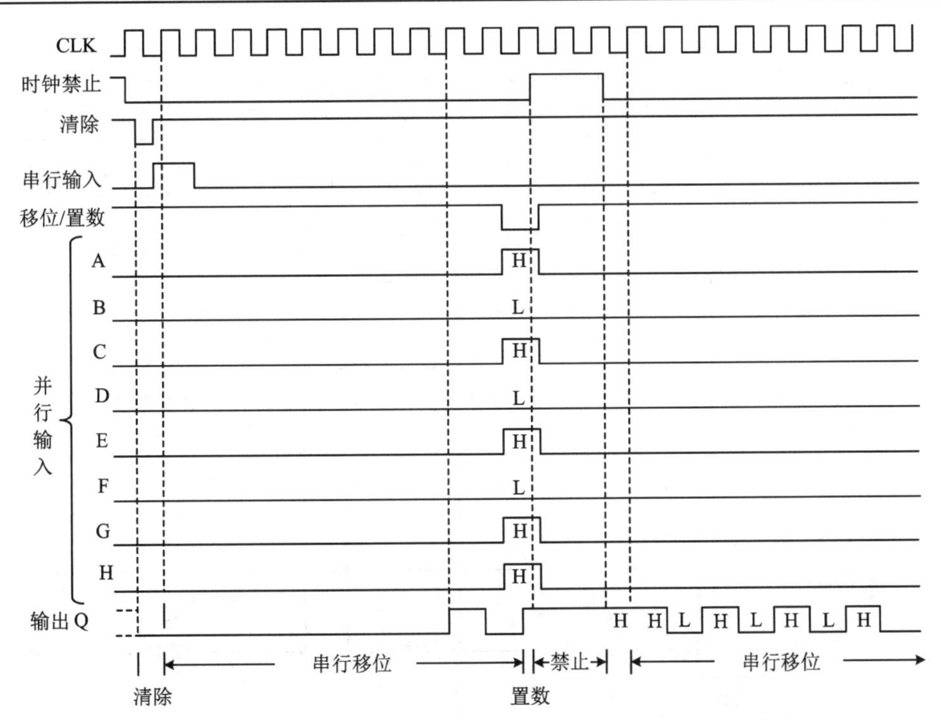

图 A.29　74LS166 典型的清除、移位、置数、禁止和移位时序图

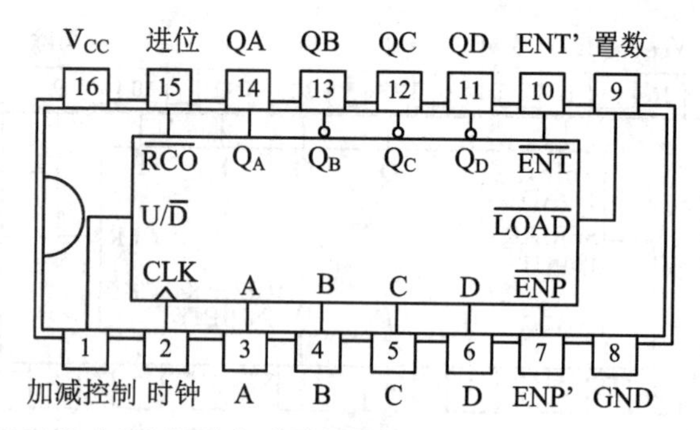

图 A.30　74LS168 十进制同步加减计数器/74LS169 四位二进制同步加减计数器

表 A.15　74LS168/69 功能表

输入					工作模式
U/$\overline{D}$	$\overline{LOAD}$	$\overline{ENT}$	$\overline{ENP}$	CLK	
X	L	X	X	↑	置数
L	H	L	L	↑	减计数(168 十进制,169 十六进制)
H	H	L	L	↑	加计数(168 十进制,169 十六进制)
X	H	H	X	X	保持(不变)
X	H	X	H	X	保持(不变)

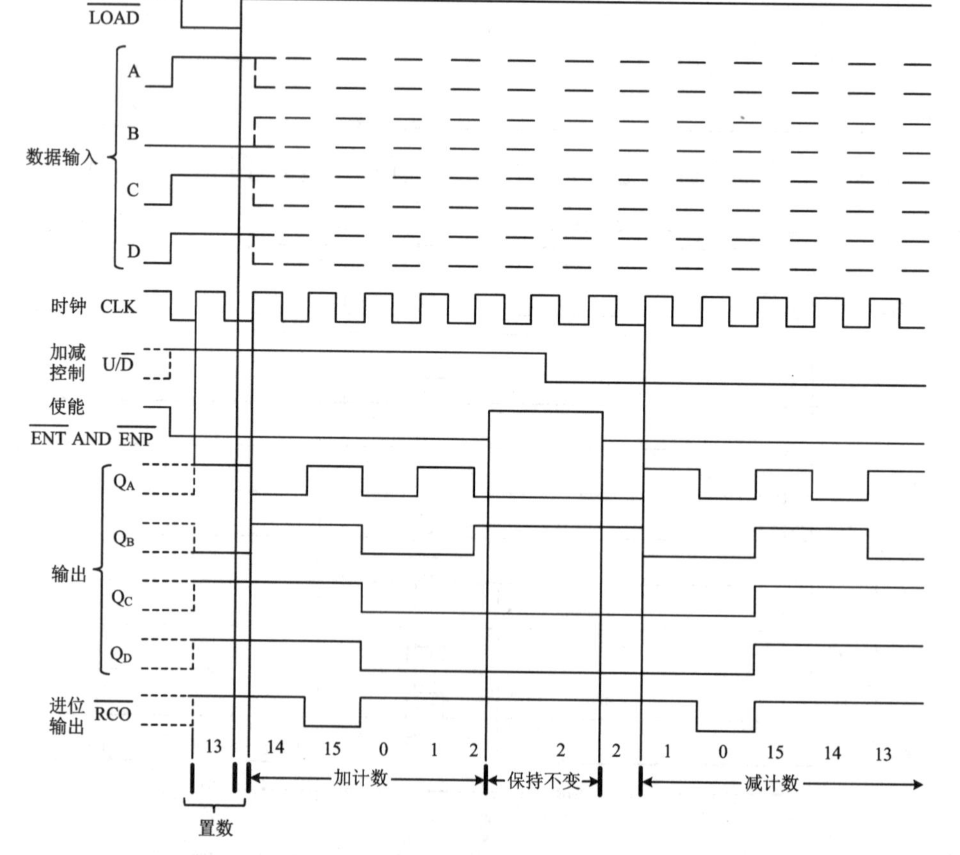

图 A.31　74LS169 典型的清除、置数、计数和禁止时序图

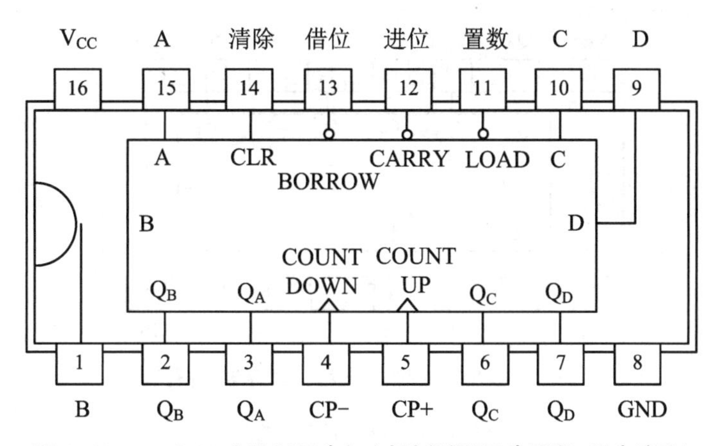

图 A.32　74LS192 十进制同步加/减计数器(异步置数、异步清除)

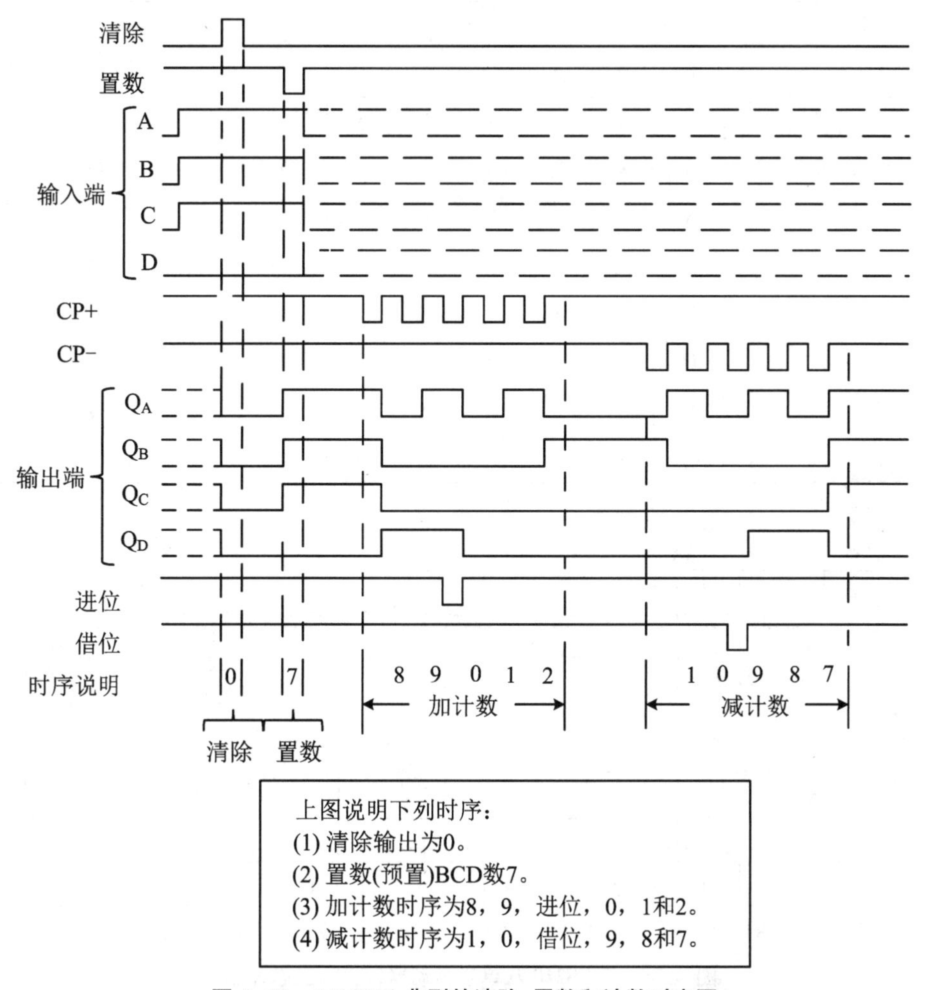

图 A.33　74LS192 典型的清除、置数和计数时序图

注:(1) 清除时拒绝置数和计数输入。

(2) 加计数时,减计数输入端必须为高电平;减计数时,加计数输入端必须为高电平。

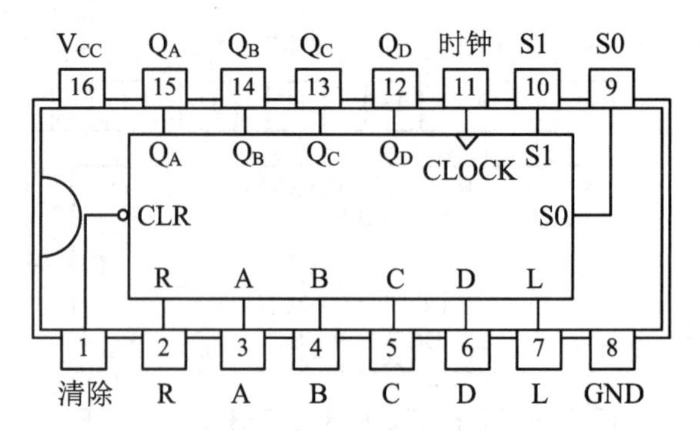

图 A.34　74LS194 四位双向移位寄存器(并行存取)

表 A.16　74LS194 功能表

输入										输出			
清除	模式		时钟	串行输入		并行输入				Q_A	Q_B	Q_C	Q_D
	S1	S0		L	R	A	B	C	D				
L	X	X	X	X	X	X	X	X	X	L	L	L	L
H	X	X	L	X	X	X	X	X	X	Q_{A0}	Q_{B0}	Q_{C0}	Q_{D0}
H	H	H	↑	X	X	a	b	c	d	a	b	c	d
H	L	H	↑	X	H	X	X	X	X	H	Q_{An}	Q_{Bn}	Q_{Cn}
H	L	H	↑	X	L	X	X	X	X	L	Q_{An}	Q_n	Q_{Cn}
H	H	L	↑	H	X	X	X	X	X	Q_{Bn}	Q_{Cn}	Q_{Dn}	H
H	H	L	↑	L	X	X	X	X	X	Q_{Bn}	Q_{Cn}	Q_{Dn}	L
H	L	L	X	X	X	X	X	X	X	Q_{A0}	Q_{B0}	Q_{C0}	Q_{D0}

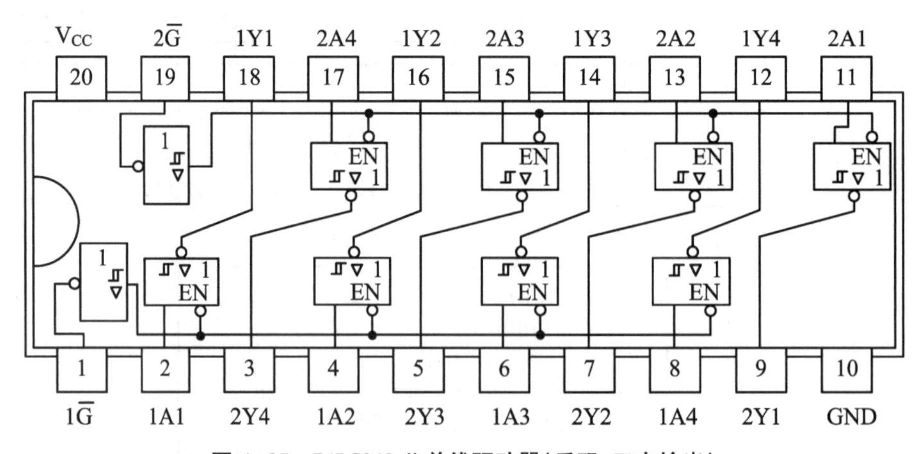

图 A.35　74LS240 八单线驱动器(反码,三态输出)

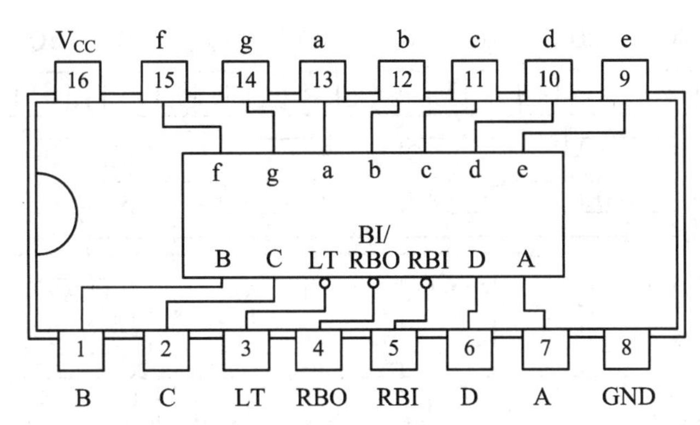

图 A.36　74LS248 四线-七段译码器/驱动器(BCD 输入,有上拉电阻)

注:74LS248 的功能表见 74LS47/48。

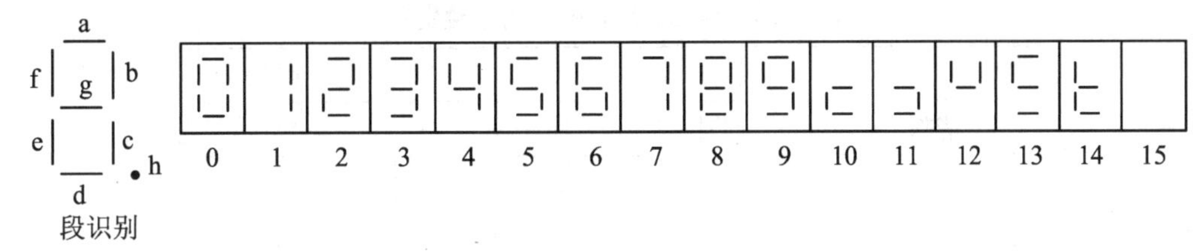

图 A.37　数字符号与最后显示

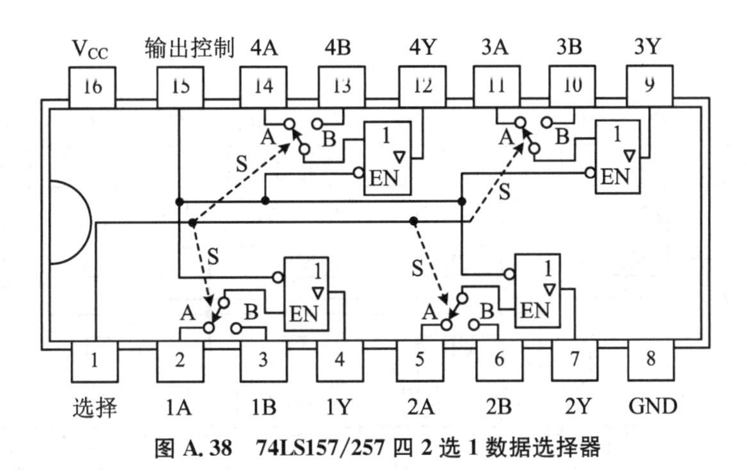

图 A.38　74LS157/257 四 2 选 1 数据选择器

表 A.17　74LS157/257 功能表

输入				输出
输出控制	选择	A	B	Y
H	X	X	X	*
L	L	L	X	L
L	L	H	X	H
L	H	X	L	L
L	H	X	H	H

注:H=高电平,L=低电平,X=不定。

Y=Z(高阻,只限 257),Y=L(低电平,只限 157)。

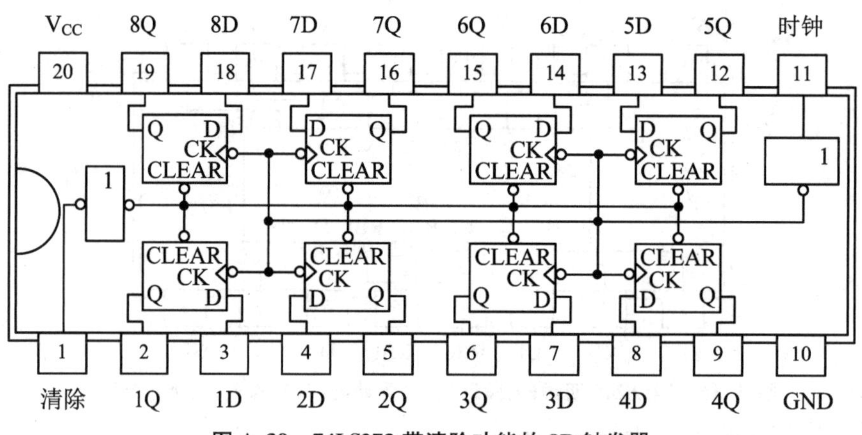

图 A.39　74LS273 带清除功能的 8D 触发器

表 A.18　74LS273 功能表(每个触发器)

输入			输出
清除	时钟	D	Q
L	X	X	L
H	↑	H	H
H	↑	L	L
H	L	X	Q_0

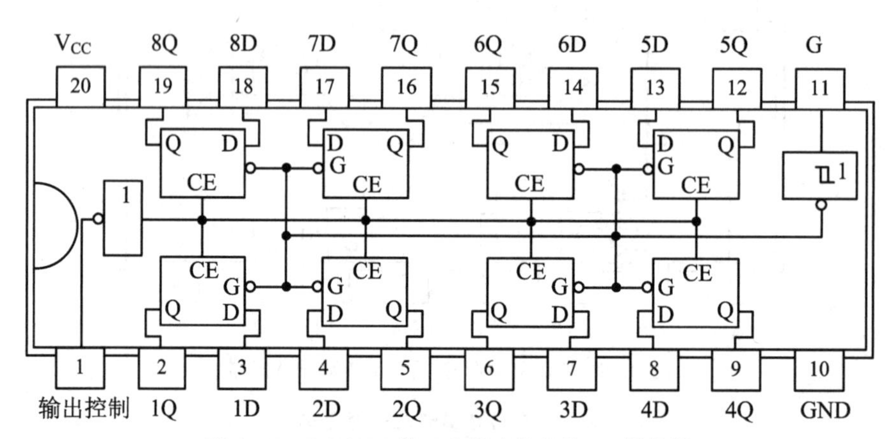

图 A.40　74LS373 带三态缓冲输出的 8D 触发器

表 A.19　74LS373 功能表(每个触发器)

输入			输出
输出控制	使能 G	D	Q
L	H	H	H
L	H	L	L
L	L	X	Q
H	X	X	Z

附录B 其他电子元件的引脚排列图和功能表

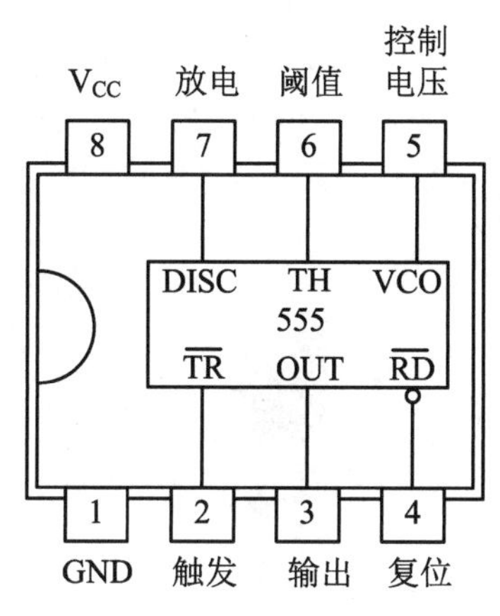

图 B.1 单时基集成电路 NE555
(LM555、CC555、5G555)

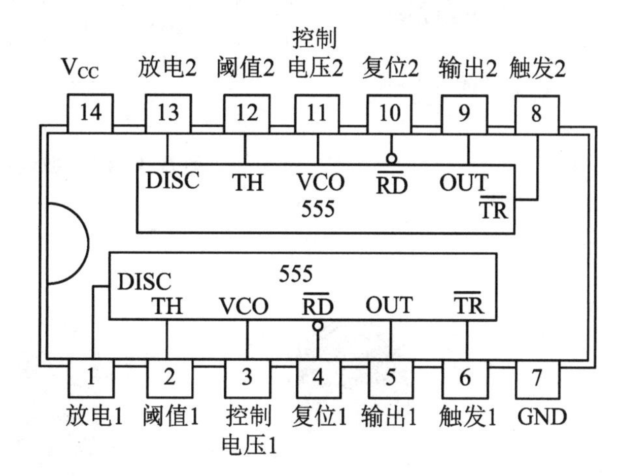

图 B.2 双时基集成电路 NE556
(LM556、CC556、5G556)

表 B.1 NE555 功能表

输入			输出	DISC
$\overline{R}$	TH	$\overline{TR}$	OUT	TD状态
0	×	×	低	导通
1	$>\frac{2}{3}V_{CC}$	$>\frac{1}{3}V_{CC}$	低	导通
1	$<\frac{2}{3}V_{CC}$	$>\frac{1}{3}V_{CC}$	不变	不变
1	$<\frac{2}{3}V_{CC}$	$<\frac{1}{3}V_{CC}$	高	截止
1	$>\frac{2}{3}V_{CC}$	$<\frac{1}{3}V_{CC}$	高	截止

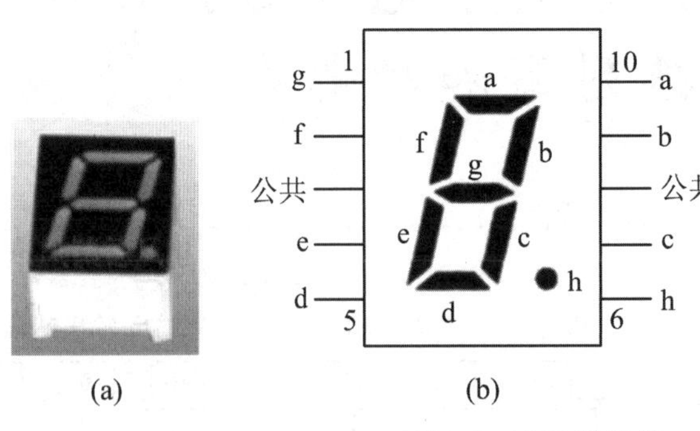

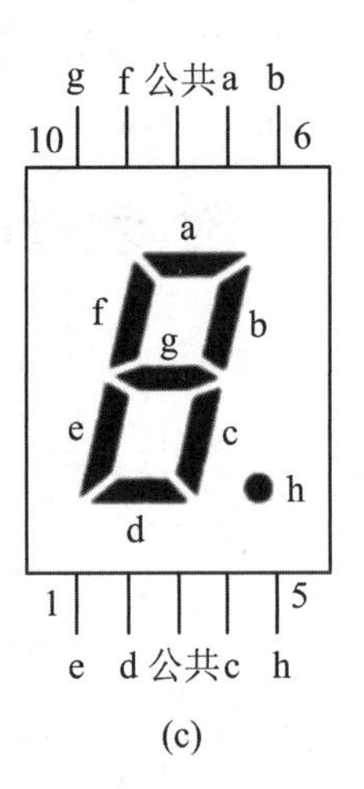

图 B.3　LED 数码管

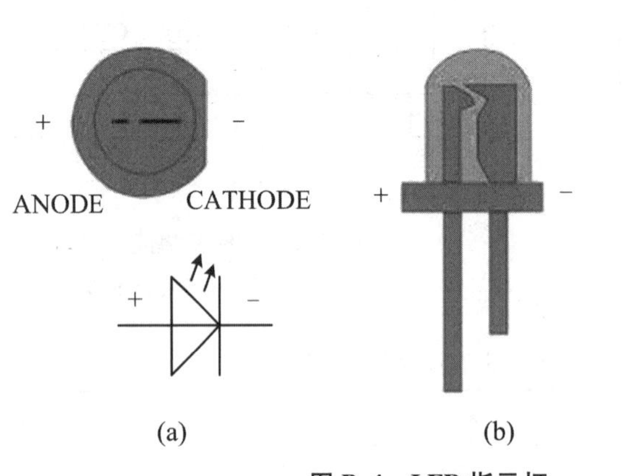

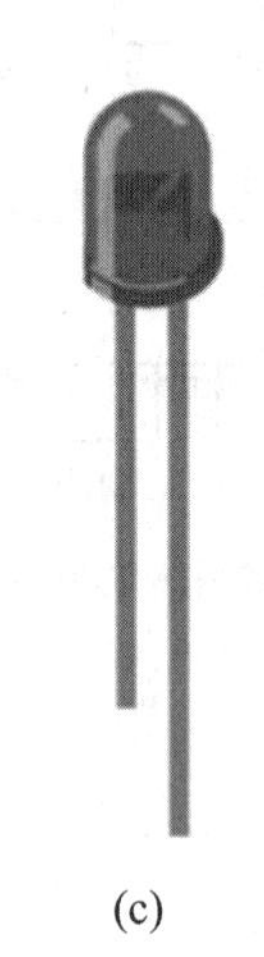

图 B.4　LED 指示灯

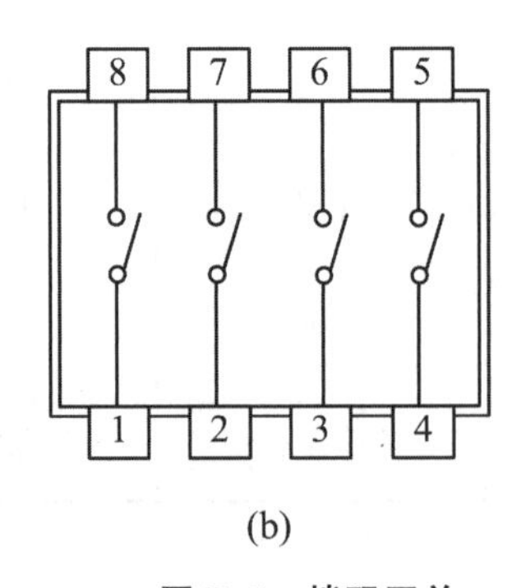

注：

ON的位置，开关闭合。

图 B.5　拨码开关

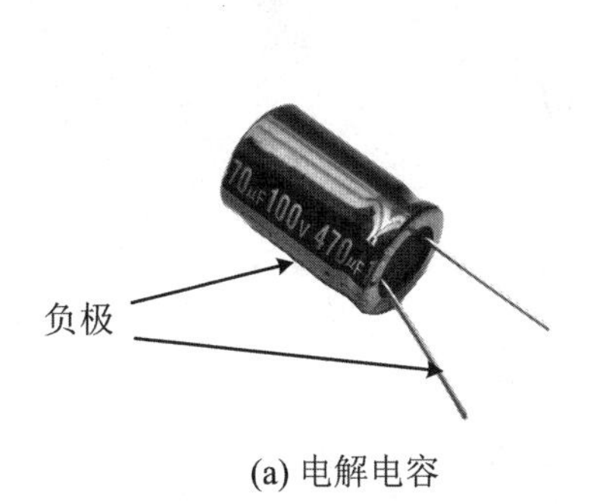

(a) 电解电容

(b) 独石电容

(c) 纸介电容

图 B.6　电容

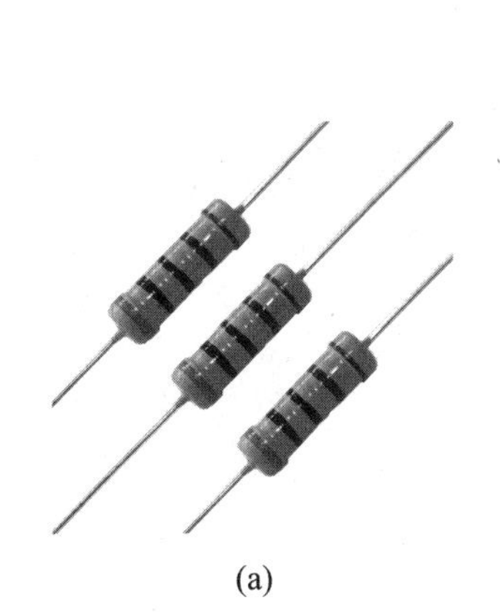

(a)

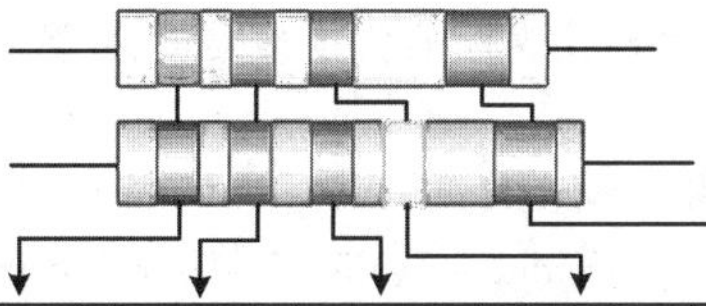

颜色	I	II	III	倍率	误差
黑	0	0	0	10^0	
棕	1	1	1	10^1	±1%
红	2	2	2	10^2	±2%
橙	3	3	3	10^3	
黄	4	4	4	10^4	
绿	5	5	5	10^5	±0.5%
兰	6	6	6		±0.25%
紫	7	7	7		±0.1%
灰	8	8	8		
白	9	9	9		
金				10^{-1}	±5%
银				10^{-2}	±10%

(b)

图 B.7　色环电阻

参考文献

[1] 邱关源,罗先觉. 电路[M]. 5 版. 北京:高等教育出版社,2006.

[2] 闫石. 数字电子技术[M]. 5 版. 北京:高等教育出版社,2006.

[3] 周启龙. 电工仪表及测量[M]. 北京:中国水利水电出版社,2003.

[4] 程耕国. 电路实验指导书[M]. 武汉:武汉理工大学出版社,2001.

[5] 全国电工仪器仪表标准化技术委员会. 电测量指示仪表通用技术条件:GB 776—76[S]. 北京:中国标准出版社,1978.

[6] 全国电工仪器仪表标准化技术委员会. 数字多用表:GB/T 13978—2008[S]. 北京:中国标准出版社,2009.

[7] Cyclone Ⅱ Device Handbook, Volume 1. Altera Corporation,2007.

[8] Quartus® Ⅱ Introduction(V5.0). Altera Corporation,2005.